国家级职业教育规划教材
对接世界技能大赛技术标准创新系列教材
全国技工院校机械类专业通用教材

金属构造技能训练

人力资源社会保障部教材办公室　组织编写

中国劳动社会保障出版社

内 容 简 介

本书为对接世界技能大赛建筑金属构造项目技术标准开发的技工院校机械类专业通用教材，主要内容包括展开放样、切割下料、钻孔、攻螺纹、成形、焊接、装配、世界技能大赛真题点评、世界技能大赛金属构造项目技术要求和场地基础设施。

本书为《金属构造工艺学》的配套用书。

图书在版编目(CIP)数据

金属构造技能训练 / 人力资源社会保障部教材办公室组织编写. -- 北京：中国劳动社会保障出版社，2021

对接世界技能大赛技术标准创新系列教材　全国技工院校机械类专业通用教材

ISBN 978-7-5167-0344-1

Ⅰ. ①金…　Ⅱ. ①人…　Ⅲ. ①金属结构 – 技工学校 – 教材　Ⅳ. ①TU39

中国版本图书馆 CIP 数据核字（2021）第 158520 号

中国劳动社会保障出版社出版发行

（北京市惠新东街 1 号　邮政编码：100029）

*

北京市艺辉印刷有限公司印刷装订　新华书店经销

787 毫米 ×1092 毫米　16 开本　17.25 印张　280 千字

2021 年 9 月第 1 版　2021 年 9 月第 1 次印刷

定价：37.00 元

读者服务部电话：（010）64929211/84209101/64921644

营销中心电话：（010）64962347

出版社网址：http：//www.class.com.cn

http：//jg.class.com.cn

对接世界技能大赛技术标准创新系列教材

编审委员会

主　任：刘　康

副主任：张　斌　王晓君　刘新昌　冯　政

委　员：王　飞　翟　涛　杨　奕　张　伟　赵庆鹏
姜华平　杜庚星　王鸿飞

金属构造项目机械类专业课程改革工作小组

课改单位：中冶建筑研究总院　中国工程建设焊接协会　中国钢结构协会焊接与连接分会　攀枝花技师学院　山东工程技师学院　新疆安装技工学校　中建钢构天津有限公司　中国十九冶培训中心　宁波技师学院　慈溪技师学院　江南造船集团职业技术学校　陕西汽车技工学校　广州造船厂技工学校　中船澄西高级技工学校

技术指导：王阿离

编　　辑：姜华平

本书编审人员

主　编：马德志

参　编：刘定律　秦荣健　王　振　陈　波　卞　涛　孙　浩　牛庆淮　彭　芳
李　斌　邹　斌　徐建垒　季文杰　董志诚　张　菁

主　审：王阿离　李明强

序

世界技能大赛由世界技能组织每两年举办一届，是迄今全球地位最高、规模最大、影响力最广的职业技能竞赛，被誉为“世界技能奥林匹克”。我国于 2010 年加入世界技能组织，先后参加了五届世界技能大赛，累计取得 36 金、29 银、20 铜和 58 个优胜奖的优异成绩。第 46 届世界技能大赛将在我国上海举办。2019 年 9 月，习近平总书记对我国选手在第 45 届世界技能大赛上取得佳绩作出重要指示，并强调，劳动者素质对一个国家、一个民族发展至关重要。技术工人队伍是支撑中国制造、中国创造的重要基础，对推动经济高质量发展具有重要作用。要健全技能人才培养、使用、评价、激励制度，大力发展技工教育，大规模开展职业技能培训，加快培养大批高素质劳动者和技术技能人才。要在全社会弘扬精益求精的工匠精神，激励广大青年走技能成才、技能报国之路。

为充分借鉴世界技能大赛先进理念、技术标准和评价体系，突出“高、精、尖、缺”导向，促进技工教育与世界先进标准接轨，完善我国技能人才培养模式，全面提升技能人才培养质量，人力资源社会保障部于 2019 年 4 月启动了世界技能大赛成果转化工作。根据成果转化工作方案，成立了由世界技能大赛中国集训基地、一体化课改学校，以及竞赛项目中国技术指导专家、企业专家、出版集团资深编辑组成的对接世界技能大赛技术标准深化专业课程改革工作小组，按照创新开发新专业、升级改造传统专业、深化一体化专业课程改革三种对接转化原则，以专业培养目标对接职业描述、专业课程对接世界技能标准、课程考核与评价对接评分方案等多种操作模式和路径，同时融入健康与安全、绿色与环保及可持续发展理念，开发与世界技能大赛项目对接的专业人才培养方案、教材及配套教学资源。首批对接 19 个世界技能大赛项目共 12 个专业的成果将于 2020—2021 年陆续出版，主要用于技工院校日常专业教学工作中，充分发挥世界技能大赛成果转化对技工院校技能人才的引领示范作用。在总结经验及调研的基础上选择新的对接项目，陆续启动第二批等世界技能大赛成果转化工作。

希望全国技工院校将对接世界技能大赛技术标准创新系列教材，作为深化专业课程建设、创新人才培养模式、提高人才培养质量的重要抓手，进一步推动教学改革，坚持高端引领，促进内涵发展，提升办学质量，为加快培养高水平的技能人才作出新的更大贡献！

2020 年 11 月

目录

第一单元
展开放样

课题一 放样的基础知识

放样是制造金属结构件的第一道工序，它对保证产品质量、缩短生产周期、节约原材料等都有着重要的作用。从事这项工作需要多方面知识，理论性很强。

所谓放样就是在产品图样基础上，根据产品的结构特点、制造工艺要求等条件，按一定比例（通常取 1:1）准确绘制结构的全部或部分投影图，并进行结构的工艺性处理和必要的计算及展开，最后获得产品制造过程所需要的数据、样板、样杆和草图等。

按照不同产品的结构特点，放样可分为结构放样和展开放样两大类，且后者是在前者基础上进行的。结构放样，就是在绘制出投影线图的基础上，只进行工艺性处理和必要的计算，而不需要做展开，例如桁架类构件的放样等。展开放样，就是在结构放样的基础上，再对构件进行展开处理的放样。在实际工作中，大部分构件的放样过程是两者兼有，并无严格界限。

一、划线、放样常用量具及使用方法

1. 钢直尺

钢直尺的规格有 150 mm、300 mm、500 mm、1 000 mm 等几种，最小刻度为 1 mm。除了能进行简单的测量外，还能作划线的导向工具（见图 1–1）。

2. 钢卷尺

钢卷尺（见图 1–2）由带刻度的窄长钢片带制成，全尺可卷入盒内，携带方便。常用的钢卷尺规格有 2 m 和 5 m 两种。长度较长的有 20 m 和 50 m 的钢卷尺，通常称为盘尺。

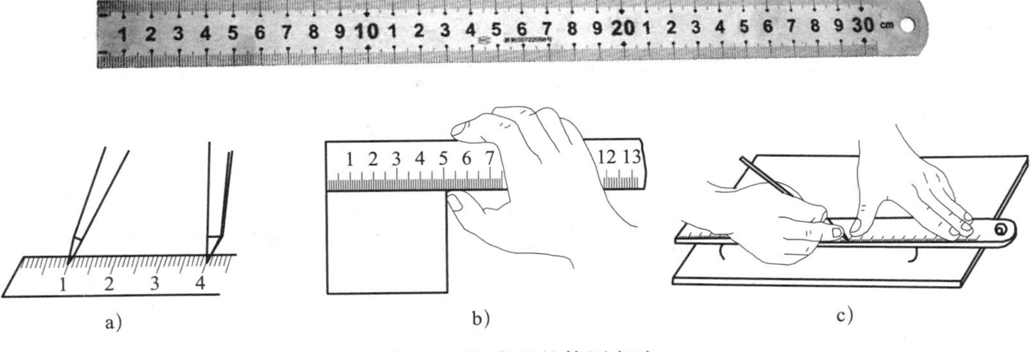

图 1-1　钢直尺的使用方法

a）配合划规量取尺寸　b）测量尺寸　c）划直线

3. 游标卡尺

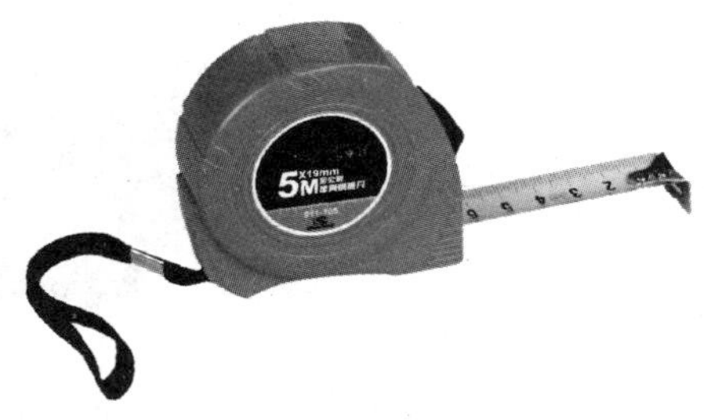

图 1-2　钢卷尺

游标卡尺是一种应用较为广泛的常用量具，它利用游标原理对两同名测量面相对移动分隔的距离进行读数，可以直接测量出工件的内、外尺寸和深度尺寸。它具有结构简单、使用方便、精度中等及测量尺寸范围大等特点，可用来测量零件的外径、内径、长度、宽度、厚度、深度和孔距等。常用的游标卡尺测量范围有 0 ~ 150 mm、0 ~ 300 mm、0 ~ 500 mm 等。分度值有 0.02 mm、0.05 mm、0.1 mm。

（1）游标卡尺的结构（见图 1-3）

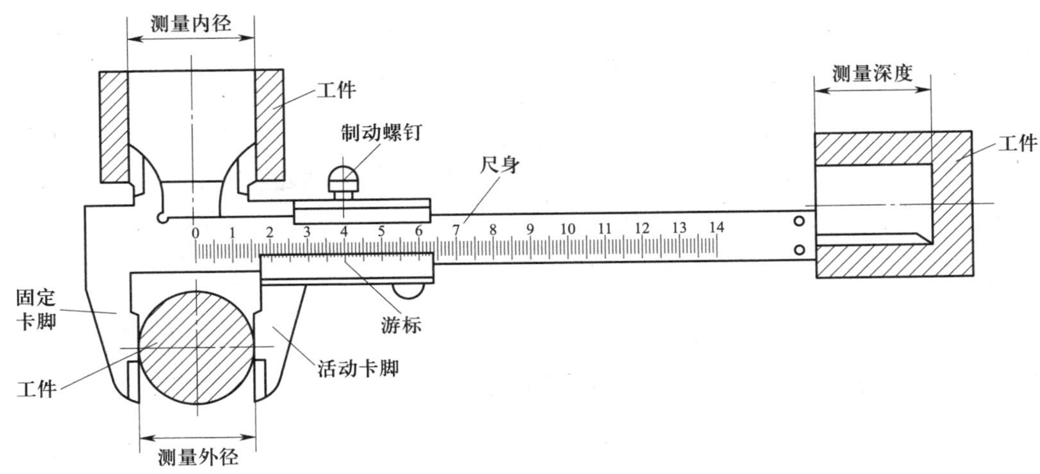

图 1-3　游标卡尺的结构

（2）游标卡尺的使用

测量时，应将两量爪张开到略大于被测尺寸，将固定量爪的测量面贴靠着工件。然后轻轻用力移动游标，使活动量爪的测量面也靠紧工件，并使卡尺测量面的连线垂直于被测量面。最后把制动螺钉拧紧，并读出所测数值。

（3）数显游标卡尺

数显游标卡尺（见图 1-4）是利用电子测量、数字显示原理，对两同名测量面相对移动分隔的距离进行读数的测量器具。其特点是读数直观准确，使用方便且功能多样。当数显卡尺测得某一尺寸时，数字显示屏就清晰地显示出测量结果。按下公制 / 英制转换键，可用米制和英制两种长度单位分别进行测量。

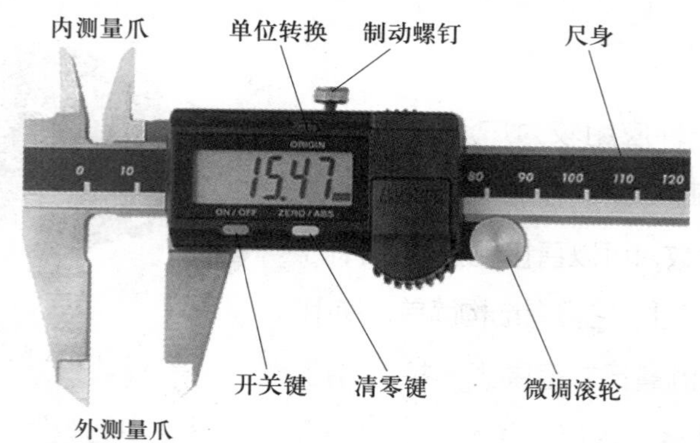

图 1-4　数显游标卡尺

（4）游标卡尺的使用注意事项

1）根据工件的尺寸要求选用合适的游标卡尺。

2）使用前要检查游标卡尺量爪和测量刃口是否平直无损，两量爪贴合时是否有漏光现象，尺身与游标的“0”标记是否对齐。

3）测量外尺寸时，量爪应张开到略大于被测尺寸，以固定量爪贴住工件，用轻微推力把活动量爪推向工件，并使测量面的连线垂直于被测表面。

4）测量内孔尺寸时，量爪开度应略小于被测尺寸。测量时，两量爪应在孔的直径上，不得倾斜。

5）测量孔深或高度时，应使深度尺的测量面紧贴被测表面，游标卡尺的端面与被测件的表面接触，且深度尺要垂直于被测表面，不可前后左右倾斜，如图 1-5 所示。

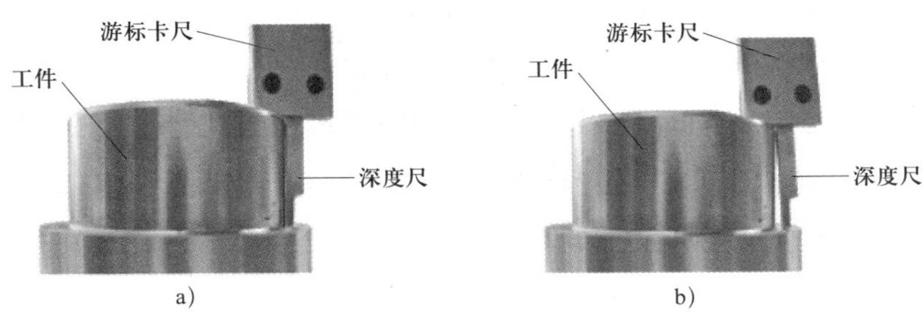

图 1-5 测量深度或高度的方法
a）正确 b）错误

6）读取示值时，游标卡尺置于水平位置，视线垂直于标尺标记表面，避免视线歪斜造成视差。

7）在使用数显游标卡尺时，要注意尺寸归零，以保证测量的准确性。

4. 塞尺

如图 1-6 所示，塞尺是指具有准确厚度尺寸的单片或成组的薄片，是一种用于检验间隙的量具。塞尺可单片使用，也可多片叠起来使用，在满足所需检验尺寸的前提下，使用的片数应越少越好。

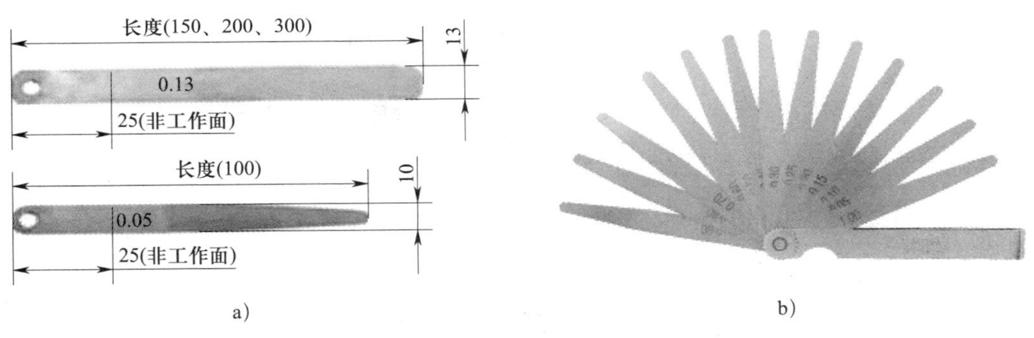

图 1-6 塞尺
a）单片塞尺 b）成组塞尺

使用前必须清除塞尺和零件上的污垢与灰尘。测量时，用塞尺片直接塞入间隙，当一片或数片能塞进两贴合面之间，以稍感拖滞为宜，则一片或数片的厚度（可由每片上的标记值读出）即为两贴合面的间隙值。塞尺容易弯曲和折断，测量时动作要轻，不能用力太大，不允许强行插入，也不允许用于测量温度较高的零件。使用完毕，应将塞尺擦拭干净，并涂上一薄层工业凡士林，然后将塞尺折回夹框内，以防锈蚀、弯曲和变形。

5. 游标高度卡尺

游标高度卡尺又叫高度规，是一种既能划线又能测量的工具，结构如图 1–7 所示。它附有硬质合金测量爪，将游标抬起后测量爪搭在工件上就能直接读出高度尺寸，其刻度原理和读数方法与游标卡尺是一样的，分度值一般为 0.02 mm。另外，定好尺寸后又可作为精密划线工具。

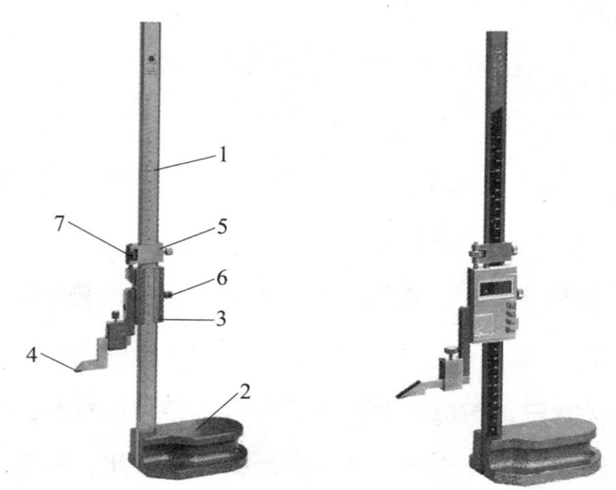

图 1–7　游标高度卡尺

1—尺身　2—底座　3—游标　4—测量爪
5—微调装置　6—制动螺钉　7—微调螺母

使用游标高度卡尺时，应避免因测量爪与零件碰撞或快速下落撞击平台而发生损坏，在使用过程中，要注意尺寸归零，以保证测量的准确性。

6. 直角尺（见图 1–8）

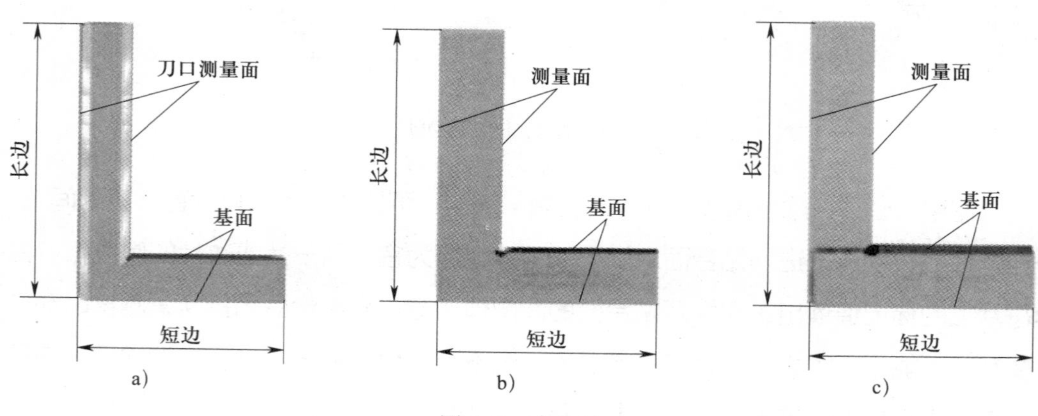

图 1–8　直角尺

a）刀口形直角尺　b）平面形直角尺　c）宽座直角尺

直角尺是钳工常用的测量器具，用于检测垂直度和方正度，又称 90°角尺，具有结构简单、使用方便、精度高、稳定性好等优点。常用的有刀口形直角尺、平面形直角尺和宽座直角尺。

（1）直角尺的精度等级

根据 GB/T 6092—2021《直角尺》，直角尺的精度等级分为 00 级、0 级、1 级和 2 级，00 级主要用于检验量具。刀口形直角尺和宽座直角尺分为 0 级和 1 级，平面形直角尺分为 0 级、1 级和 2 级。

（2）直角尺的使用

1）用直角尺检测工件的垂直度时，应将直角尺的基面贴紧工件的基准面，使直角尺的测量面慢慢靠近工件被测表面，用眼睛平视观察透光情况来进行估测。

2）用塞尺配合直角尺检测工件的垂直度，如图 1-9 所示。

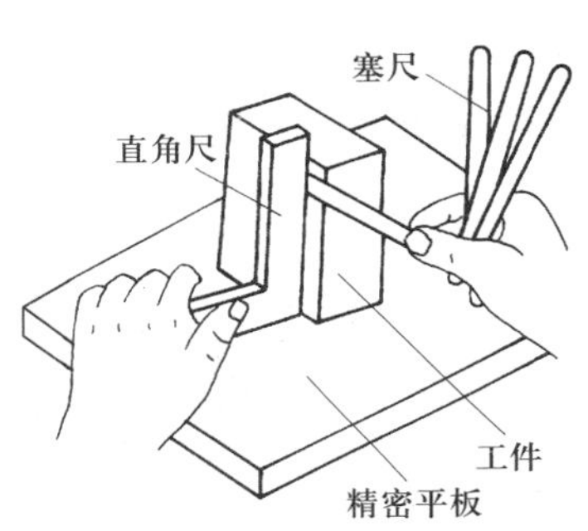

图 1-9　垂直度检测

3）划线时常用来做划平行线或垂直线的导向工具，如图 1-10 所示。

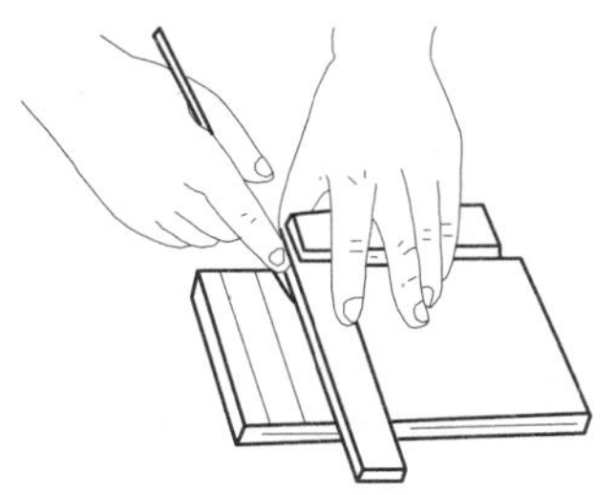
图 1-10　划线

7. 角度尺

（1）简易不锈钢角度尺（见图 1-11）

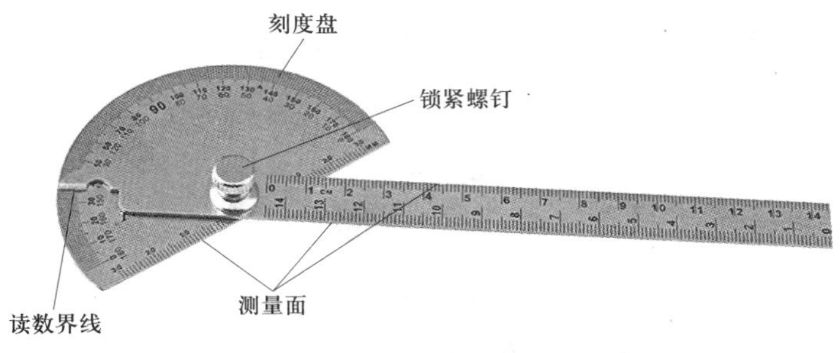

图 1-11　角度尺

这种角度尺结构简单，能测量 0° ~ 180°的角度，操作、读数方便，使用广泛。

（2）游标万能角度尺（见图 1-12）

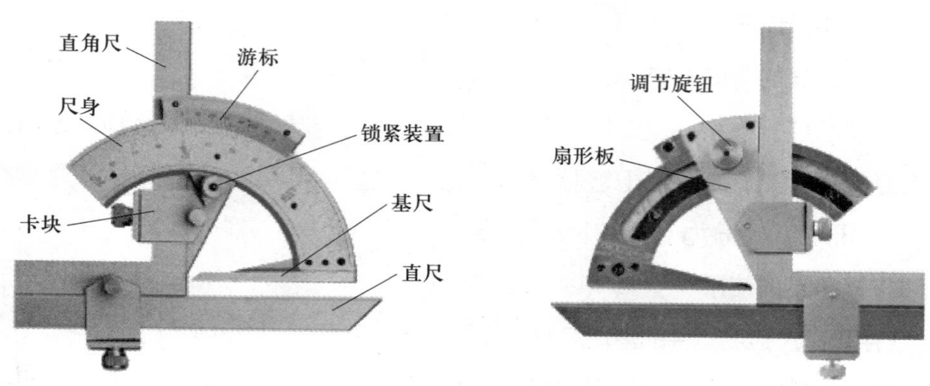

图 1-12　游标万能角度尺

游标万能角度尺主要由主尺、游标、直角尺、直尺、基尺和扇形板等组成，其游标尺固定在扇形板上，基尺和主尺连成一体，游标尺与主尺可作相对回转运动，直角尺和直尺可根据需要通过卡块安装到扇形板上。

游标万能角度尺的使用组合根据测量角度的大小来定。当测量 0° ~ 50°的角度时，用尺身 + 直角尺 + 直尺；当测量 50° ~ 140°的角度时，用尺身 + 直尺；当测量 140° ~ 230°的角度时，用主尺 + 直角尺；当测量 230° ~ 320°的角度时，只用主尺。

8. 放样量具使用注意事项

在使用量具时，应注意以下几个问题：

（1）作为量具，要保持规定的精度，否则将会直接影响制品质量。因此，除按规定定期检查量具精度外，在进行质量要求较高的重要构件的施工前，还要进行量具精度的检查。

（2）要依据产品的不同精度要求，选择相应精度等级的量具。对于尺寸较大而相对精度又较高的构件，还要求在同一产品的整个放样过程中使用同一量具，不得更换。

（3）要学会正确的测量方法，减小测量操作误差。

二、放样工具及使用

1. 石笔

石笔用于划线质量要求较低或较大构件的划线，石笔在使用前应将头部磨成斜楔形，如图 1-13 所示，以保证划出的线尽可能准确。

2. 粉线

粉线用于划较长的直线，平时粉线绕于粉线盘上，如图 1–14 所示。使用时将粉线拉出，并通过粉袋被涂敷上白粉，然后对准线段的两端，再绷紧弹出所需要的直线。

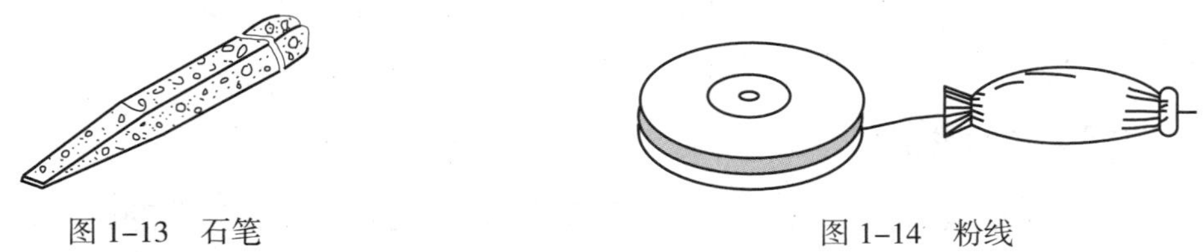

图 1–13　石笔　　　　图 1–14　粉线

3. 划针

划针（见图 1–15）主要用于在钢板表面上划出凹痕的线条，通常用碳素工具钢锻制而成。划针的尖部必须经过淬火，以提高其硬度。有的划针还在尖部焊上一段硬质合金，然后磨尖，以保持锋利。为使所划线条清晰准确，划针尖必须磨得锋利，其角度为 15° ~ 20°。划针用钝后重磨时，要注意不使针尖退火变软。

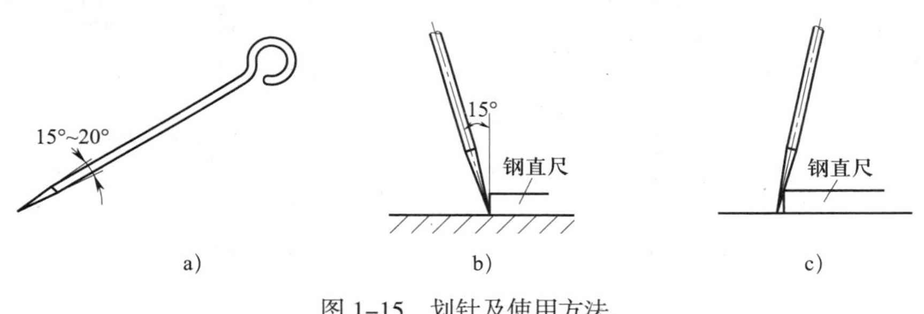

图 1–15　划针及使用方法

a）划针　b）使用正确　c）使用不正确

使用划针时，用右手握持，使针尖与钢直尺的底部接触，并应向外侧倾斜 15° ~ 20°（见图 1–15b），向划线前方倾斜 45° ~ 75°。用均匀的压力使针尖沿钢直尺移动划出线来。用划针划线要尽量做到一次划成，不要连续几次重复划，否则线条变粗，反而模糊不清。

4. 划规

划规用于在放样时划圆、圆弧或分量线段长度。放样常用的划规有两种规格，一种是 200 mm（8 in），另一种是 350 mm（14 in）。

图 1-16a 所示为 200 mm 划规。这种划规开度调节方便，适用于量取变动的尺寸。为了避免工作中振动使量取的尺寸发生变化，可用锁紧螺钉将调整好的开度固定。

使用划规时，以其一个脚尖插在作为圆心的冲眼内定心，并施加较大的压力（见图 1-16b），另一脚尖则以较小的压力在材料表面上划出圆弧，以保持中心不致偏移位置。

5. 地规（长杆划规）

划大圆、大圆弧或分量长的直线时，可使用地规。地规是用较光滑的钢管套上两个可移动调节的圆规脚制成的，圆规脚位置调节好后用紧固螺钉锁紧。使用地规时需两人配合，一人将一个圆规脚放入作为圆心的冲眼内，略施压力按住，另一人把住另一个圆规脚，在材料的表面上划出圆弧（见图 1-17）。

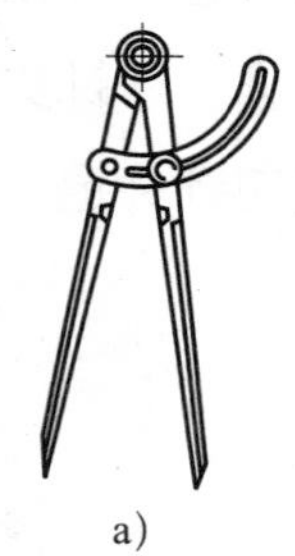

a)

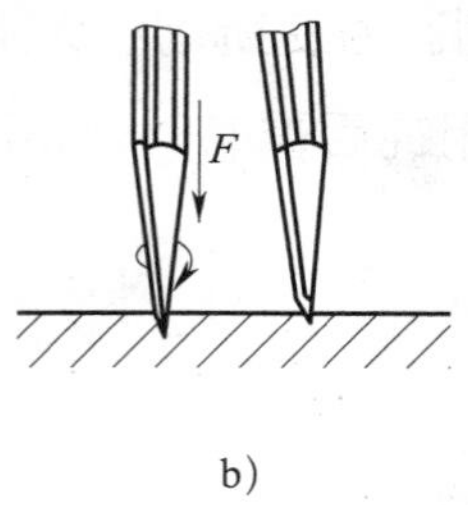

b)

图 1-16　200 mm 划规及其使用

a）划规　b）划规的用法

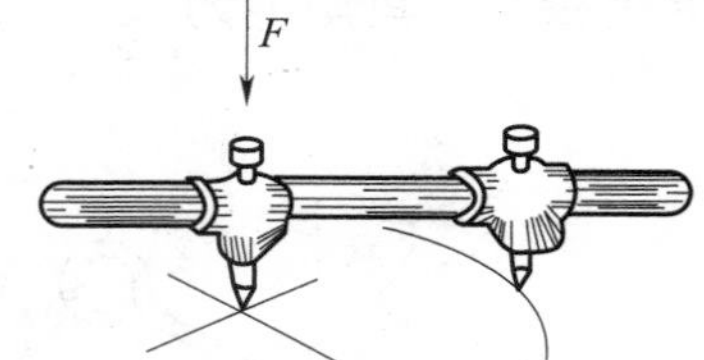

图 1-17　地规的使用

6. 样冲

为了使钢板上所划的线段能保留下来，作为施工过程中的依据或检查的基准，在划线后用样冲沿线打出冲眼作为标记。在使用划规划线前，也要用样冲在圆心处打上冲眼，以便定心。样冲（见图 1-18a）一般用中碳钢或工具钢锻制而成，尖部磨成 45° ~ 60°的圆锥形，并经热处理淬硬。使用时，先将样冲略倾斜，使尖端对准欲打冲眼的位置（见图 1-18b），然后将样冲垂直竖立，手握小锤子轻击顶端，打出冲眼。

7. 内卡钳、外卡钳

内卡钳、外卡钳是辅助测量用具。内卡钳（见图 1-19a）主要用于测量零件上孔或管子的内径；外卡钳（见图 1-19b）则用于零件外部尺寸及板厚的测量。

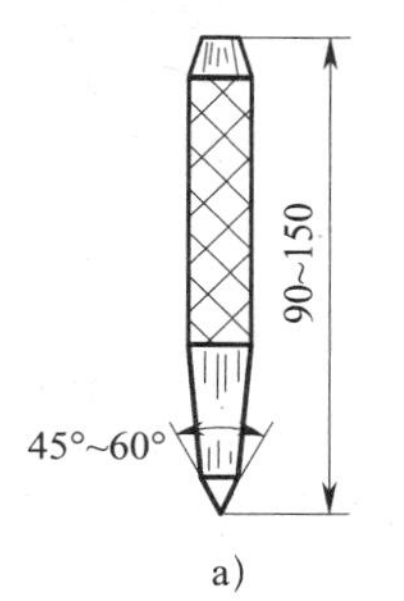

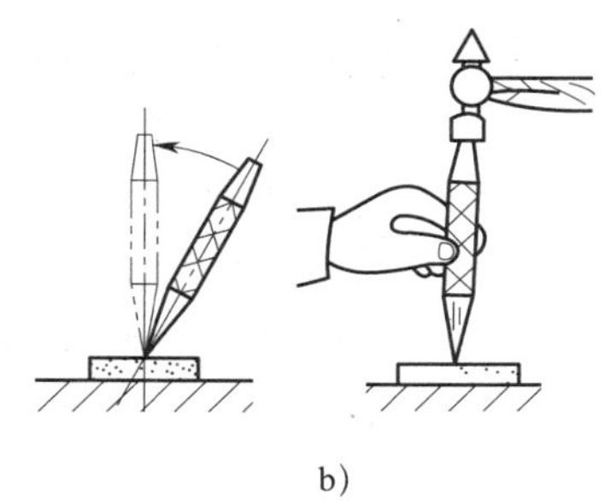

a）　　　　b）

图 1–18　样冲及其使用方法

a）样冲　b）样冲的使用方法

8. 勒子

勒子主要由勒刃和勒座组成。勒刃一般由高碳钢制成，使用前须经刃磨与淬火，勒子用于型钢号孔时划孔的中心线。勒子及其使用如图 1–20 所示。

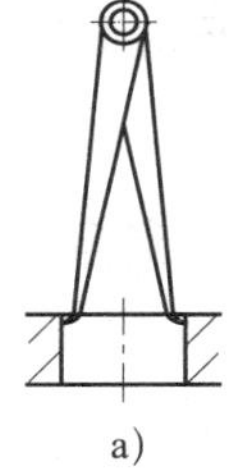

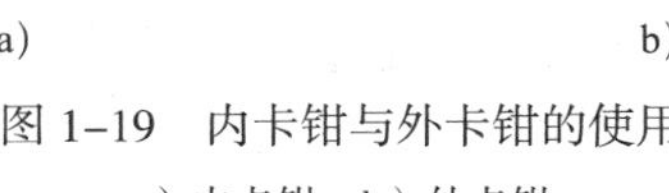

a）　　　　b）

图 1–19　内卡钳与外卡钳的使用

a）内卡钳　b）外卡钳

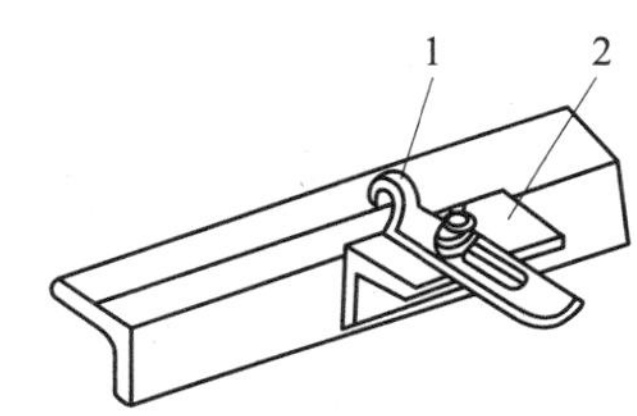

图 1–20　勒子及其使用

1—勒刃　2—勒座

9. 曲线尺

划线中，常常需要用平滑的曲线连接数个已知的定点，使用曲线尺可以提高工作效率。如图 1–21 所示，曲线尺由弯曲尺 1、滑杆 2、横杆 3 及定位螺钉 4 组成。横杆和滑杆均有长方形孔，其曲率由滑杆在孔中移动调节，各滑杆的端头与弯曲尺铰接。曲线尺可用金属或富有弹性的纤维材料制成。使用时，调节滑杆，使曲线尺与各已知点接触，然后旋紧定位螺钉，使其固定，再沿曲线尺划出所需要的曲线。

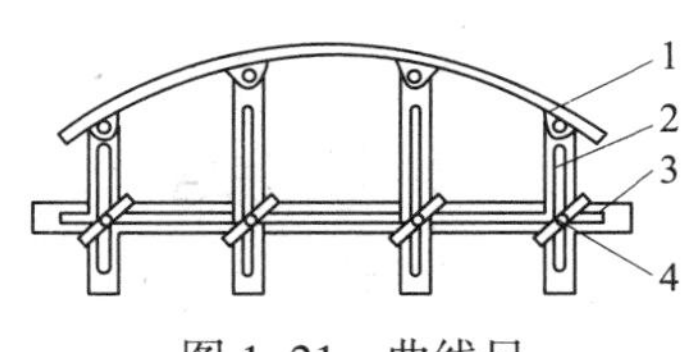

图 1–21　曲线尺

1—弯曲尺　2—滑杆

3—横杆　4—定位螺钉

10. 辅助工具

在放样与号料过程中，常由操作者根据实际需要制作一些辅助工具，如图 1–22 所示。

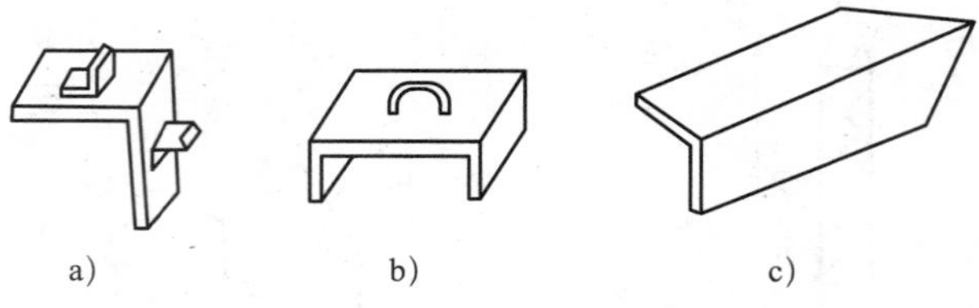

图 1–22　号料辅助工具

a）角钢过线板　b）槽钢过线板　c）角钢角度样板

三、划线基本规则和常用符号

1. 划线的基本规则

为了保证划线质量，在划线前应核对钢材牌号、规格等是否符合图样的技术要求，被划线的钢材表面应平整、干净，无锈蚀、麻点、裂纹等缺陷。如果表面凹凸或不平度过大，就会影响划线的准确度，应予以矫正。划线量具要定期检验校正，尽可能采用高效率的划线工具，如样板、样杆等。划线时，应严格遵守以下规则：

（1）垂直线必须用作图法划，不能用角度尺或 90° 角尺划，更不能用目测法划线。

（2）用圆规在钢板上划圆、圆弧或分量尺寸时，为防止圆规脚尖滑动，必须先冲出样冲眼。

（3）当所划的直线长度超过直尺时，必须用粉线一次弹出；超长直线分段划时，前后段连接时应有一定的重合长度，且重合长度不能太短，否则直线难以平直。

2. 划线常用符号

为了表达划线后应加工的工序性质、内容和范围，常在钢材划线的零件上标出各种工艺符号。划线常用工艺符号见表 1–1。

表 1–1　划线常用工艺符号

名称	符号	符号说明
剪断线		在划线上打上錾子印，并注上“S”符号，表示剪切线 在双线上均打上錾子印，并注上“S”符号，表示切割线 在划线上打上錾子印，并注上斜线符号，表示剪切或切割后斜线一侧为余料

续表

名称	符号	符号说明
中心线	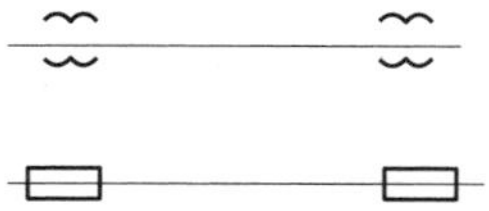	在划线的两端各打上3个样冲眼，并注上符号
对称线（翻中线）		在划线的两端各打上3个样冲眼，并注上符号，表示零件图形或样板图形相对此线完全对称
压角线	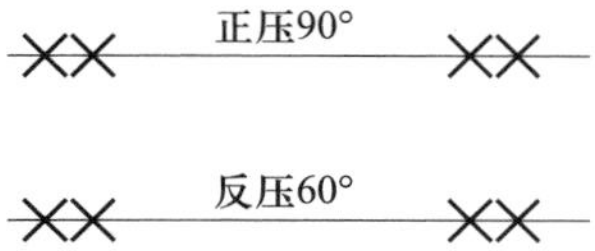 正压90° 反压60°	在划线的两端各打上3个样冲眼，并注上符号，表示钢材弯成（正或反）一定角度或直角
轧圆线	 反轧圆　正轧圆	在钢板上注上反轧圆符号“”，表示弯成圆筒形后，标记在外侧。注上正轧圆符号“”，表示弯成圆筒形后，标记在内侧  
刨边线	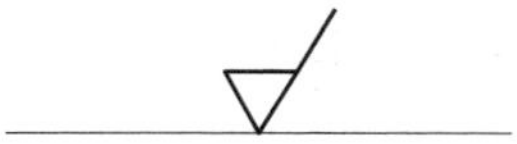	在划线的两端均打上3个样冲眼，并注上符号，表示加工边以此线为准

课题二
放 样 计 算

在加工各种板材、型材弯形时，需要准确计算出弯形件用料长度并确定曲线位置。

一、圆弧弯板的中性层位置

板料弯形中性层的位置与其相对弯形半径 r/t 有关。当 $r/t>5$ 时，中性层位于板厚的 1/2 处，即与板料中心层重合；当 $r/t \leqslant 5$ 时，中性层位置将向弯曲中心一侧移动，见图 1–23 和表 1–2。

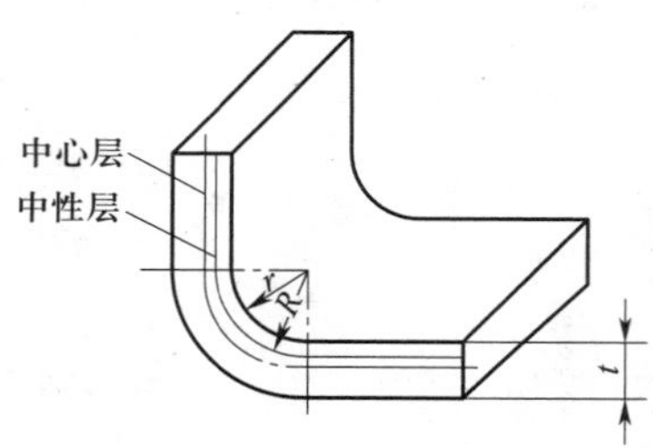

图 1–23　中性层位置

中性层的位置计算公式为：

$$R=r+Kt$$

式中　R——中性层半径，mm；

r——弯板内弧半径，mm；

t——板料厚度，mm；

K——中性层位置系数（适用于无压料情况的 V 形压弯）。

表 1–2　中性层位置系数 K

r/t	≤ 0.1	0.2	0.4	0.8	1.0	1.5	2.0	3.0	4.0	5.0	≥ 6
K	0.30	0.33	0.35	0.38	0.40	0.42	0.44	0.47	0.475	0.48	0.5

二、计算板材弯形料长度

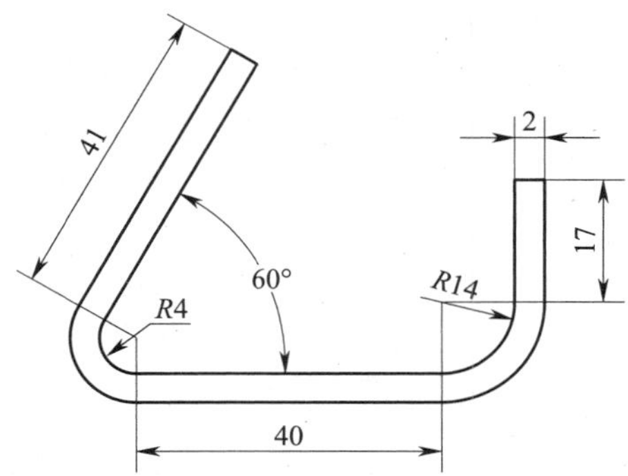

解：$R4$ 相对弯形半径 $r/t=4/2=2$，查表 1-2 得 $K=0.44$；

$R14$ 相对弯形半径 $r/t=14/2=7$，查表 1-2 得 $K=0.5$；

中性层半径 $R_{4中}=4+0.44\times2=4.88$（mm）

中性层半径 $R_{14中}=14+0.5\times2=15$（mm）

展开料长 $L=41+R_{4中}\alpha\pi/180°+40+R_{14中}\alpha\pi/180°+17$

$=41+4.88\times60°\ \pi/180°+40+15\times90°\ \pi/180°+17$

$=126.7$（mm）

三、计算钢板弯形件展开长度

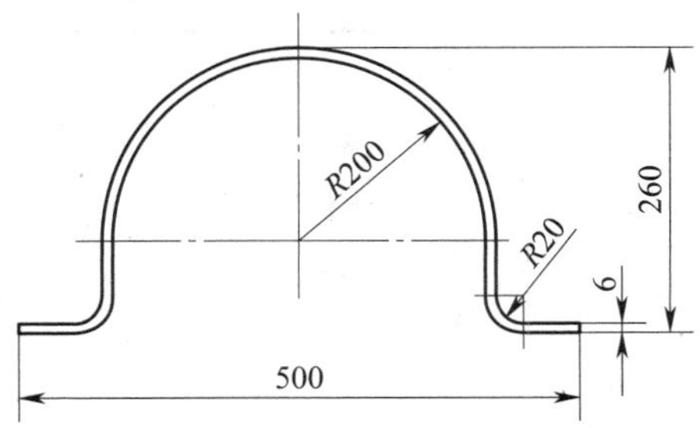

解：$R20$ 相对弯形半径 $r/t=20/6=3.33$，查表 1-2 得 $K=0.472$；

$R200$ 相对弯形半径 $r/t=200/6\geqslant6$，查表 1-2 得 $K=0.5$；

中性层半径 $R_{20中}=20+0.472\times6=22.832$（mm）

中性层半径 $R_{200中}=200+0.5\times6=203$（mm）

$1/2R_{20}$ 展开料长 $L_{R20}=R_{20中}\pi=22.832\pi=71.7$（mm）

$1/2R_{200}$ 展开料长 $L_{R200}=R_{200中}\pi=203\pi=637.4$（mm）

展开料长 $L=L_{R20}+L_{R200}+(500-226\times2)+(260-226)\times2$

$=71.7+637.4+48+68$

$=825.1$（mm）

四、计算等边角钢内弯展开料长

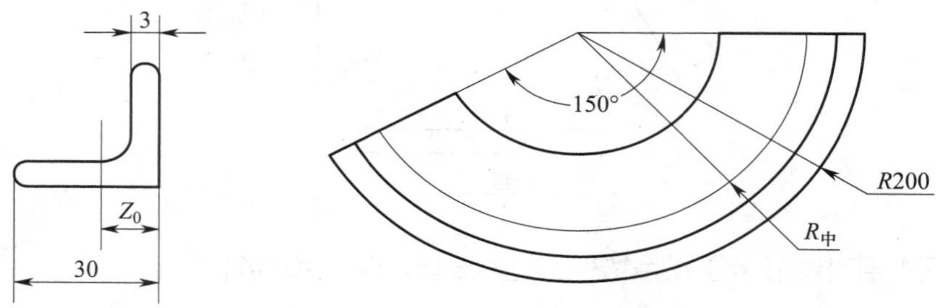

解：角钢规格为 30 mm×30 mm×3 mm，计算料长以重心线为准，内弯弯曲中性层半径 $R_中=R-Z_0$，查表 1-3，Z_0=8.5 mm，则 $R_中$=200−8.5=191.5（mm）。

展开料长 $L=R_中\alpha\pi/180°$

$=191.5\times150°\ \pi/180°$

$=501.1$（mm）

各种角钢重心位置可以从有关资料和手册中查得，表 1-3 列出了部分重心线的位置。

表 1-3　角钢重心

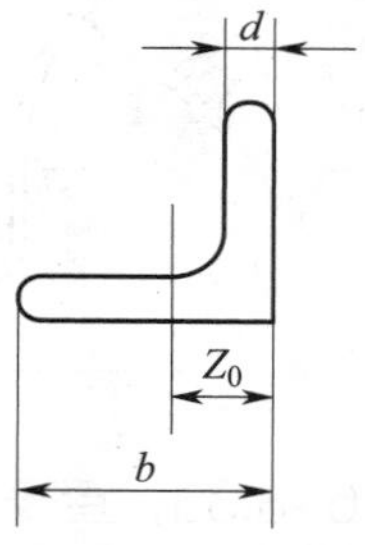

角钢号数	尺寸（$b\times d$）/mm	Z_0（边至重心距离）/mm	理论重量 /（kg · m^{-1}）
3	30 × 3	8.5	1.373
	30 × 4	8.9	1.786

续表

角钢号数	尺寸（$b \times d$）/mm	Z_0（边至重心距离）/mm	理论重量 /（kg · m^{-1}）
4	40 × 3	10.9	1.852
	40 × 4	11.3	2.422
5	50 × 4	13.8	3.059
	50 × 5	14.2	3.770
（等边角钢中性层一般取 0.3b）			

五、计算等边角钢内外弯曲展开料长

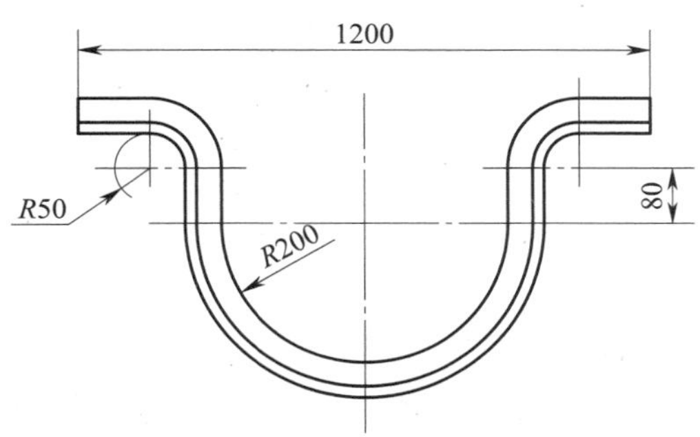

解：角钢规格为 40 mm × 40 mm × 4 mm，内弯弯曲中性层半径 $R_{200中}=R+b-Z_0$，查表 1-3，Z_0=11.3 mm，则

内弯 $R_{200中}$=200+40−11.3=228.7（mm）

外弯 $R_{50中}$=50+11.3=61.3（mm）

展开料长 $L_{R200}=R_{200中}\pi=228.7\pi=718.5$（mm）

$L_{R50}=R_{50中}\pi=61.3\pi=192.6$（mm）

展开料长 $L=L_{R50}+L_{R200}$+（80 × 2）+1 200−（250+40）× 2

=192.6+718.5+160+1 200−580

=1 691.1（mm）

六、计算管子弯曲展开料长

解：管子弯曲展开料长计算，以管中心长度为展开长。

计算 R_{200} 弧对应圆心角：α_{R200}=arcsin（300/600）=30°

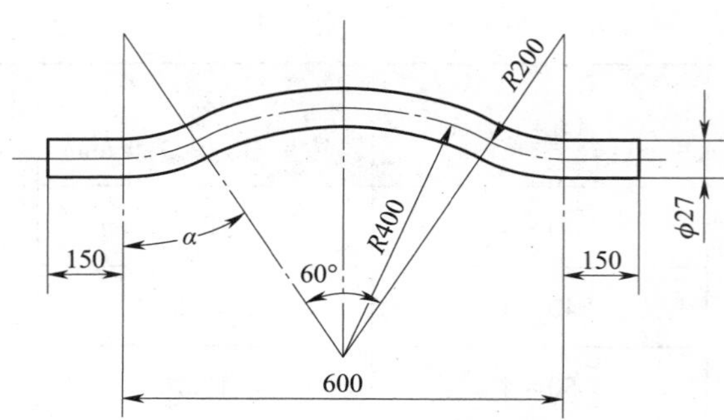

R_{400} 弧对应圆心角 $\alpha_{R400}=60°$

展开长 $L_{R400}=R_{400}\alpha_{R400}\pi/180°=400\times60°\ \pi/180°=418.9$（mm）

$L_{R200}=R_{200}\alpha_{R200}\pi/180°=200\times30°\ \pi/180°=104.7$（mm）

展开料长 $L=L_{R400}+2(L_{R200}+150)=418.9+2\times(104.7+150)=928.3$（mm）

课题三
尺规作图

一、圆管类型

本类型为圆管类的连接构件，包括斜切圆管、圆形等径弯头、三通管、异径三通管等。圆管类构件由一组互相平行的直素线构成，其表面的展开或样板制作可以应用平行线展开法。

平行线展开法的原理：由于构件表面由一组彼此平行的直素线构成，所以可将相邻的两条素线及其上下两个端口曲线所围成的微小曲边四边形，看成近似的平面梯形（或长方形），当分成的微小部分无限多的时候，则各部分的面积总和就近似等于构件的侧面积；又当我们把所有微小平面梯形（或长方形）按照原来的先后顺序和上下相对位置，不遗漏、不重叠、不折皱地全部铺平开来的时候，构件的表面就被展开了。

1. 斜切圆管（见图 1–24）

展开放样说明：

（1）工程图样如图 1–25 所示，其中，D 为圆管外径、α 为斜口角度、H 为圆管中心高度、t 为号料样板厚度。

（2）选择板材卷制，下料时以圆管中性层直径计算展开长度，展开放样图如图 1–26 所示。

（3）成品管下料。以圆管外径另加样板材料厚度为直径计算样板展开长度，根据等分高度采用平行线展开法在样板上下料，然后把样板包在成品管外划线下料。

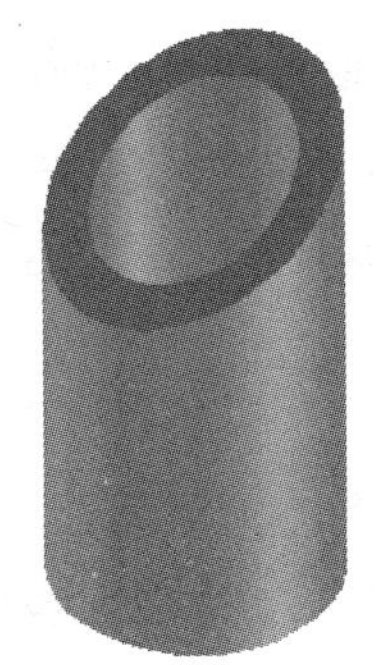

图 1–24　斜切圆管立体图

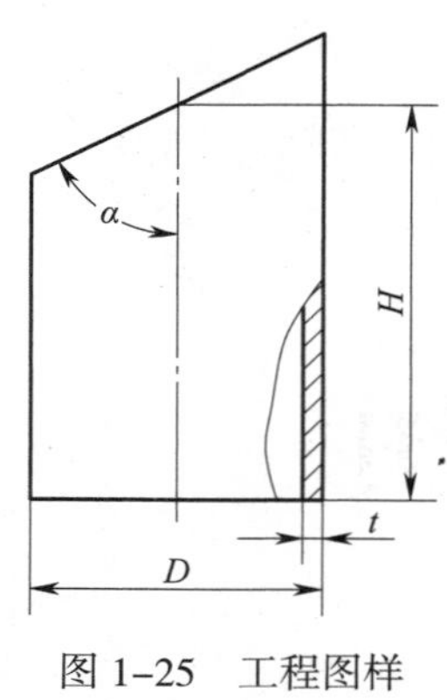

图 1-25　工程图样

D+t

图 1-26　放样图

1）画一任意线段，长度等于（$D+t$）π，将线段分成 12 等份；

2）过各等分点画线段的垂直线，在各垂直线上依次截取对应素线高度；

3）用光滑曲线连接各点，即为号料样板展开图（见图 1-27）。

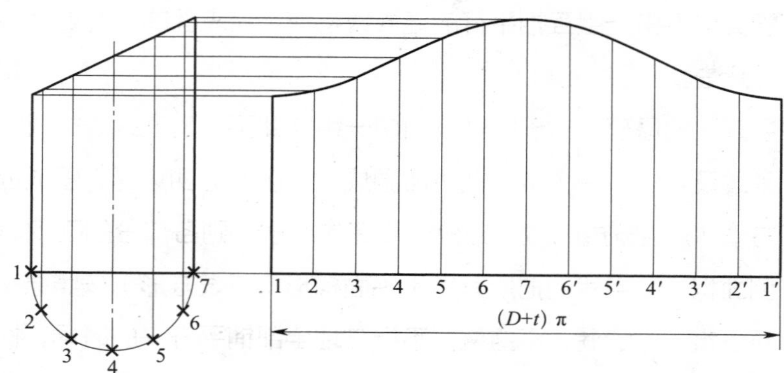

图 1-27　展开图

2. 两节圆形等径弯头（见图 1-28）

展开放样说明：

（1）工程图样如图 1-29 所示，其中，D 为圆管外径、α 为两节弯头中心线的夹角、L_1 为圆管Ⅰ中心高度、L_2 为圆管Ⅱ中心高度、t 为号料样板厚度。

（2）选择板材卷制，下料时以圆管中性层直径计算展开长度。

（3）成品管下料。以圆管外径另加样板材料

图 1-28　两节圆形等径弯图立体图

厚度为直径计算样板展开长度，根据等分高度采用平行线展开法在样板上下料，然后把样板包在成品管外划线下料。

（4）放样图画法，如图 1–30 所示。

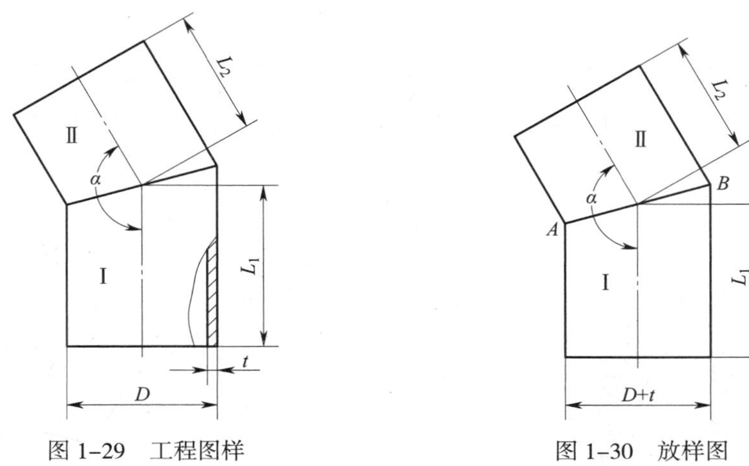

图 1–29　工程图样　　图 1–30　放样图

1）以中心 α 角度作出管中心线，在中心线上分别截取 L_1、L_2 长度，并过截点作中心线垂线；

2）将中心线向外偏移（D+t）/2，作出管外部轮廓线，交于点 A、B。

（5）展开图画法，如图 1–31 所示。

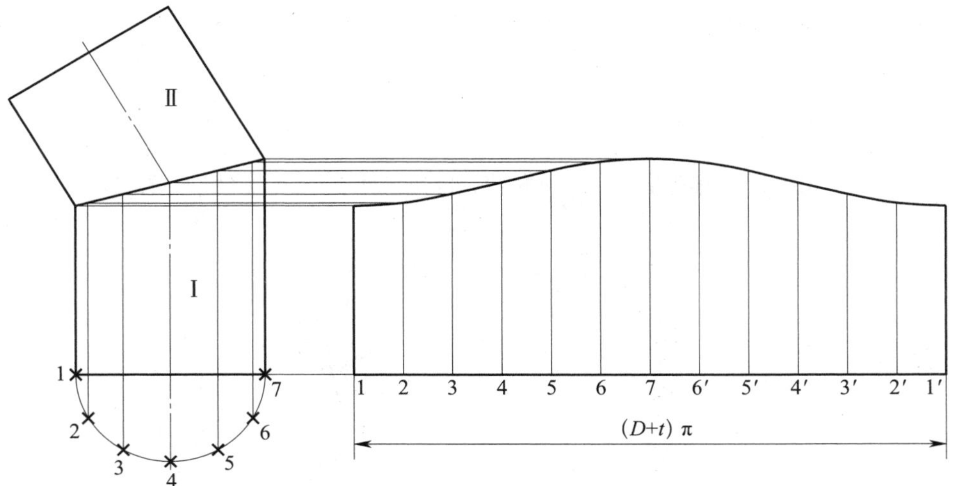

图 1–31　展开图

1）画一任意线段，长度等于（D+t）π，将线段分成 12 等份；

2）过各等分点画线段的垂线，在各垂线上依次截取对应素线高度；

3）用光滑曲线连接各点，即为圆管 I 的号料样板展开图。

圆管 II 的展开图画法同圆管 I。

3. 多节圆形等径弯头（见图 1–32）

展开放样说明：

（1）工程图样如图 1–33 所示，其中，D 为圆管外径、α 为弯头角度（$0° < \alpha < 360°$）、R 为中心弧线半径（$R=D \sim 1.5D$）、t 为号料样板厚度。

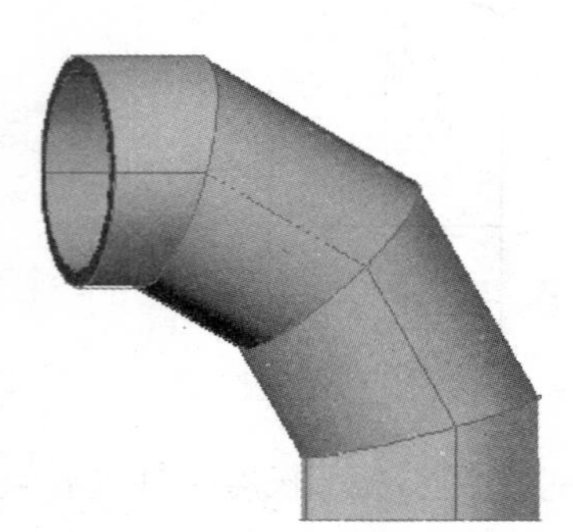

图 1–32　多节圆形等径弯头立体图

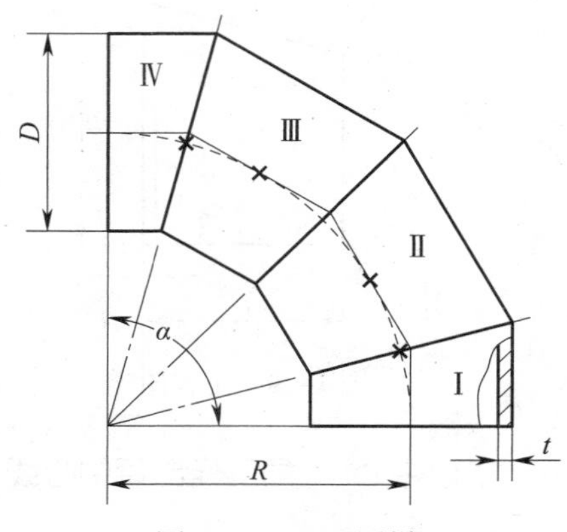

图 1–33　工程图样

（2）单节选择板材卷制，下料时以圆管中性层直径计算展开长度。

（3）成品管下料。以圆管外径另加样板材料厚度为直径计算样板展开长度，根据等分高度采用平行线展开法在样板上下料，然后把样板包在成品管外交叉 180°划线下料。

（4）放样图画法，如图 1–34 所示。

1）作出角度 α，根据管径 D，确定中心弧线半径 R（$R=D \sim 1.5D$）。

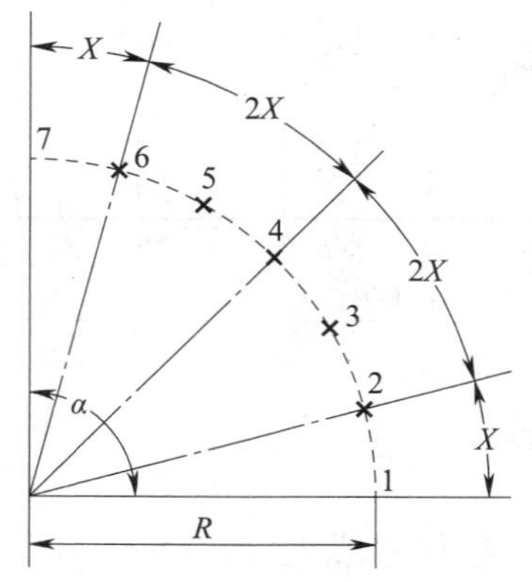

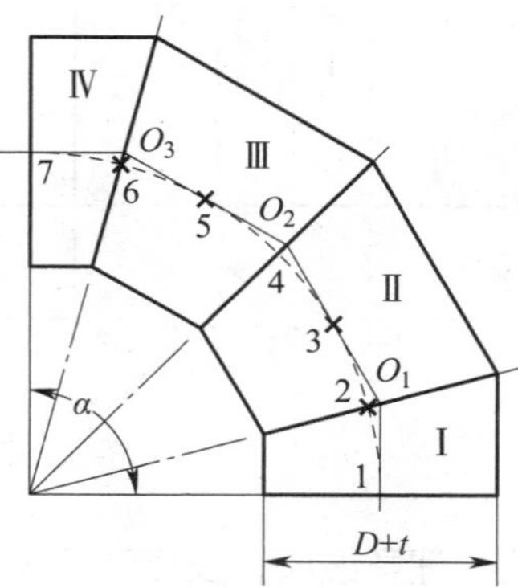

图 1–34　放样图

2）弯头节数为n，等分数 =（n−1）×2。如四节 90° 弯头，将 90° 分为（4−1）×2=6 等份，在中心弧线上得等分点依次为 1、2、3、4、5、6、7 点。逢单数点做切线与圆弧线相切，相邻两切线交点为 O_1、O_2、O_3 点，切线即为多节弯头的中心线。

3）将所得中心线偏移（D+t）/2，作出管外部轮廓线。

4）直线段 1—O_1—O_2—O_3—7 即为所需弯头的直管材料长度。

（5）圆管 Ⅰ 展开图画法，如图 1−35 所示。

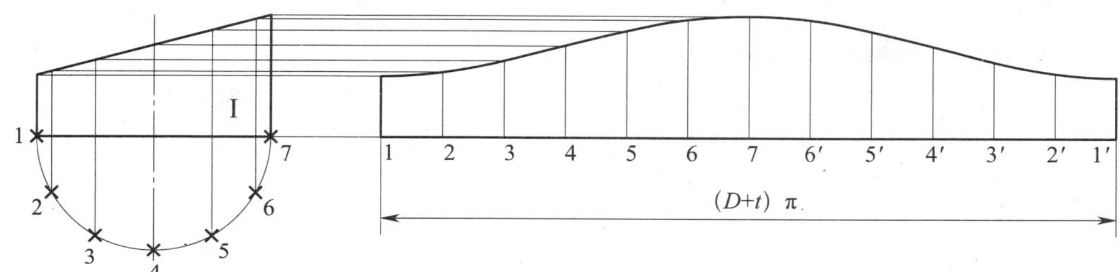

图 1−35　圆管 Ⅰ 展开图

1）首、尾两节相同，中间共 n−2 节（ Ⅱ 和 Ⅲ ），中间各节尺寸相同，且是首节长度的 2 倍，即将首节展开便可。

2）画一任意线段，长度等于（D+t）π，将线段分成 12 等份。

3）过各等分点画线段的垂线，在各垂线上依次截取对应素线高度。

4）用光滑曲线连接各点，即为圆管 Ⅰ 样板展开图。

5）将样板包在管子上镜像、长短素线交错号料，可划出中间节，如图 1−36 所示。

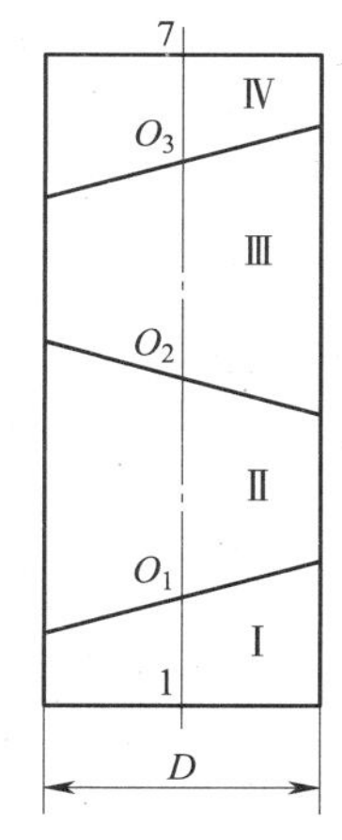

图 1−36　管表面划线

4. 等径三通管（见图 1−37）

展开放样说明：

（1）工程图样如图 1−38 所示，其中，D 为圆管外径、α 为两管中心线夹角（0° <α<180°）、L 为管 Ⅱ 管端至管 Ⅰ 中心长度、t 为号料样板厚度。

（2）选择板材卷制时，下料时以圆管中性层直径计算展开长度。

（3）成品管下料。以圆管外径另加样板材料厚度为直径计算样板展开长度，根据等分高度采用平行线展开法制作样板，然后把样板包在成品管外划线下料。

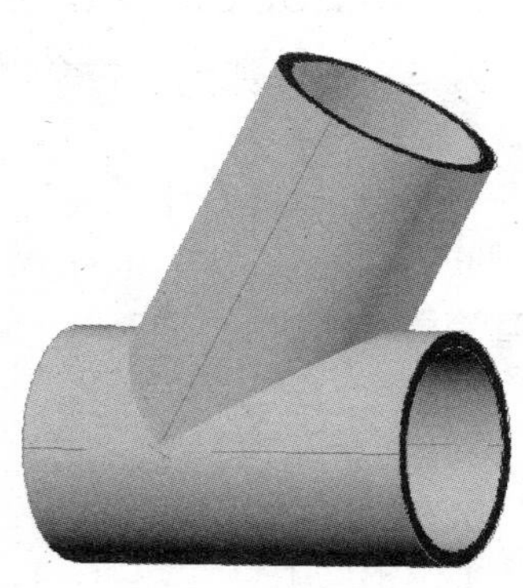
图 1-37　等径三通管立体图

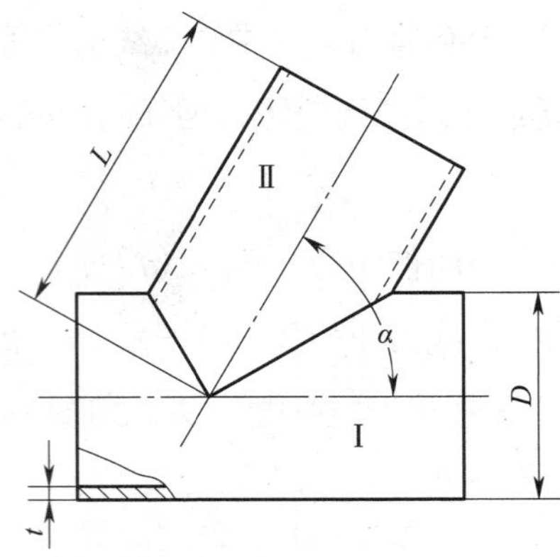

图 1-38　工程图样

（4）放样图画法，如图 1-39 所示。

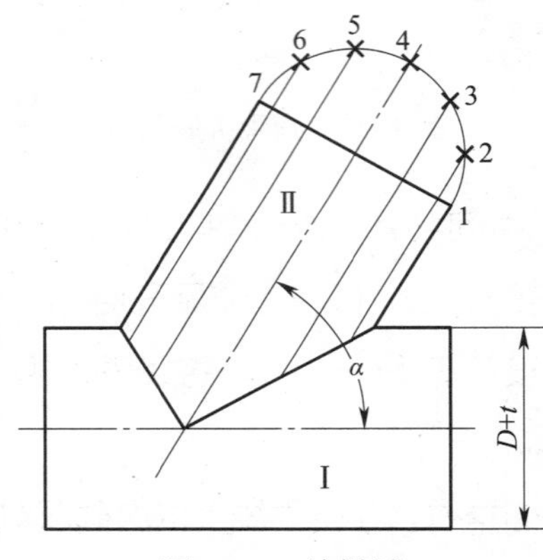

图 1-39　放样图

1）根据相贯线的性质与特点，等径圆管相贯，相贯线投影为封闭直线，因此等径圆管的相贯线可直接在主视图中作出。

2）根据两管中心线角度 α 和 L，绘制中心线并分别偏移（$D+t$）/2，作出管轮廓线。

3）根据断面图将管 Ⅱ 表面等分 12 份得素线 1 ~ 7。

（5）展开图画法，如图 1-40 所示。

管 Ⅱ 展开图画法：

1）画一任意线段，长度等于（$D+t$）π，将线段分成 12 等份。

2）过各等分点画线段的垂线，在各垂线上依次截取对应素线高度。

3）用光滑曲线连接各点，即为圆管 Ⅱ 样板展开图。

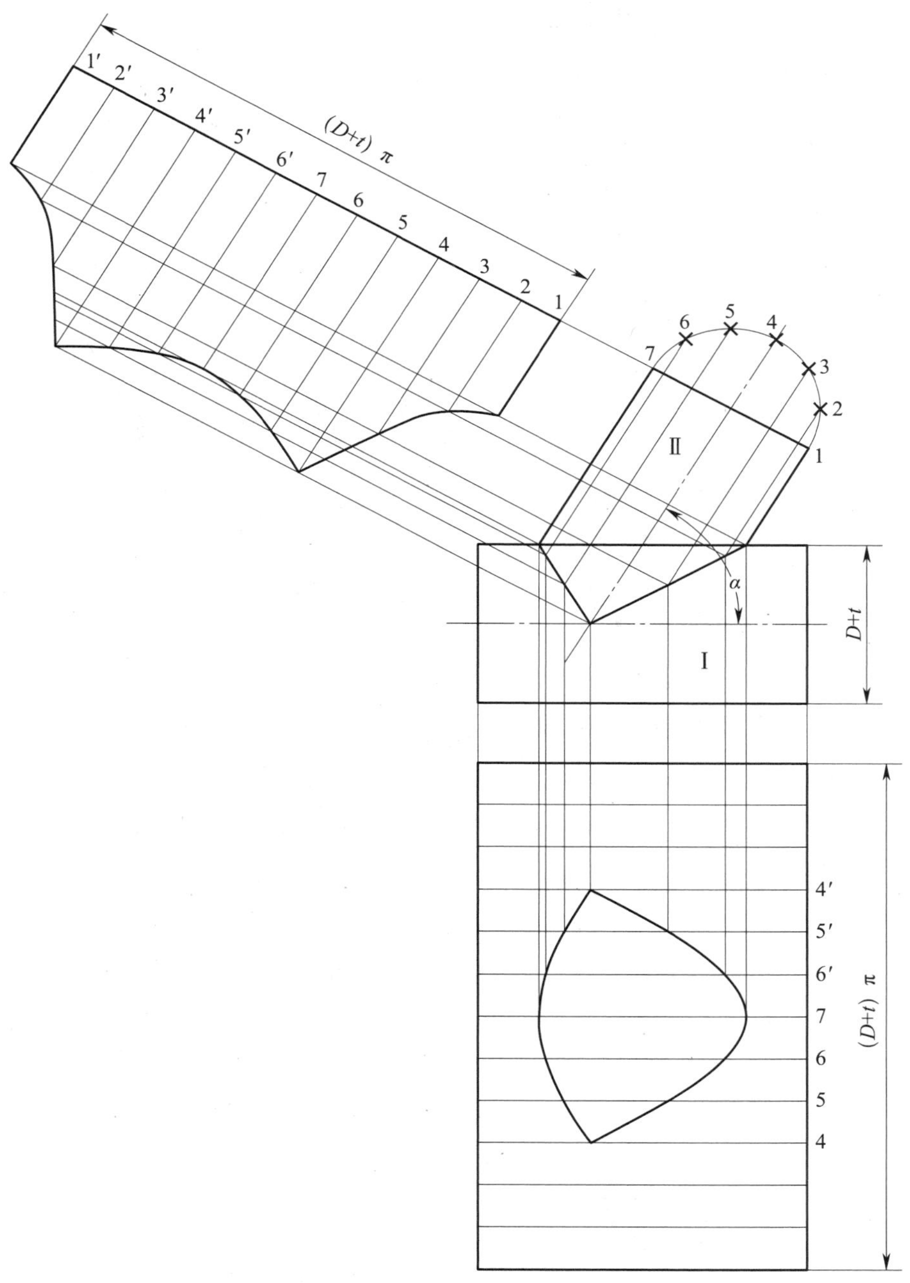

图 1–40　展开图

管Ⅰ展开图画法：

1）将圆管Ⅰ从主视图两端向下延长，并在延长线上截取长度等于（$D+t$）π；

2）在任意位置截取 4 ~ 4′等于（$D+t$）π/2，并将其分成 6 等份，根据相贯线共有点特性，作出开孔的展开图。

5. 异径三通管（见图 1-41）

展开放样说明：

（1）工程图样如图 1-42 所示，其中，D 为圆管 Ⅰ 外径、d 为圆管 Ⅱ 外径、α 为两管中心线夹角（$0° < \alpha < 180°$）、L 为管 Ⅱ 管端至中心长度、t 为号料样板厚度。

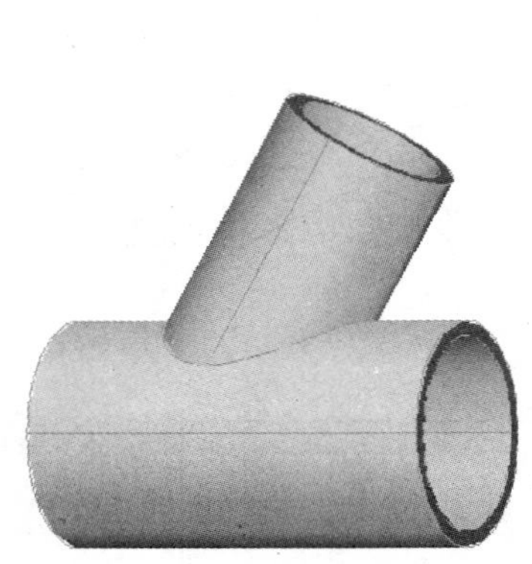

图 1-41　异径三通管立体图

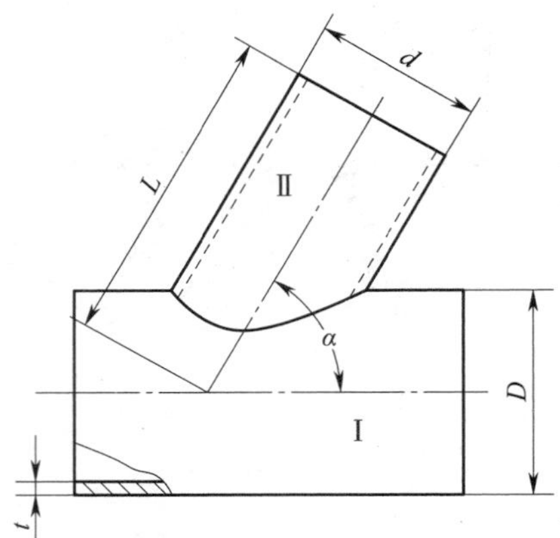

图 1-42　工程图样

（2）如果选择板材卷制，下料时以圆管中性层直径计算展开长度。

（3）成品管下料。以圆管外径另加样板材料厚度为直径计算样板展开长度，根据等分高度采用平行线展开法制作样板，然后把样板包在成品管外划线下料。

（4）放样图画法（求做主视图相贯线），如图 1-43 所示。

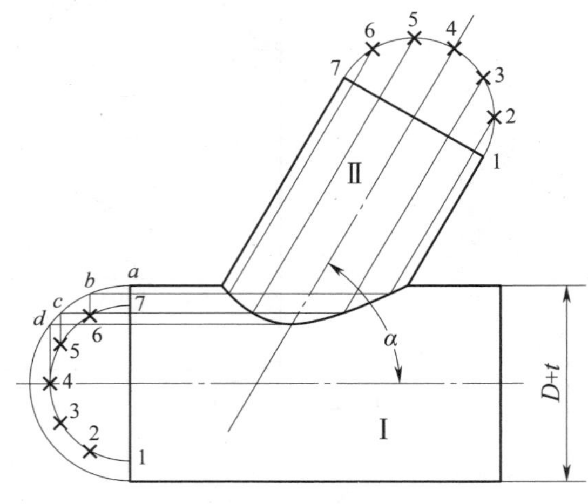

图 1-43　放样图

1）根据两管中心线角度 α 和 L，绘制中心线并分别偏移管 Ⅰ（$D+t$）/2 距离和管 Ⅱ（$d+t$）/2 距离，作出管轮廓线；

2）在管Ⅰ一端，分别以（$D+t$）、（$d+t$）为直径画出两管断面图，并将管Ⅱ断面图 12 等分；

3）从管Ⅱ断面图等分点向上引管端平行线，交管Ⅰ断面图于点 a、b、c、d；

4）过 b、c、d 三点做管Ⅰ中心线平行线，分别与管Ⅱ对应表面素线相交，用曲线连接交点，即为相贯线。

（5）展开图画法，如图 1-44 所示。

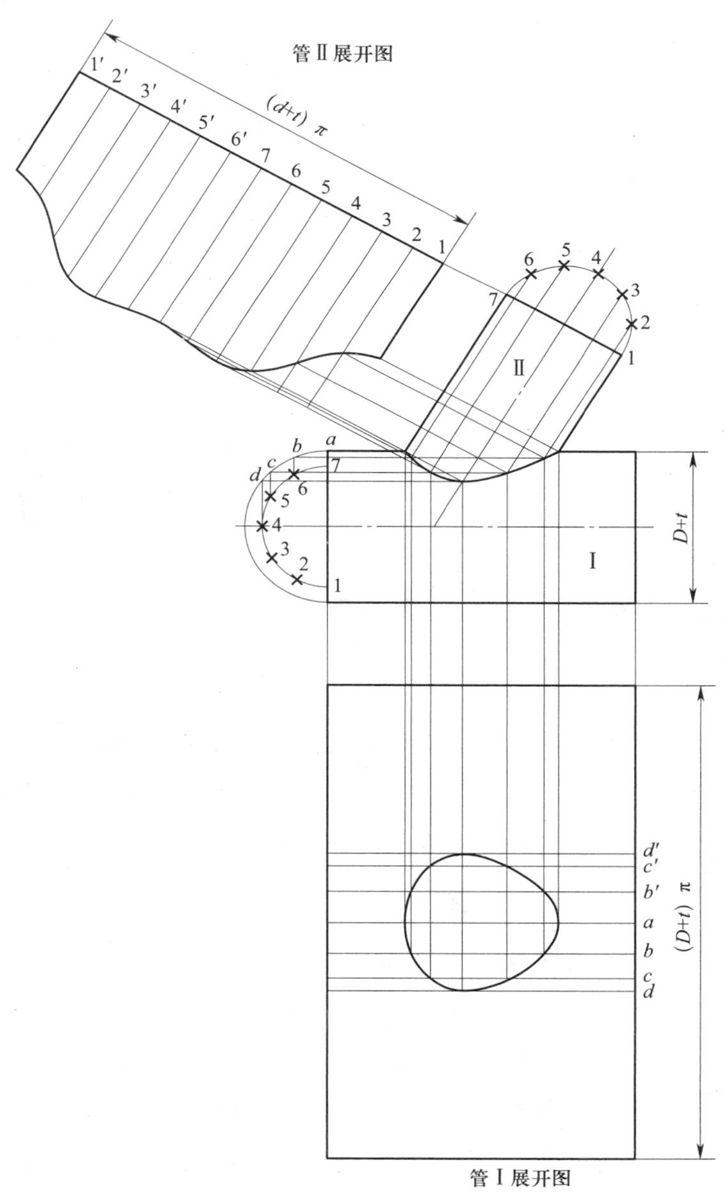

图 1-44　展开图

管 Ⅱ 展开图画法同等径三通管管 Ⅱ 展开图方法。

管 Ⅰ 开孔展开图画法：

1）将圆管 Ⅰ 从主视图两端向下延长，并在延长线上截取长度等于（$D+t$）π；

2）在任意位置截取 d—d'，使 ab'、$b'c'$、$c'd'$ 分别等于放样图的 ab、bc、cd 弧长，根据相贯线共有点特性，作出开孔的展开图。

6. 异径偏心三通管（见图 1–45）

展开放样说明：

（1）工程图样如图 1–46 所示，其中，D 为圆管 Ⅰ 外径、d 为圆管 Ⅱ 外径、α 为两管中心线夹角（0° <α<180°）、P 为管中心偏移量、L 为管 Ⅱ 管端至管 Ⅰ 中心长度、t 为号料样板厚度。

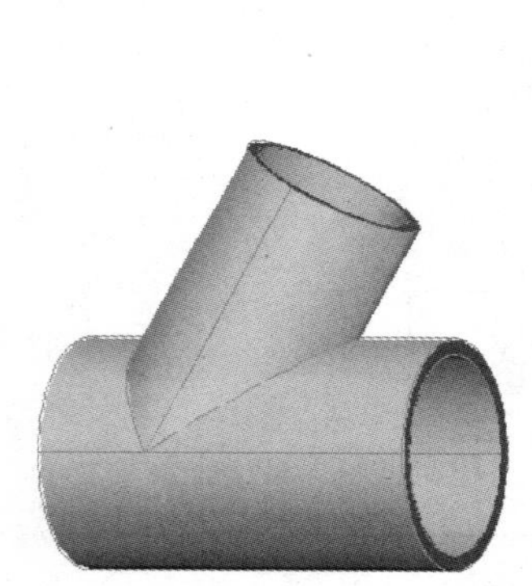

图 1–45　异径偏心三通管立体图

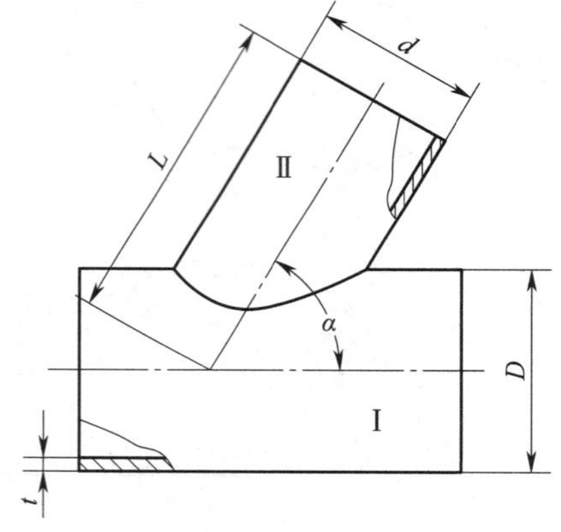

图 1–46　工程图样

（2）选择板材卷制，下料时以圆管中性层直径计算展开长度。

（3）成品管下料。以圆管外径另加样板材料厚度为直径计算样板展开长度，根据等分高度采用平行线展开法制作样板，然后把样板包在成品管外划线下料。

（4）放样图画法（求做主视图相贯线），如图 1–47 所示。

1）根据两管中心线角度 α、L 和偏移量 P，绘制管中心线并分别偏移，管 Ⅰ 偏移（$D+t$）/2，管 Ⅱ 偏移（$d+t$）/2，作出主视图和左视图管轮廓线。

2）分别画出主、左视图管 Ⅱ 断面图，并分为 12 等份。

3）分别过等分点，作管表面素线，左视图管 Ⅱ 表面素线交管 Ⅰ 于点 a ~ g，过 a ~ g 点作水平线与主视图对应素线相交，用曲线连接交点，即为相贯线。

（5）展开图画法，如图 1–48 所示。

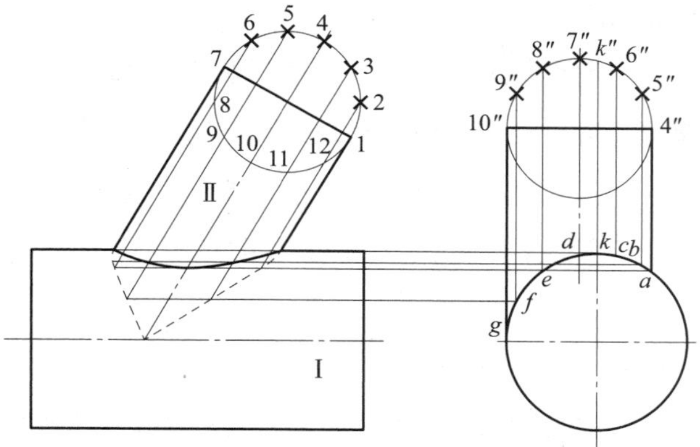

图 1–47 放样图

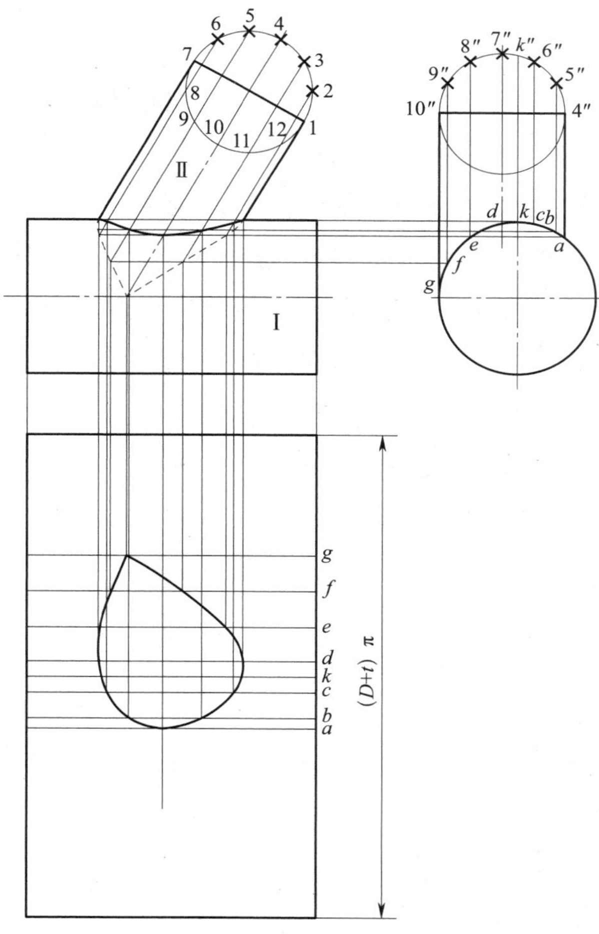

图 1–48 展开图

管Ⅱ展开图画法同异径三通管管Ⅱ。

管Ⅰ开孔展开图画法：

1）将圆管Ⅰ从主视图两端向下延长，并在延长线上截取长度（$D+t$）π。

2）在任意位置截取 $a \sim g$，使各点间线段长度分别等于放样图中左视图 ab、bc、cd、de、ef、fg 弧长，根据相贯线共有点特性，作出开孔的展开图。

3）特殊位置点 k，是管Ⅰ开孔的最高点，在展开图中与放样图中的 k 点相对应。

二、变径锥管

本类型为圆锥管类的连接构件，包括各种正圆锥管、正圆锥台、斜圆锥管、斜圆锥台、锥管任意角度两节弯头、锥管任意角度多节弯头及各类棱锥管构件。每个构件由立体图、工程图样、放样图、实例参数、展开图及详细的说明组成。构件利用样板或直接在钢板上放样、切割卷制而成。

构件表面素线或其延长线相交于一个共同点（如圆锥体、圆锥台、棱锥体、棱锥台），均适宜用放射线展开法做展开图。

放射线展开法的原理：锥面上过顶点的所有直线都叫锥面的素线，把任意相邻两条锥面素线及其所夹的底边线，看成一个近似的小平面三角形，当各小三角形底边无限短，小三角形无限多的时候，所有小三角形面积的总和与原来的锥体侧面积就相等，把所有小三角形不遗漏、不重叠、不折皱地按原先左右上下相对顺序和位置铺在同一个平面上，锥体侧表面就被展开了。

1. 正圆锥管（见图 1–49）

展开放样说明：

（1）工程图样如图 1–50 所示，其中，D 为圆锥管大口外径、d 为圆锥管小口外径、H 为高度、t 为板厚。

图 1–49　正圆锥管立体图

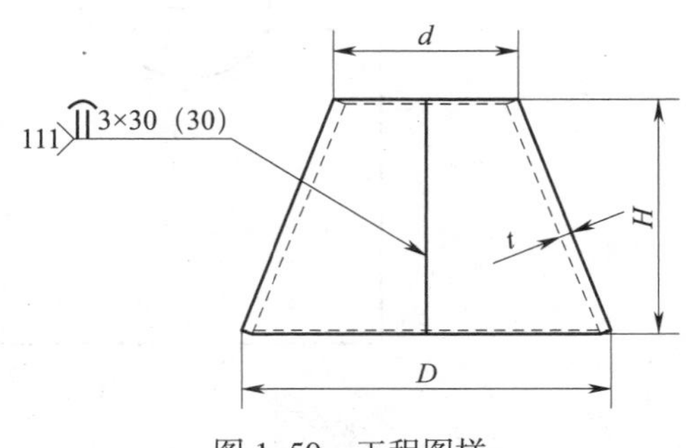

图 1–50　工程图样

（2）采用板材卷制，可在钢板上直接放样，也可先制作样板。

（3）以板厚中性层位置的垂直度高 H_0 作为放样图的高度，放样图中大、小口直径取中性层直径 D_0、d_0，完成板厚处理，绘出放样图（见图 1–51）。

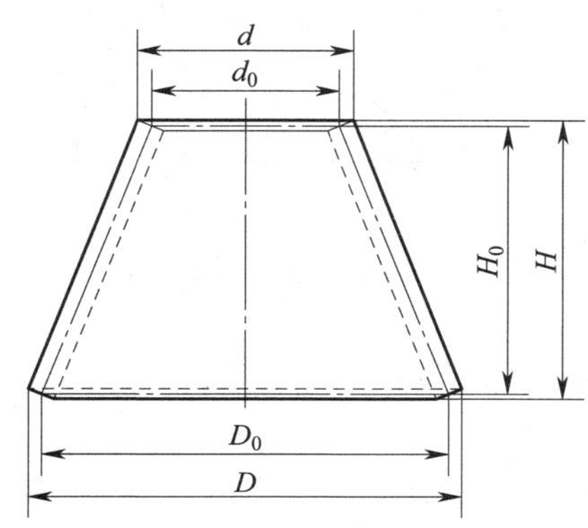

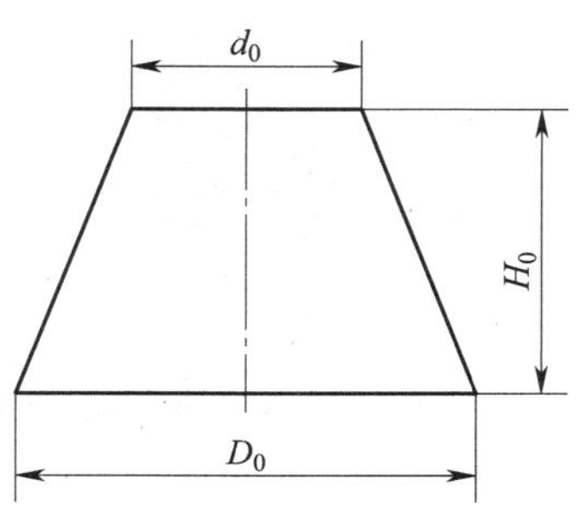

图 1–51　放样图

（4）展开图画法，如图 1–52 所示。

1）根据放样图延长两侧轮廓线交中心线于点 S；

2）6 等分锥底断面半圆周，S—7 为正平线，即为圆锥表面素线实长，以 S 为圆心，S—7 为半径画弧，在圆弧的任意位置，用断面图中一份弧长（1—2），依次截取弧线 12 次，得各截取点，连接 S—4，即得圆锥展开图；

3）圆锥台由圆锥截切而成，在展开图中 Sb 同样为正平线，所以以 S 为圆心，Sb 为半径画弧，截取圆锥展开图，即两条弧线所围成的扇形就是圆锥台的展开图。

图 1–52　展开图

2. 斜圆锥（见图 1–53）

展开放样说明：

（1）工程图样如图 1–54 所示，其中，D 为圆锥底外径、P 为顶点至底圆中心的水平偏移量、H 为总高、t 为板厚。

（2）采用板材卷制，可在钢板上直接放样，也可先制作样板下料。

（3）放样图画法，如图 1–55 所示。

放样图中底圆直径（1—7）取中性层直径（$D-t$）、高（SS'）为 H。

图 1–53　斜圆锥立体图

图 1–54　工程图样

（4）求圆锥体表面各素线的实长，如图 1-56 所示。

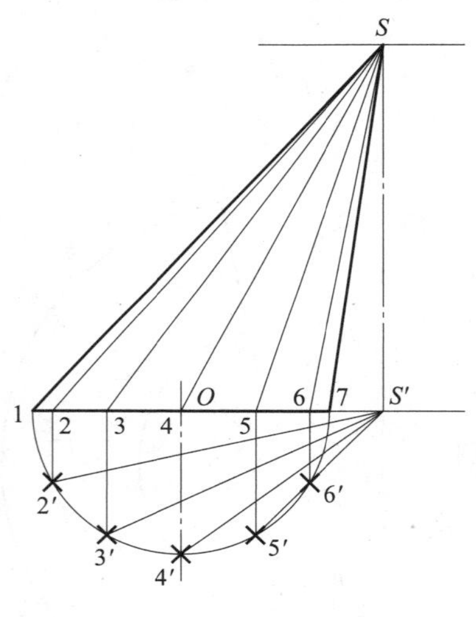

图 1–55　放样图

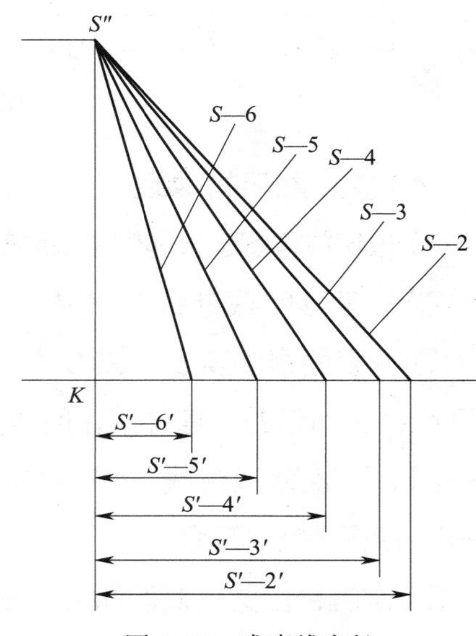

图 1–56　求素线实长

1）在放样图 1-55 中，以底圆直径中点 *O* 为圆心，*O*—1 为半径画出底圆断面半圆并六等分，得等分点 1、2′、3′、4′、5′、6′、7 并与 *S*′相连；

2）过半圆等分点分别做主视图锥底线段 1—7 的垂线，交线段 1—7 于 2、3、4、5、6 点并与顶点 *S* 相连，即近似把圆锥表面分为底边相等、高度相等的 12 个三角形；

3）在图 1-55 中，*S*—1、*S*—7 均为正平线，反映实长，*S*—2、*S*—3、*S*—4、*S*—5、*S*—6 为一般位置线，不反映实长。

利用直角三角形法求实长原理：做一直角三角形，使一边等于线段在三视图中的一投影长，另一边为线段在另一投影的坐标差值，则斜边为实长。

如图 1-57 所示，空间线段 AB 在主、俯视图中的投影分别为 $a'b'$、ab，作一直角三角形 CDE，在 DE 边上截取 ab，在 DC 边上截取点 a'、b' 的高度差（Z 的差值），则斜边即为实长。

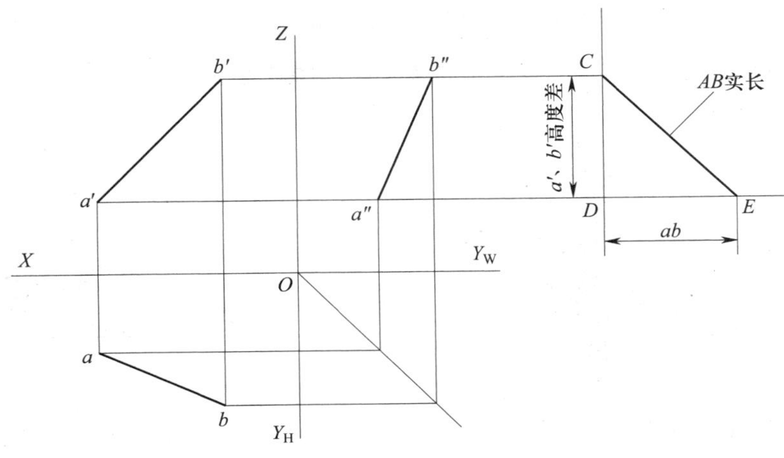

图 1-57　直角三角形法求实长

4）根据直角三角形求实长的原理，求得 S—2、S—3、S—4、S—5、S—6 线段实长。

（5）展开图画法，如图 1-58 所示。

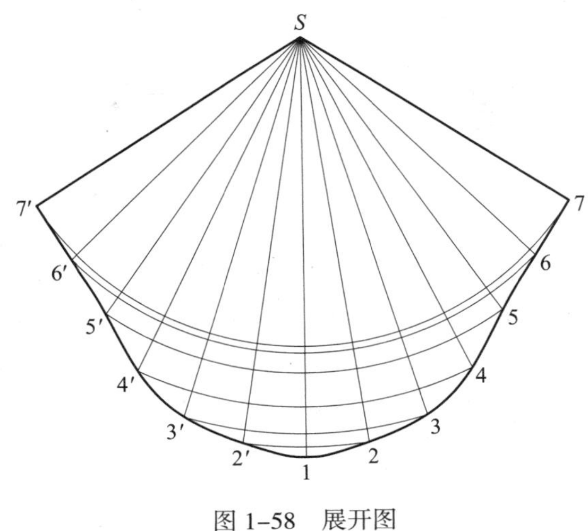

图 1-58　展开图

1）在适当位置画出线段 S—1，依次作出△S12、△S23、△S34、△S45、△S56、△S67，三角形底边长与放样图断面半圆周等分点弧长相同，用曲线连接各点；

2）因圆锥构件前后对称，以 S—1 为对称轴，作出另一半展开图，即得圆锥展开图。

3. 斜圆锥管（一）（见图 1–59）

展开放样说明：

（1）工程图样如图 1-60 所示，其中，D 为圆锥底外径、d 为圆锥台上口外径、P 为上下圆中心线偏移量、H 为总高、t 为板厚，适用于素线交点距离底圆较近的构件。

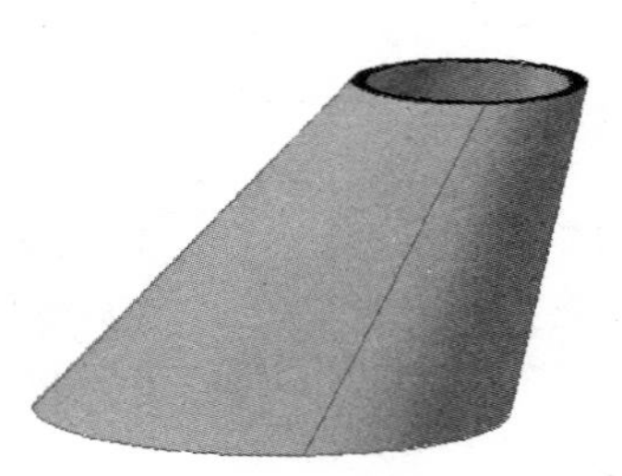

图 1–59 斜圆锥管（一）立体图

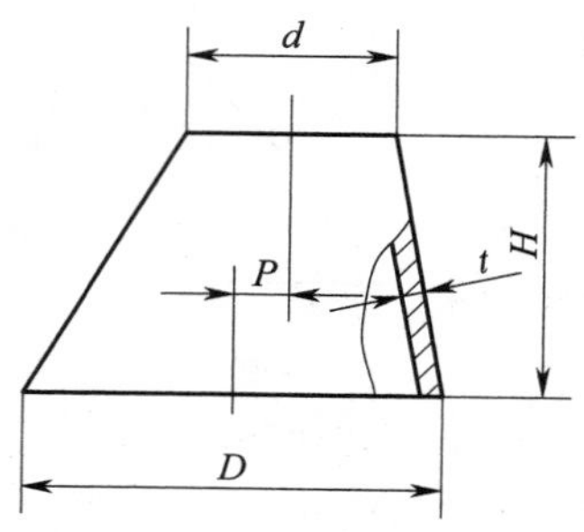

图 1–60 工程图样

（2）采用板材卷制，可在钢板上直接放样，也可先制作样板下料。

（3）放样图如图 1-61 所示。延长放样图中 1—a 与 7—g 相交于点 S，采用补全方法，将圆锥台补全为圆锥体，再截切分割得到圆锥台展开图（如果交点较远，则采用三角形分割表面展开）。

（4）求圆锥台表面各素线的实长，如图 1-62 所示。

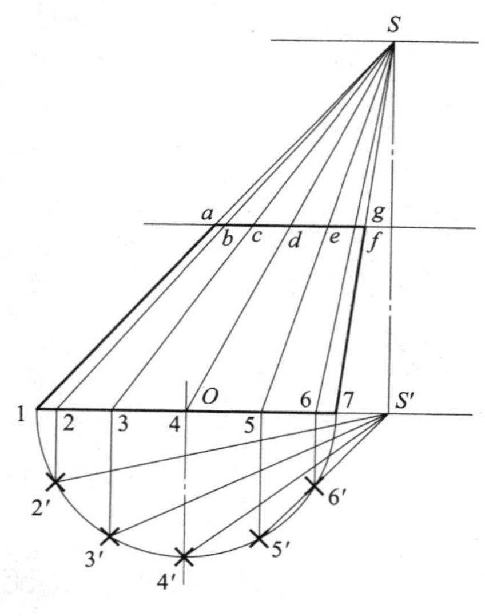

图 1–61 放样图

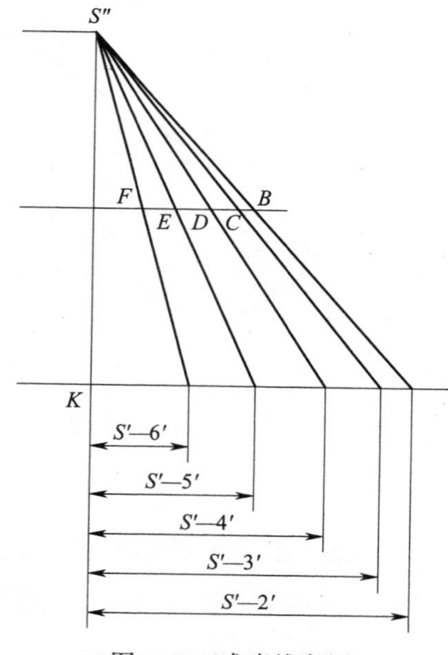

图 1–62 求素线实长

1）圆锥表面各素线实长求法与图 1-56 中的相同；

2）由于每一素线上，S（S''）点到上下表面各等分点线段的比例相同，因此过圆台上口表面等分点 a、g 做水平线并分别交实长线于点 B、C、D、E 点，此时 S'' 至各点长度即为补全部分的素线实长。

（5）展开图画法，如图 1-63 所示。

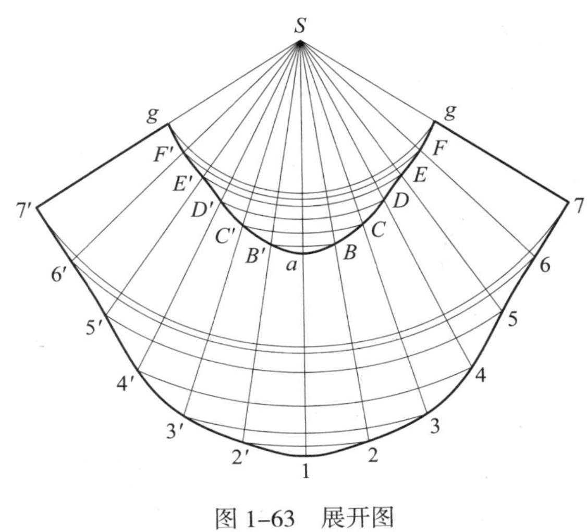

图 1-63　展开图

斜圆锥台与斜圆锥展开方法相同，在圆锥表面展开图对应的素线上分别截取 Sa、Sg、$S''B$、$S''C$、$S''D$、$S''E$、$S''F$，用曲线连接各点，则两条弧线所围成的扇形就是斜圆锥管的展开图。

4. 斜圆锥管（二）（见图 1-64）

展开放样说明：

（1）工程图样如图 1-65 所示，其中，D 为圆锥底外径、d 为圆锥台上口外径、P 为上下圆中心线偏移、H 为高度、t 为板厚。

（2）采用板材卷制，可在钢板上直接放样，也可制作样板下料。

（3）因上下口直径变化不大，延长圆锥台表面素线，素线交点距离底边较远，用放射线法不易操作，此类型构件应采用三角形展开法。

三角形展开法原理：把形体表面分割成很多小三角形，然后把这些小三角形按原来的左右相互位置和顺序铺平开来，这样形体表面就被展开了。

（4）放样图中底圆直径 D_0 取中性层直径（$D-t$）、上端口直径 d_0 取中性层直径（$d-t$），高为 H（中性层高），如图 1-66 所示。

图 1-64　斜圆锥管（二）立体图

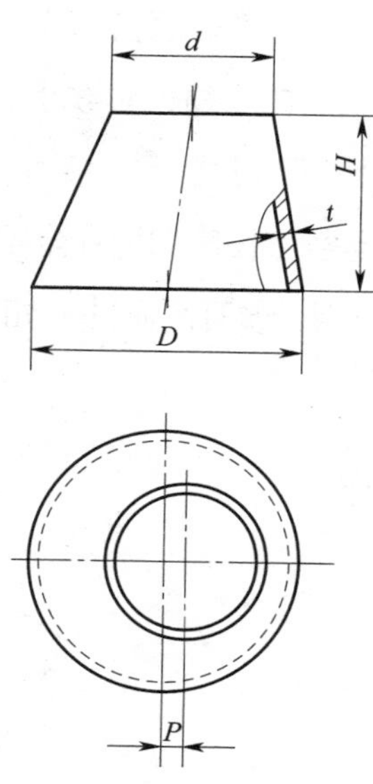

图 1-65　工程图样

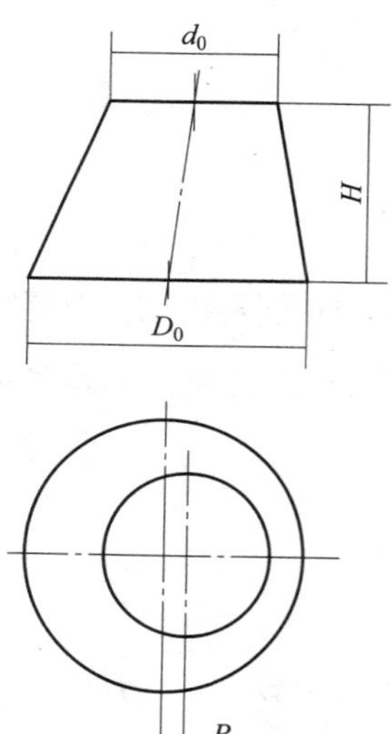

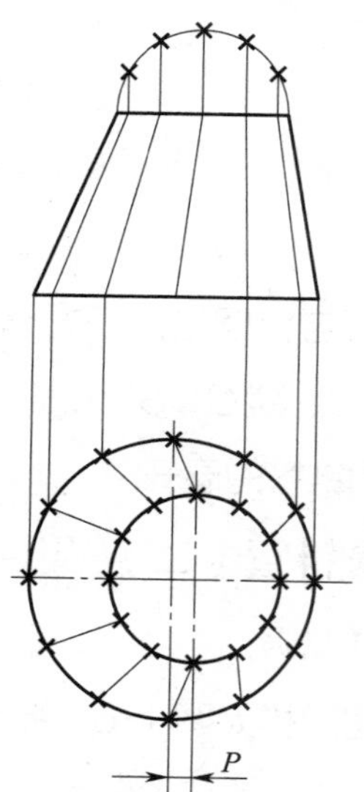

图 1-66　放样图

（5）求圆锥台表面各素线的实长，如图 1-67 所示。

1）将上下圆等分为 12 等份，连接对应等分点，将圆锥台表面分割成了 12 个近似四边形，连接四边形对角，将表面分割为 24 个小三角形。因构件前后对称，只需求出前半部分三角形各边实长即可。

2）在图 1-67 中，*a*—1、*g*—7 反映实长，从 *a*—2 至 *f*—7 共 11 条线为一般位置线，采用直角三角形法求出实长。

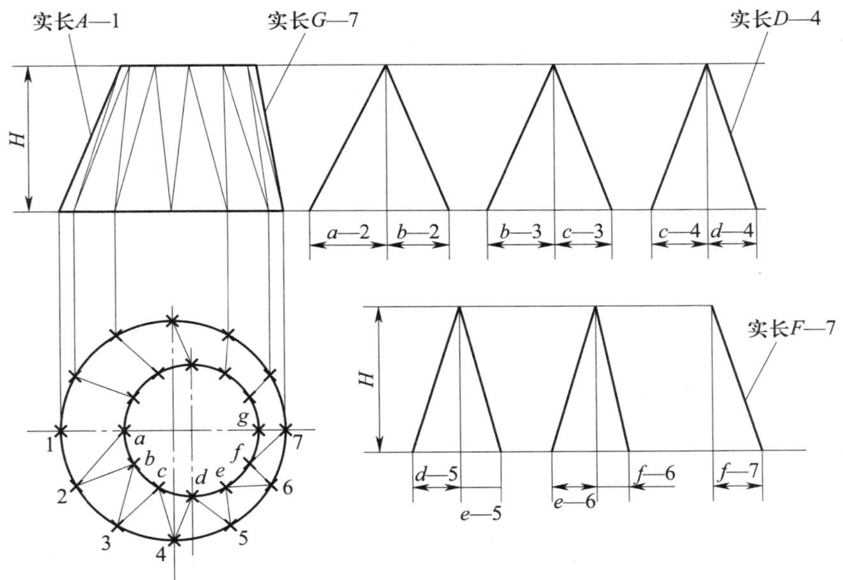

图 1-67　求素线实长

（6）圆锥台展开图画法，如图 1-68 所示。

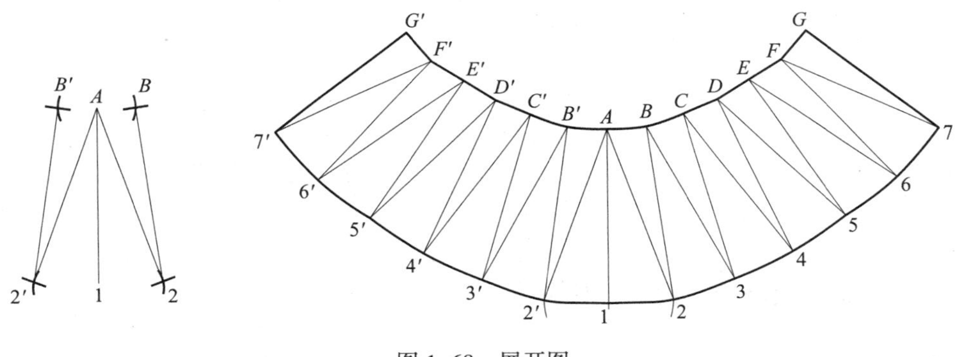

图 1-68　展开图

1）上下端口为水平面反映实形，可直接量出三角形底边和上口长度 1—2 和 *ab*。

2）在适当位置划出线段 *A*—1，依次作出△*A*12、△*AB*2、△*B*23、△*BC*3、△*C*34、△*CD*4、△*D*45、△*DE*5、△*E*56、△*EF*6、△*F*67、△*FG*7，前后对称，同理作出另一半，用曲线依次连接三角形各边交点，即得斜圆锥管展开图。

5. 正四棱锥（见图 1-69）

展开放样说明：

（1）求四棱锥棱线实长，如图 1-70 所示。

1）以俯视图中的 *S* 点为圆心，将线段 *Sb* 旋转至 *B* 点。

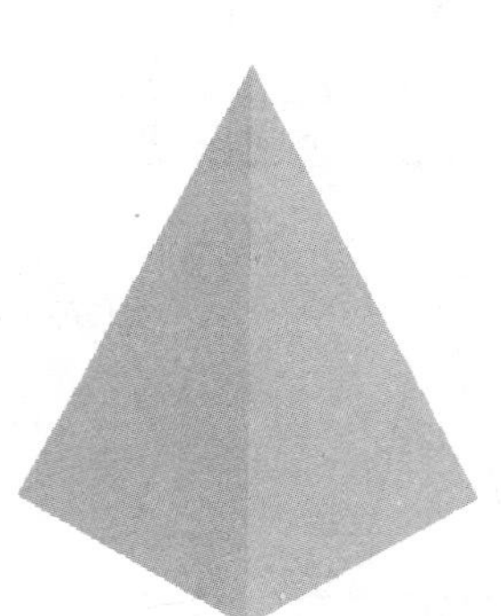
图 1-69　正四棱锥立体图

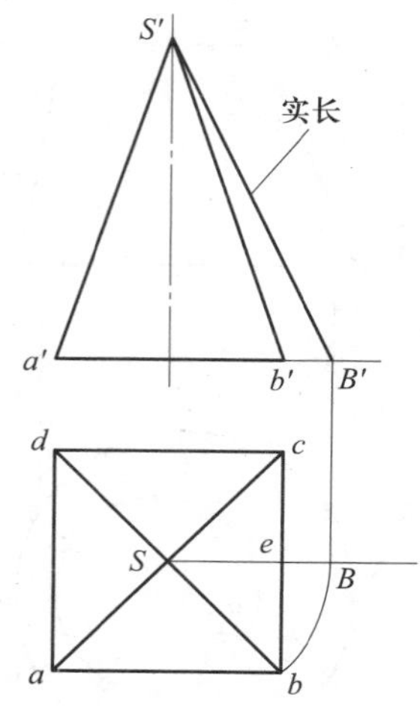

图 1-70　放样图

2）过 B 点做主视图线段 $a'b'$ 的垂线交于点 B'，连接 $S'B'$，线段 $S'B'$ 就是四棱锥棱线长（用旋转法将一般位置直线旋转为正平线）。

（2）展开图画法，如图 1-71 所示。

1）在适宜位置选取圆心点 S，以棱线实长 $S'B'$ 为半径画弧，以俯视图中线段 ab 的长在弧上连续截取弧线三次，得截取点 B、A、D、C。

2）在图 1-70 中，Se 把△Sbc 分成两个相等的直角三角形，以边 SB、SC 为基准分别作出△SBE 和△SCE'，用线段顺序连接，相连后的图形即为四棱锥体的展开图。

6. 被斜切的四棱锥管（见图 1-72）

展开放样说明：

（1）工程图样如图 1-73 所示，其中，L 为下矩口外边长度，W 为下矩口外边宽度，H_1、H_2 为上口高度（内表面高度），t 为板厚。

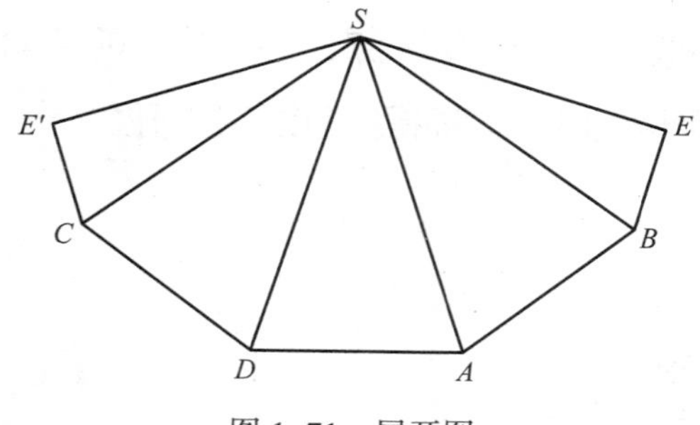

图 1-71　展开图

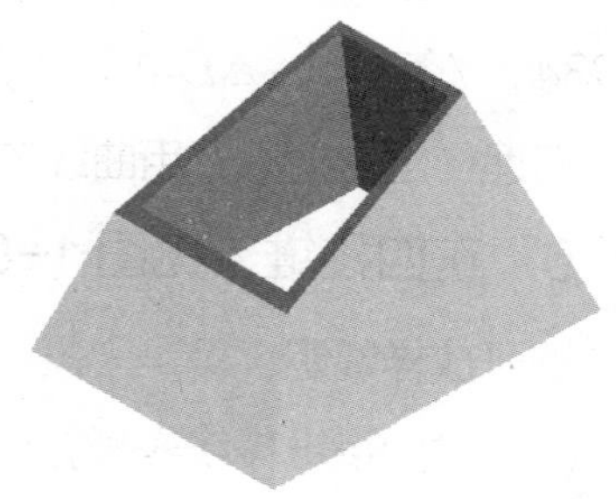
图 1-72　被斜切的四棱锥管立体图

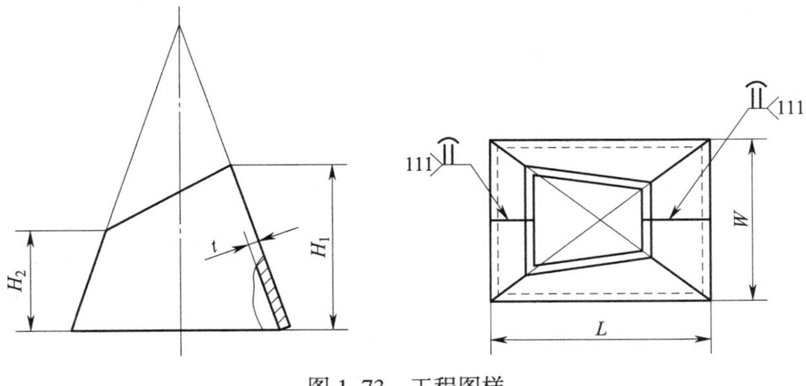

图 1–73　工程图样

（2）采用板材折弯拼焊，可在钢板上直接放样，也可制作样板下料。

（3）求四棱锥棱线实长。

1）以内径尺寸和相应高度尺寸作出放样图，如图 1–74 所示。

2）在俯视图中旋转线段 *sb* 至 *K* 点，如图 1–75 所示。

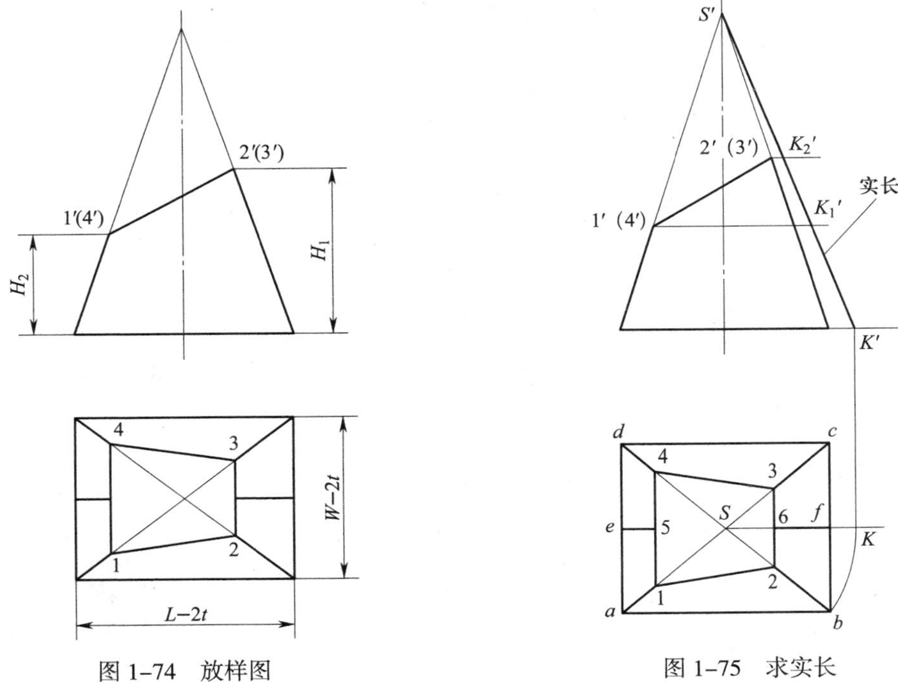

图 1–74　放样图　　　　图 1–75　求实长

3）过 *K* 点做主视图底口的垂线交于点 *K*′，连接 *S*′*K*′，线段 *S*′*K*′就是四棱锥棱线实长（用旋转法将一般位置直线旋转为正平线）。

4）分别过主视图点 1′（4′）和点 2′（3′）做底口平行线，交实长线 *S*′ *K*′于点K_1'、K_2'，则$S'K_1'$、$S'K_2'$线段即为棱长截取实长线。

（4）展开图画法，如图 1-76 所示。

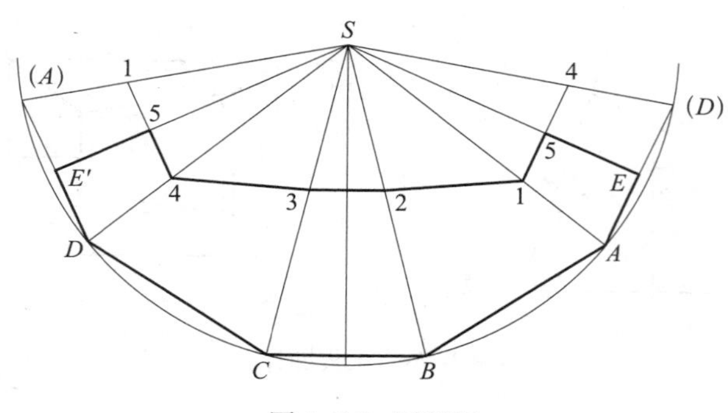

图 1-76　展开图

1）在适宜位置选取圆心点 S，以棱线实长 $S'K'$ 为半径画弧，用俯视图中线段 ab、bc 先后在弧上连续截取弧线，得截取点 A、B、C、D、（A）、（D），过截取点分别与 S 相连得四棱锥棱线。

2）分别以线段 SK_2'、SK_1' 在对应的棱线上截取得点 1—2—3—4—1—4，分别连接各点。

3）作出线段（A）D、（D）A 的中点，分别得点 E'、E，连接 SE' 和 SE，各点相连后的图形即为四棱锥管的展开图。

7. 方矩锥管（见图 1-77）

展开放样说明：

（1）工程图样如图 1-78 所示，其中，L、W 为下矩口外边长度和宽度，L_1、W_1 为上矩口长度和宽度，H_1、H_2、H_3 为高度，P_1 ~ P_4 分别为上口与下口左右、前后偏移量，t 为板厚。

（2）构件由Ⅰ、Ⅱ、Ⅲ、Ⅳ块板拼焊。

（3）求各板展开长度。

1）件Ⅰ和件Ⅲ、件Ⅱ和件Ⅳ分别为正垂面和侧垂面，面的投影积聚为直线（见图 1-79）；

2）根据断面形状为折线以里皮为准的板厚处理原则，件Ⅰ展开长为线段 A—B—C—D，件Ⅱ展开长为线段 1—2—3—4，件Ⅲ展开长为线段 E—F—G—H，件Ⅳ展开长为线段 5—6—7—8。

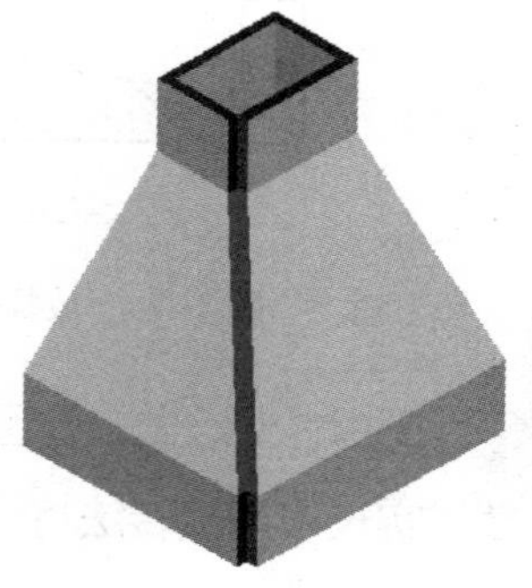

图 1-77　方矩锥管立体图

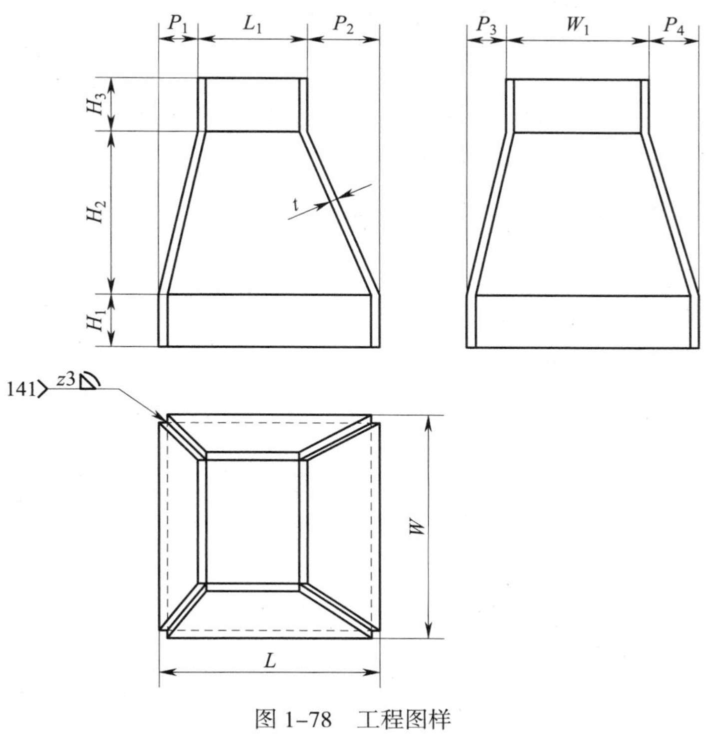

图 1–78　工程图样

（4）展开图划法，如图 1–79 所示。

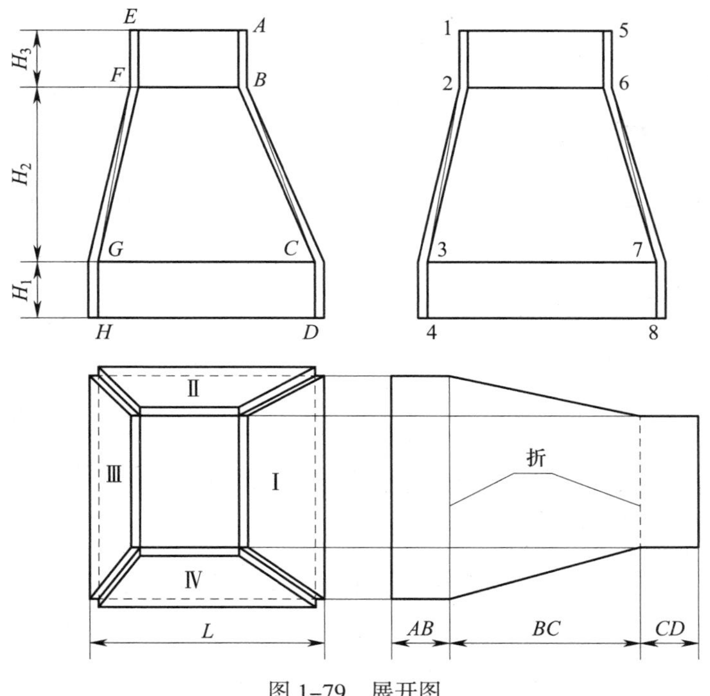

图 1–79　展开图

1）利用平行线展开法，在俯视图中做一条直线与件Ⅰ底口平行，分别过上、下矩口做直线的垂线并延长。

2）在延长线上依次截取*A—B—C—D*，过点做延长线垂线并与上下矩口对应点相交，连接交点后的图形即为件Ⅰ展开图。

3）件Ⅱ、件Ⅲ和件Ⅳ的展开方法同理。

三、方圆过渡

1. 正天圆地方（见图 1–80）

展开放样说明：

（1）工程图样如图 1–81 所示，其中，*L* 为下矩口外边长度，*D* 为上圆口外边直径，*H* 为高度，*t* 为板厚。

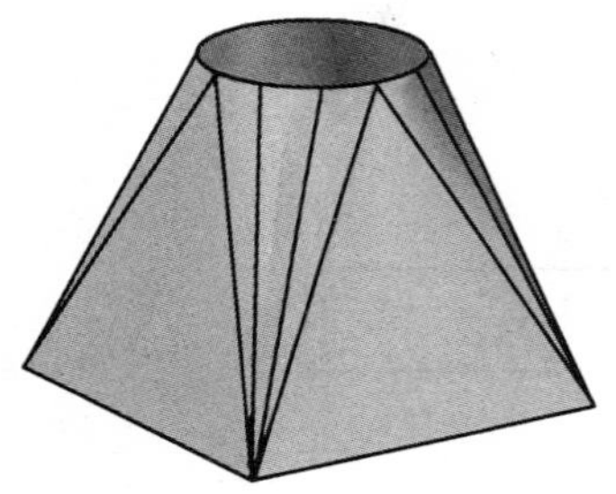

图 1–80　正天圆地方立体图

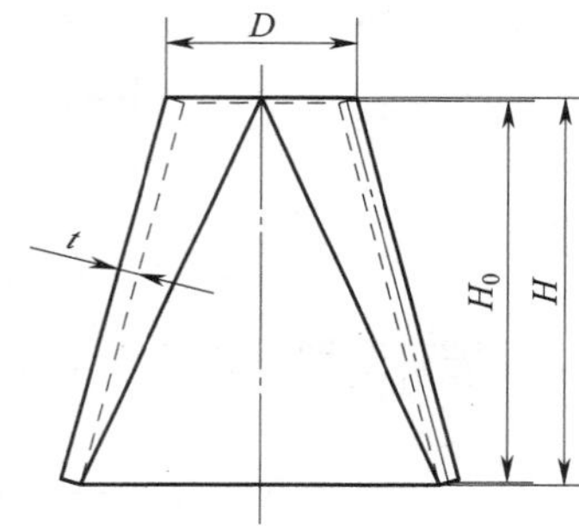

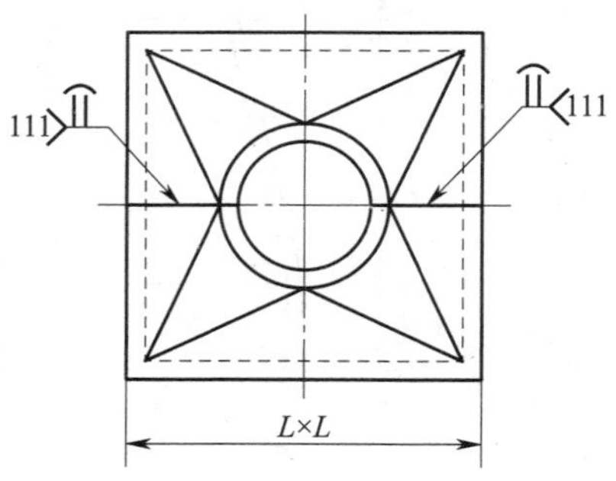

图 1–81　工程图样

（2）采用折弯拼焊，可在钢板上直接放样，也可制作样板下料。

（3）放样图画法，如图 1–82 所示。

板厚处理，下口取里皮（$L-2t$）、上口 D_0 取中径（$D-t$）、高 H_0 取上下口板中性层的垂直距离，根据尺寸作出放样图。

（4）求实长，如图 1–83 所示。

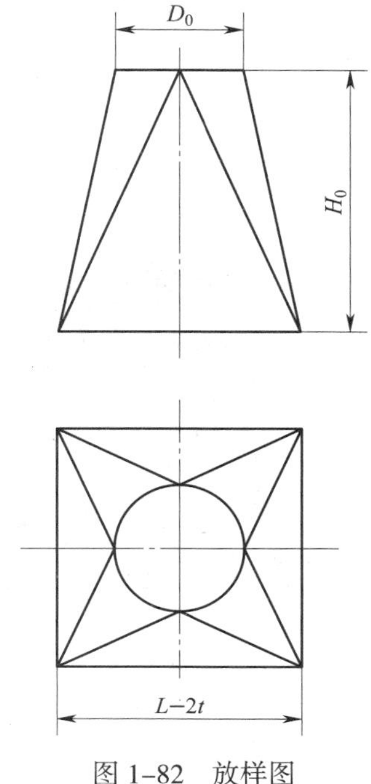

图 1–82　放样图

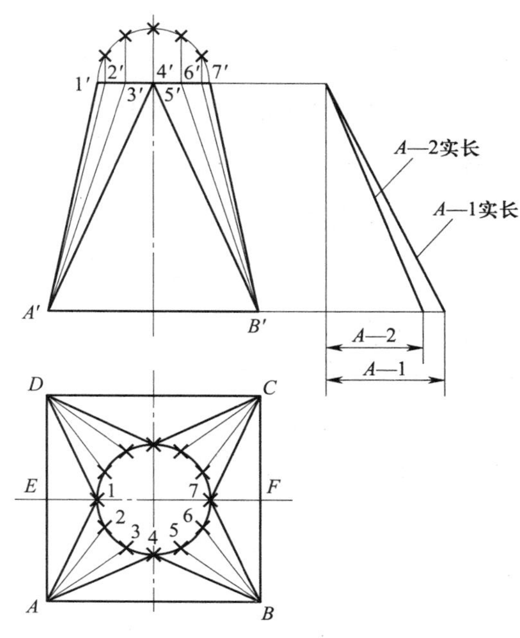

图 1–83　求实长

1）将俯视图中上口圆进行 12 等分，将各等分点与对应的下口角点连接。

2）该构件左右、前后对称，连线将构件表面分成了 4 个三角形和 12 个小曲面，线段 *A*—1=*A*—4=*B*—4=*B*—7、*A*—2=*A*—3=*B*—5=*B*—6，均为一般位置线，不反映实长。

3）利用主视图，通过直角三角形法求出线段 *A*—1、*A*—2 实长。

（5）展开图画法，如图 1–84 所示。

1）在适宜位置，画出△*AB*4。

2）以点 *A* 为圆心、*A*—2 实长为半径画弧，以点 4 为圆心、上口 1/12 弧长为半径画弧交于点 3，以点 3 为圆心、上口 1/12 弧长为半径画弧，交于点 2。

3）以点 *A* 为圆心、*A*—1 实长为半径画弧，以点 2 为圆心、上口 1/12 弧长为半径画弧，两弧交于点 1。

4）以点 1 为圆心、主视图线段 *A*′—1′ 为半径画弧，以点 *A* 为圆心、俯视图线段 *AE* 为半径画弧，两弧相交于点 *E*。

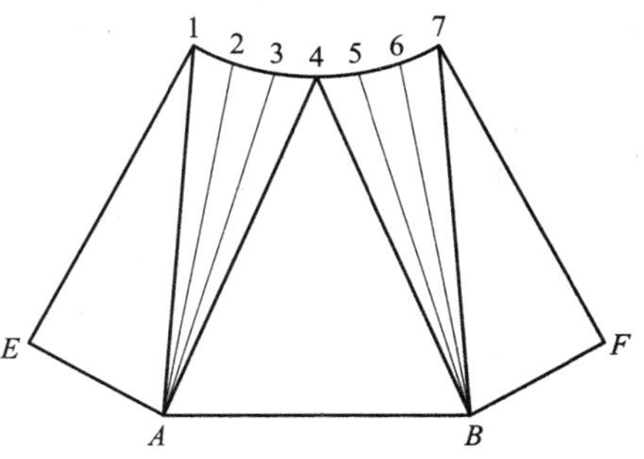

图 1–84　展开图

5）左右对称，同理作出右侧各点，上

口天圆用曲线圆滑连接各点，下口矩形用直线连接各点，相连后的图形即为展开图。

2. 偏心天圆地方（见图 1-85）

展开放样说明：

（1）本构件为上口圆形，下口正方形，D 为圆口外直径，L 为正方形外边长度，H 为高度，L_1、L_2 分别为圆口中心与正方形中心在 x 方向和 y 方向的偏心距离，t 为板材厚度，如图 1-86 所示。

（2）构件前后对称采用折弯拼焊，可在钢板上直接放样，也可制作样板下料。

（3）放样图画法，如图 1-87 所示。

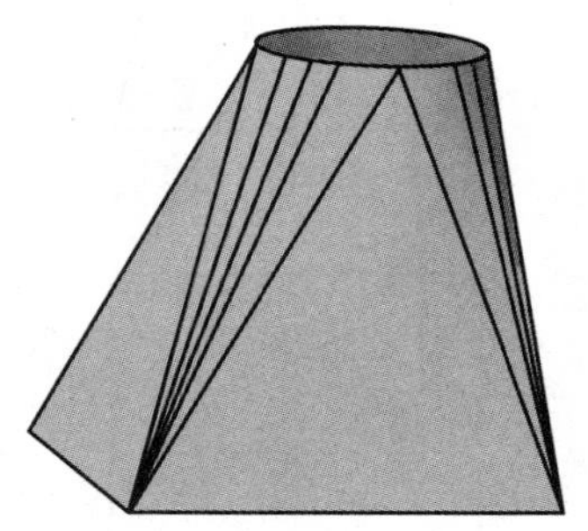
图 1-85　偏心天圆地方立体图

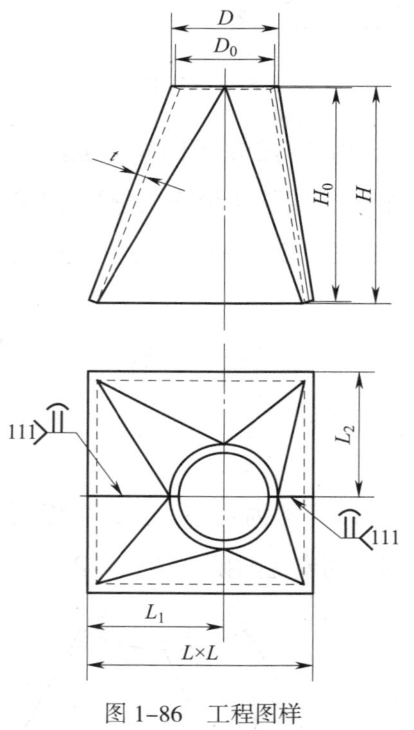

图 1-86　工程图样

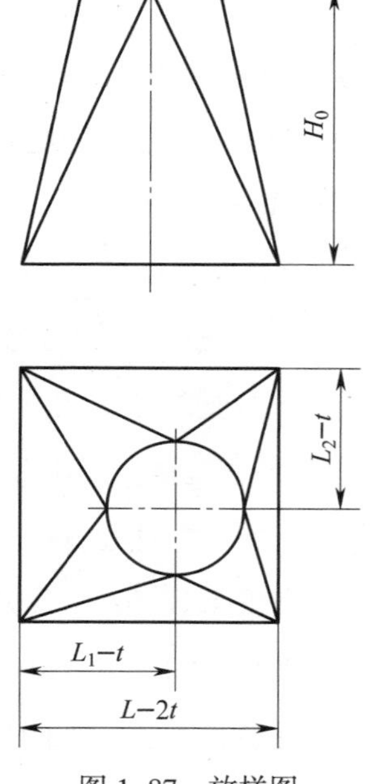

图 1-87　放样图

根据工程图样提供的数据，构件下矩口取里皮（$L-2t$），上圆口 D_0 取中径（$D-t$），高度 H_0 取上下口板中性层的垂直距离，画出放样图。

（4）求实长，如图 1-88 所示。

1）将俯视图中上口圆进行 12 等分，将各等分点与对应的下口角点连接；

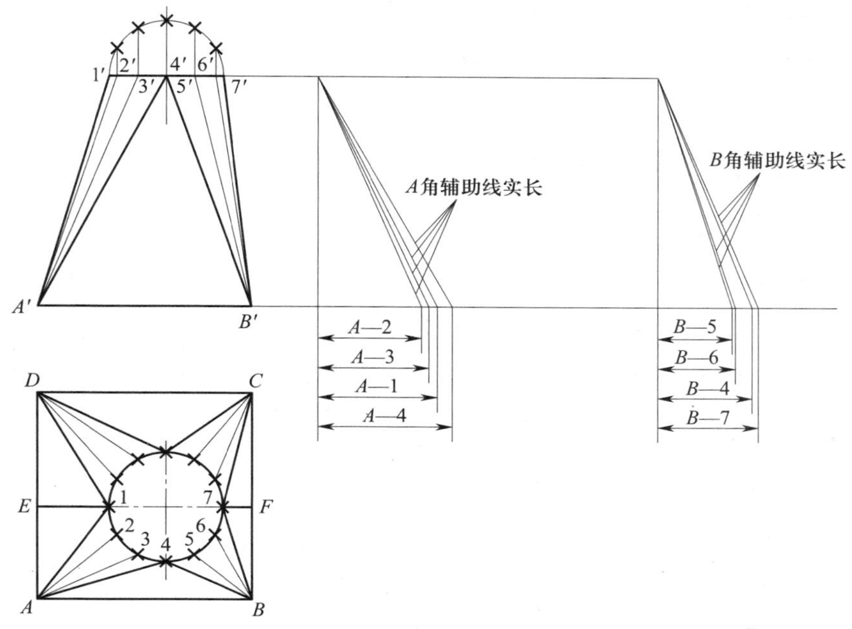

图 1-88　求实长

2）连线将构件表面分成了4个三角形和12个曲面部分，该构件前后对称，即前后展开形状相同，利用主视图，通过直角三角形法分别求出线段*A*—1、*A*—2、*A*—3、*A*—4、*B*—4、*B*—5、*B*—6、*B*—7 实长（方法同图 1-57）;

3）上下口为水平面，线段*A′*—1′、*B′*—7′为正平线，所以均反映实长。

（5）展开图画法，如图 1-89 所示。

1）在适宜位置，画出△*AB*4。

2）以点*A* 为圆心、*A*—3 实长为半径画弧，以点 4 为圆心、上口 1/12 弧长为半径画弧，两弧交于点 3。

3）以点*A* 为圆心、*A*—2 实长为半径画弧，以点 3 为圆心、上口 1/12 弧长为半径画弧，两弧交于点 2。

4）以点*A* 为圆心、*A*—1 实长为半径画弧，以点 2 为圆心、上口 1/12 弧长为半径画弧，两弧交于点 1。

5）以点 1 为圆心、主视图线段*A′*—1′为半径画弧，以点*A* 为圆心、俯视图线段*AE* 为半径画弧，两弧相交于点*E*。

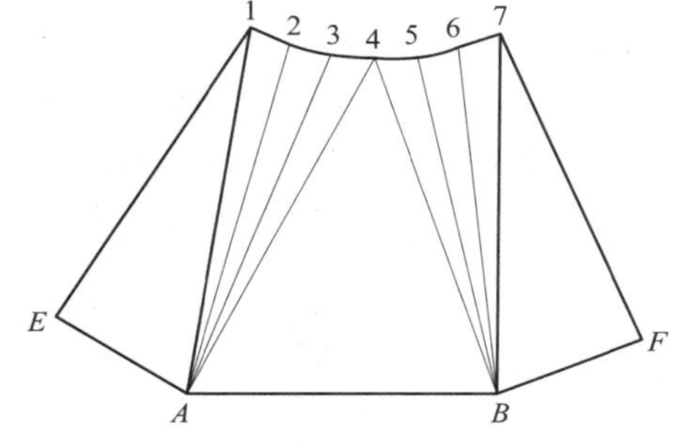

图 1-89　1/2 展开图

6）同理，根据俯视图排列顺序，依次作出点 4、5、6、7、*F*，上口天圆用曲线圆滑连接各点，下口正方形用直线连接各点，相连后的图形即为构件的 1/2 展开图。

3. 偏心上矩下圆（见图 1–90）

展开放样说明：

（1）本构件中，上口为矩形，下口为圆形，*D* 为下口圆形外直径，*A* 为矩形外边长度，*B* 为矩形外边宽度，*H* 为高度，*P* 为矩形中心与圆中心在 *x* 方向的偏心距离，*t* 为板材厚度，如图 1–91 所示。

（2）构件前后对称采用折弯拼焊，可在钢板上直接放样，也可制作样板下料。

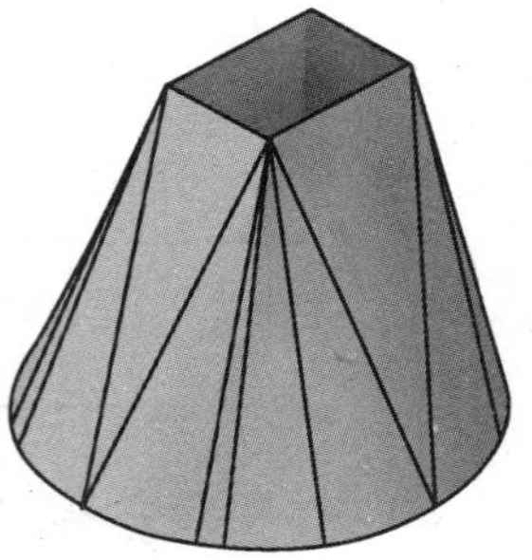

图 1–90　偏心上矩下圆立体图

（3）放样图画法，如图 1–92 所示。根据工程图样提供的数据，构件上矩口长度和宽度分别取里皮（*A*–2*t*）和（*B*–2*t*），下圆口 D_0 取中径（*D*–*t*），高度 H_0 取上下口板中性层的垂直距离，画出放样图。

（4）求实长，如图 1–93 所示。

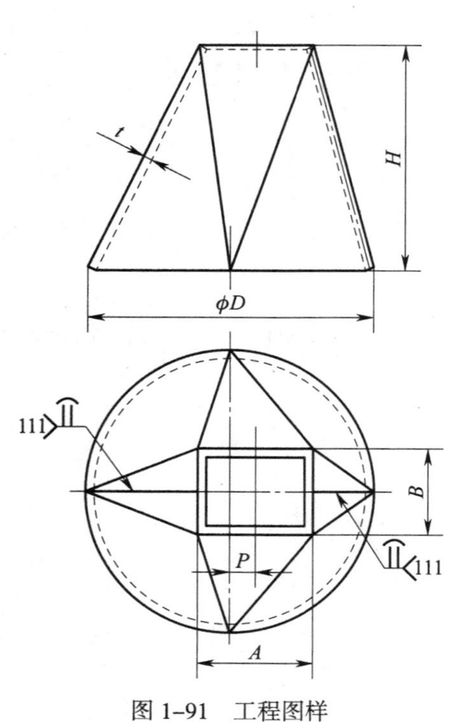

图 1–91　工程图样

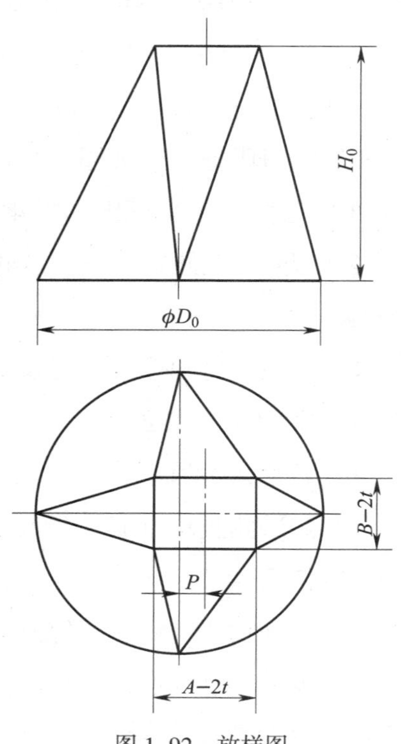

图 1–92　放样图

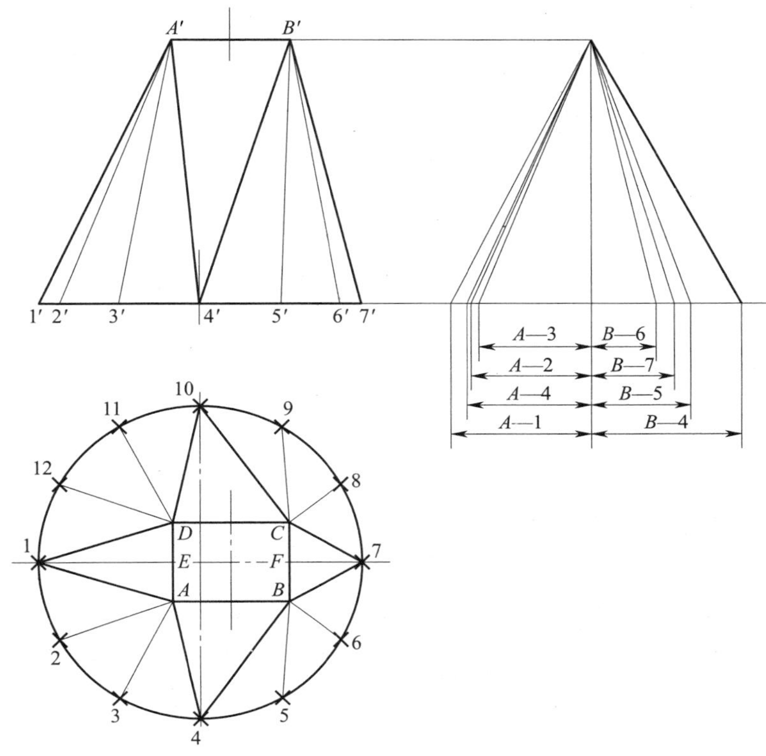

图 1–93　求实长

1）将俯视图中下口圆进行 12 等分，将各等分点与对应的上口角点连接。

2）连线将构件表面分成了 18 个三角形，该构件前后对称，即前后展开形状相同，利用主视图，通过直角三角形法分别求出线段 *A*—1、*A*—2、*A*—3、*A*—4、*B*—4、*B*—5、*B*—6、*B*—7 实长即可（方法同图 1–57）。

3）上下口为水平面，线段 *A*′—1′、*B*′—7′ 为正平线，所以均反映实长。

（5）展开图画法，如图 1–94 所示。

1）展开图采用三角形法，在适宜位置，画出△*AB*4。

2）以点 *A* 为圆心、*A*—3 实长为半径画弧，以点 4 为圆心、下口 1/12 弧长为半径画弧，两弧交于点 3。

3）以点 *A* 为圆心、*A*—2 实长为半径画弧，以点 3 为圆心、下口 1/12 弧长为半径画弧，两弧交于点 2。

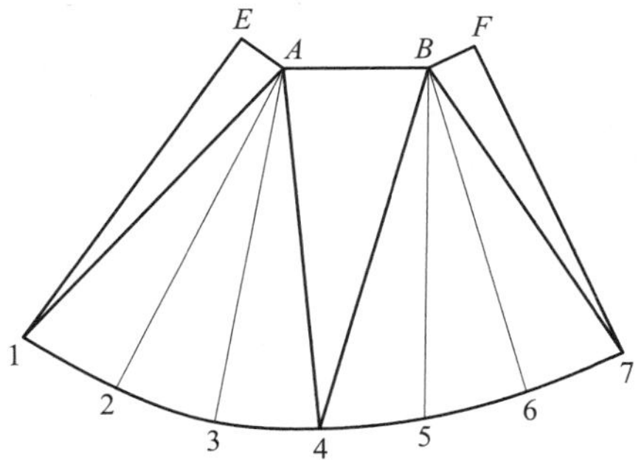

图 1–94　1/2 展开图

4）以点 A 为圆心、A—1 实长为半径画弧，以点 2 为圆心、下口 1/12 弧长为半径画弧，两弧交于点 1。

5）以点 1 为圆心、主视图线段 A'—$1'$ 为半径画弧，以点 A 为圆心、俯视图线段 AE 为半径画弧，两弧相交于点 E。

6）同理，根据俯视图排列，依次作出点 4、5、6、7、F，下口用曲线圆滑连接各点，上口矩形用直线连接各点，相连后的图形即为构件的 1/2 展开图。

课题四 AutoCAD 放样

一、AutoCAD 操作相关知识

1. AutoCAD 软件简介

AutoCAD（Auto Computer Aided Design）计算机辅助设计软件，具有完善的图形绘制功能和强大的图形编辑功能，可以进行多种图形格式的转换，具有较强的数据交换能力，通用性较强。

2. AutoCAD 软件的基本功能

（1）平面绘图功能

能以多种方式创建直线、圆、椭圆、多边形、样条曲线等基本的图形对象。

（2）绘图辅助工具

AutoCAD 提供了正交、对象捕捉、极轴追踪、捕捉追踪等绘图辅助工具。

正交功能可以很方便地绘制水平、垂直直线，对象捕捉功能方便用户拾取几何对象上的特殊点，追踪功能使画斜线及沿不同方向定位点变得更加容易。

（3）编辑图形

AutoCAD 具有强大的编辑功能，可以移动、复制、旋转、阵列、拉伸、延长、修剪、缩放对象等。

（4）标注尺寸

可以创建多种类型尺寸，标注外观可以自行设定。

（5）书写文字

能轻易地在图形的任何位置、沿任何方向书写文字，可设定文字字体、宽度缩放比例等属性。

（6）**图层管理功能**

图形对象都位于某一图层上，可设定图层的颜色、线型、线宽等特性。

（7）**三维绘图**

可创建 3D 实体及表面模型，能对实体本身进行编辑。

（8）**网络功能**

可将图形在网络上发布，也可以通过网络访问 AutoCAD 资源。

（9）**数据交换**

AutoCAD 提供了多种图形图像数据交换格式及相应命令。

3. AutoCAD 软件的工作界面

启动 AutoCAD 2020 之后，可以看到其工作界面，如图 1–95 所示。工作界面包含应用程序菜单按钮、快速访问工具栏、标题栏、功能区、命令行、信息中心和状态栏等。其中功能区包含名称、面板和选项卡三部分。十字光标所在区域为工作区域，所有图形的绘制及编辑等操作都在此区域完成。

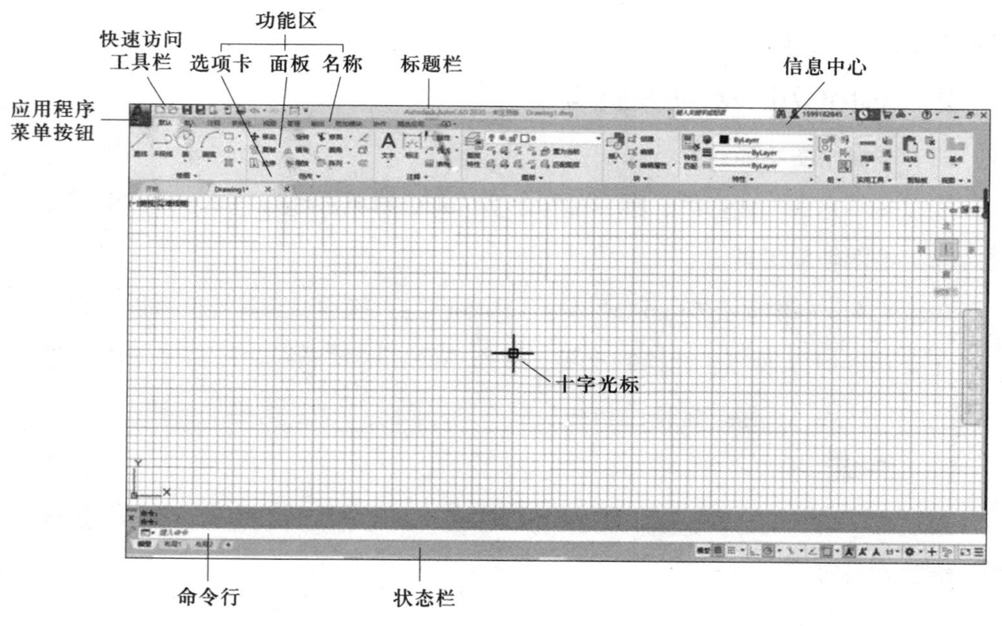

图 1–95　AutoCAD 软件的工作界面

二、钣金放样功能介绍

AutoCAD 的钣金放样功能是通过一个插件实现的，利用这个功能可以快速地把一些复杂的曲面在绘图区域进行展开放样和计算。

三、放样操作实例

图 1–96 所示为一不规则的天圆地方部件，材料为 Q235，厚度为 2 mm，用 AutoCAD 软件对图样展开放样。

此部件放样时可采用三角形法手工放样，但是为了提高生产率，也可采用 AutoCAD 进行放样。

AutoCAD 放样步骤如下：

（1）打开 AutoCAD，新建一个图形文件。

（2）单击工具栏中的按钮（钣金展开放样系列），如图 1–97 所示。

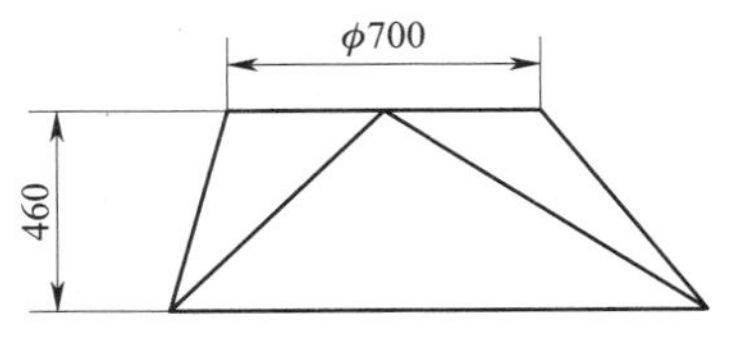

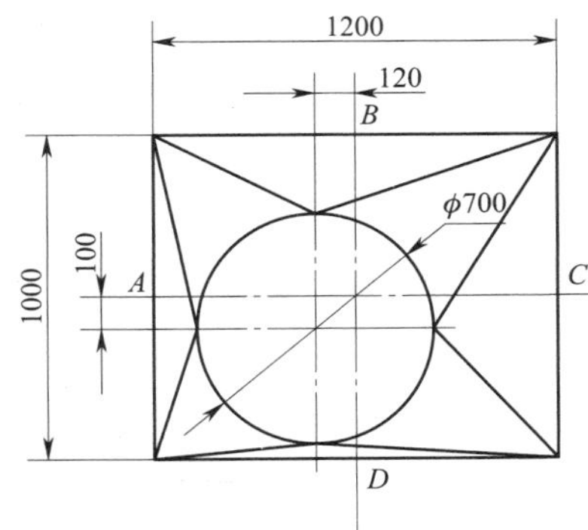

图 1–96　不规则天圆地方

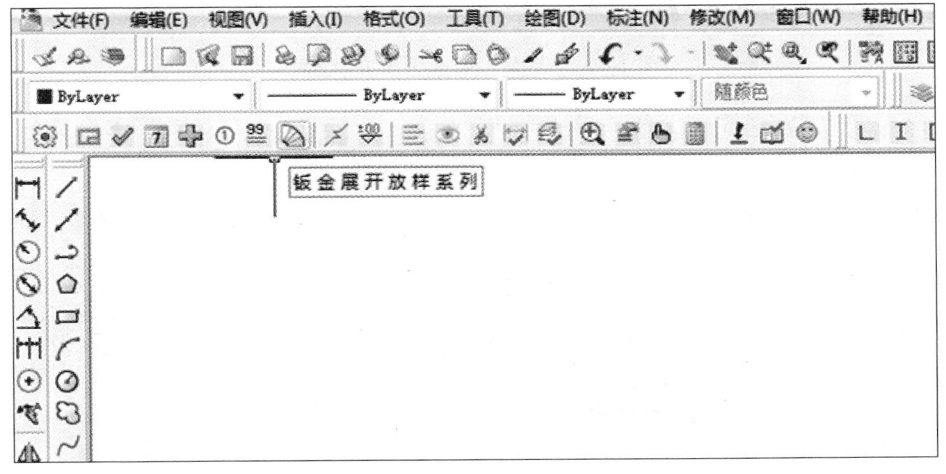

图 1–97　单击“钣金展开放样系列”按钮

（3）在弹出的对话框中，选择“14. 天圆地方”，如图 1–98 所示。

（4）根据图样要求，在“天圆地方”对话框中选择“偏心”，然后依次输入圆口内直径 700、方口纵向内边长 1 000、方口横向内边长 1 200、纵偏心距 100、横偏心距 120、垂直高度 460、钢板厚度 2，单击“确定”按钮，如图 1–99 所示。

（5）用鼠标在绘图区域选择展开图放置地点并单击左键，此时即生成了本零件的展开图，如图 1–100 所示。

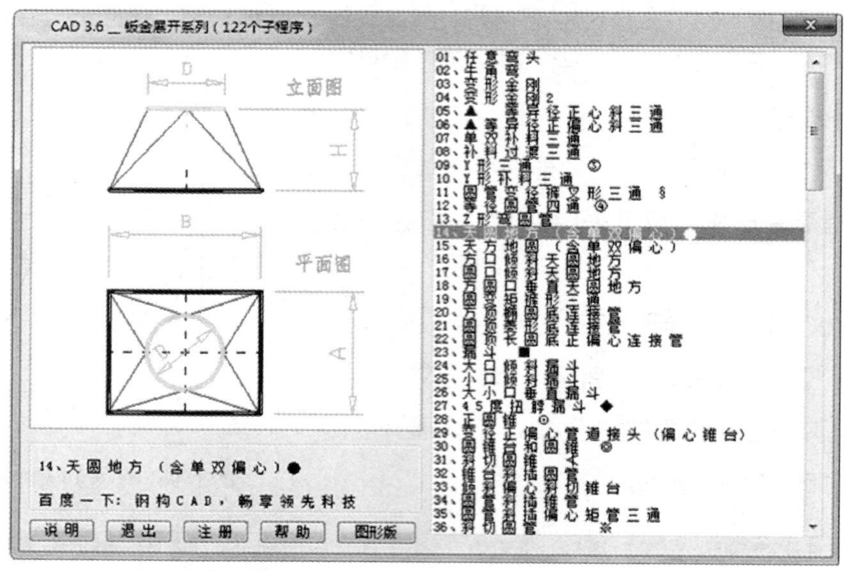

图 1–98 选择“14. 天圆地方”选项

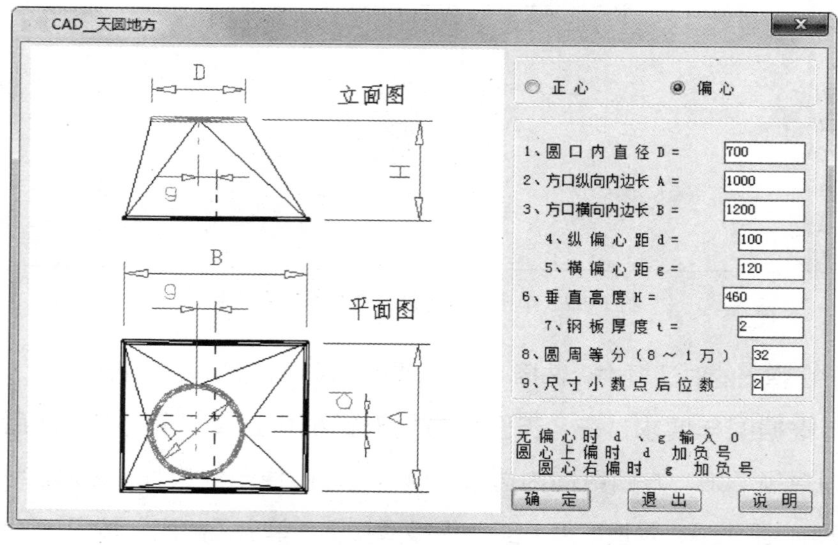

图 1–99 输入放样数据

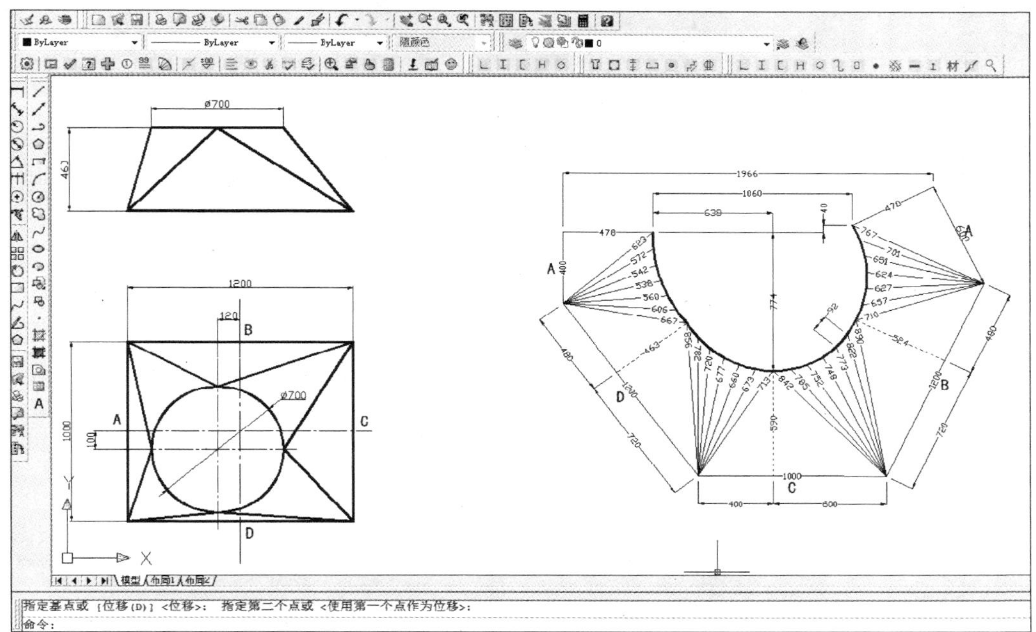
ø700
462
1200
120
B
A
C
D
1000
100
ø700
1966
1060
638
40
470
478
400
774
1000
400
600
590
指定基点或 [位移(D)] <位移>: 指定第二个点或 <使用第一个点作为位移>:
命令:

图 1-100　放置展开图

第二单元

切割下料

课题一 剪切

一、剪切过程及剪断面状况的分析

剪切是金属构造项目主要下料方法之一，剪切就是利用上下两剪刃的相对运动，对材料施加剪切力，使材料发生剪切变形，最后断裂分离的一种方法。常用剪切设备除采用电动机传动外，也有采用液压传动的。

由于剪切钢材时所选择的剪板机类型不同，剪切工艺也有差异，这里仅介绍龙门式斜口液压剪床。下面对斜口剪的剪切过程、剪切受力、剪刃几何参数等加以分析，并介绍剪切力的计算方法。

斜口剪刃几何参数如图 2-1 所示。剪切时，材料置于上、下剪刃之间，在剪切力的作用下，材料的变形和剪断过程如图 2-2 所示。

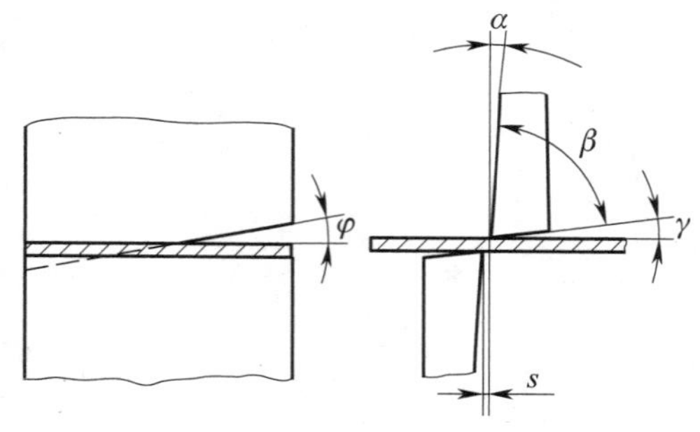

图 2-1　斜口剪刃

s—剪刃间隙　α—后角　β—楔角　γ—前角　φ—剪刃斜角

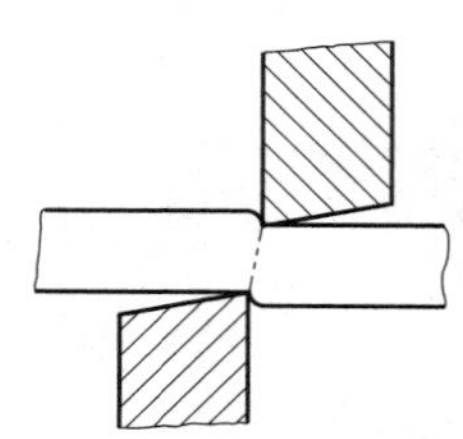

图 2-2　剪切过程

图 2-3 所示为材料剪断面，可分为四个区域，当上剪刃开始与材料接触时，材料处于弹性变形阶段。当上剪刃对材料压力增大，材料发生局部的塑

性弯曲且剪刃压入钢材而形成圆角带1和切断光亮带2；随着压入深度的增加，应力和变形集中达到材料极限变形程度时，材料下方出现微裂纹产生揉压带4；材料被剪裂分离形成剪裂带3，剪裂带表面粗糙，略有斜度，不与板面垂直。

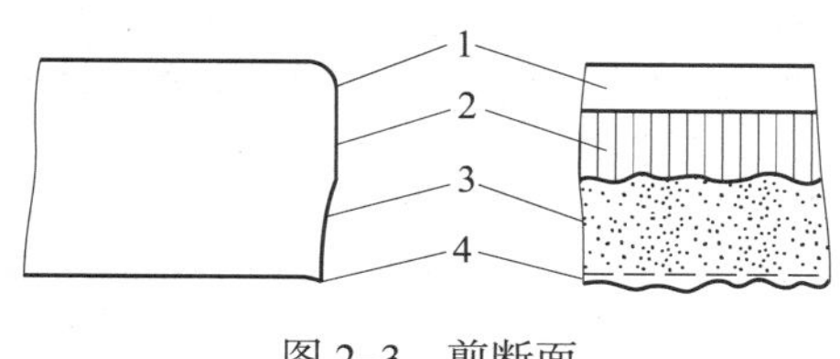

图 2–3　剪断面

1—圆角带　2—切断光亮带　3—剪裂带　4—揉压带

剪断面上的圆角带、切断光亮带、剪裂带和揉压带四个部分在整个剪断面上的分布比例，随材料的性能、厚度、剪刃形状、剪刃间隙和剪切时的压料方式等剪切条件的不同而变化。

剪刃间隙较大时，材料中的拉应力将增大，易于产生剪裂纹，塑性变形阶段较早结束，因此切断光亮带要小一些，而剪裂带、圆角带和毛刺都比较大。反之，剪刃间隙较小时，材料中拉应力减小，裂纹的产生受到抑制，所以光亮带变大，而塌角、剪裂带等均减小。然而，间隙过大或过小均将导致上、下两面的裂纹不能重合于一线。

若将材料压紧在下剪刃上，则可减小拉应力，从而增大切断光亮带。此外，材料的塑性好、厚度小，也可以使光亮带变大。

综合分析得出，增大光亮带，减小塌角、毛刺，进而提高剪断面质量的主要措施是：增加剪刀刃口锋利程度，剪刃间隙取合理间隙的最小值，并将材料压紧在下剪刃上。

二、剪板机

1. 剪板机的主要结构

剪板机一般由主体机身、控制系统、液压系统、压料装置、刀片间隙调整装置、后挡料机构等部分组成，见表 2–1。液压摆式剪板机的外形如图 2–4 所示。

表 2-1　剪板机结构组成

结构名称	图示
（1）主体机身 主体机身是由左、右墙板和工作台等主体部件焊接而成的框形结构件，具有良好的刚性。工作台面上还装有送料滚球，可使送料轻便自如	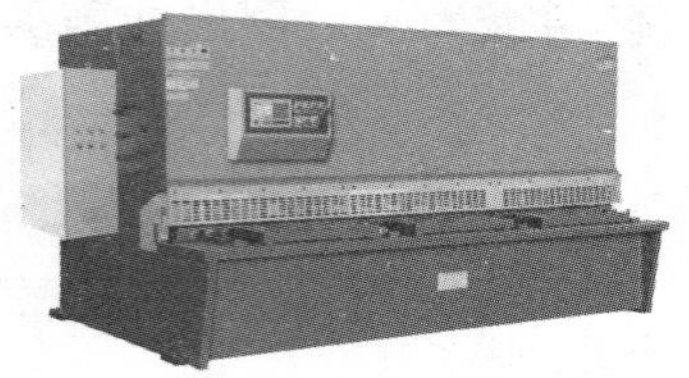
（2）控制系统 控制系统主要通过数字面板和各种按（旋）钮及踏板实现对剪板机的操控，包括对位置、角度、速度等机械量以及与机械能量流向有关的开关量的控制	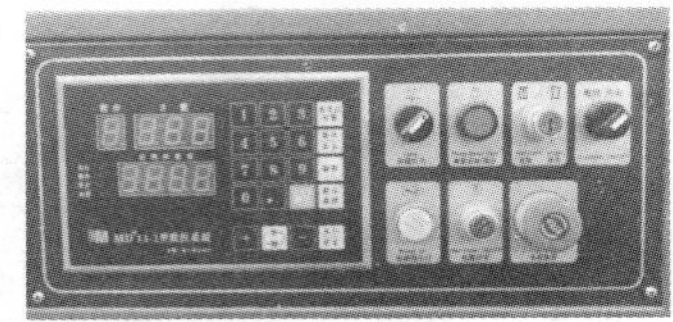
（3）液压系统 主液压缸固定于左、右墙板上，驱动上刀架作往复摆动，完成剪切工作行程。工作台面上设有辅助刀座，便于下刀架进行前后微量移动，以便调整上下刀片刃口间隙的均匀度	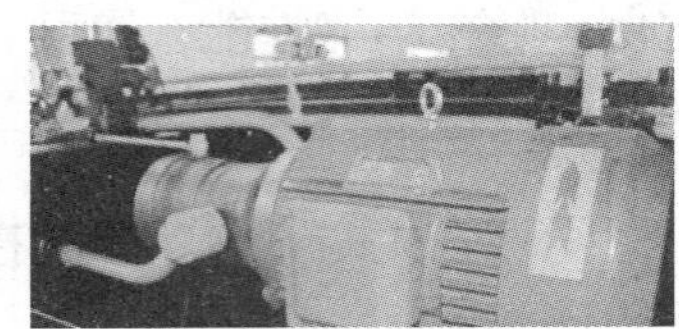
（4）压料装置 由安装在机架前面板支承板上的数个压料缸组成。压料缸进油后，压料缸柱塞杆克服拉力弹簧的作用力后开始下移，使压脚压紧板料，在剪切结束上刀架回程后，在弹簧拉力的作用下压脚迅速上升复位	
（5）刀片间隙调整装置 上下刃口间隙的调整是通过转动间隙调整手柄，带动其轴上两小齿轮分别啮合的扇形齿轮，继而带动支轴上的偏心轴套旋转来实现的	
（6）后挡料机构 两只挡料架安装在上刀架上，随上刀架作上下摆动	

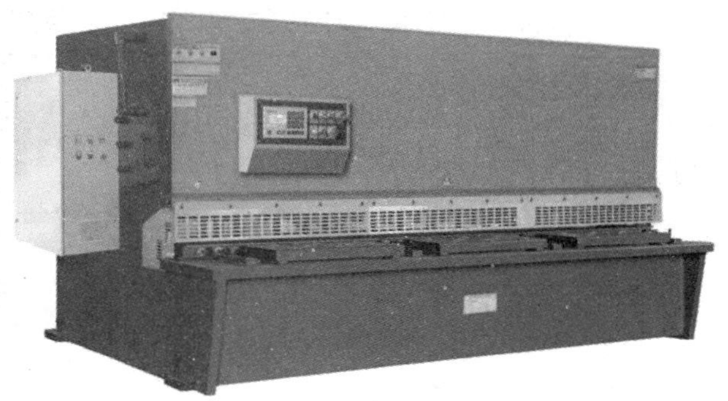

图 2-4　液压摆式剪板机

2. 剪板机的工作原理

工作时，电动机带动液压系统推动液压缸柱塞向下运动，使刀架下行剪切，液压缸为两柱塞式液压缸，分别固定在左、右立柱上，同时，两个供刀架回程用的气缸同时压缩其中的氮气；返程时液压系统卸荷，气缸中的氮气膨胀使刀架返程。整个刀架作往复摆式运动来完成剪切工作。

剪板机剪切时，应保证被剪板料剪切面的直线度和平行度要求，并尽量减少板材扭曲，以获得高质量的工件。

3. 剪板机的型号

剪板机的型号中包含了剪板机的类型、特性及基本工作参数等。以 QC12Y-10×2500 型液压摆式剪板机为例，其型号所表示的含义见表 2-2。

表 2-2　剪板机型号的含义

剪板机型号	QC12Y-10×2500
Q	代表剪板机，属于剪切机一组
C	重大结构变化，用 A、B、C 等区别
12	剪板机在该组里的系列号，手动脚踏剪板机为 01，直线剪板机（电动闸式和液压闸式）为 11，摆式剪板机为 12 等
Y	液压传动代号
10×2500	可剪最大厚度（mm）× 可剪最大宽度（mm）

4. 设备参数及使用说明

QC12Y-10×2500 摆式剪板机主要参数见表 2-3，刀片刃口间隙调整如图 2-5 所示。

表 2-3　QC12Y-10×2500 摆式剪板机主要参数

可剪板厚/mm	可剪板宽/mm	剪切角	材料强度/MPa	后挡料调节范围/mm	每分钟行程次数	主电动机功率/kW	外形尺寸（L×W×H）
10	2 500	1° 30′	≤ 450	20 ~ 600	13	5.5	3 000 mm × 1 700 mm × 1 700 mm

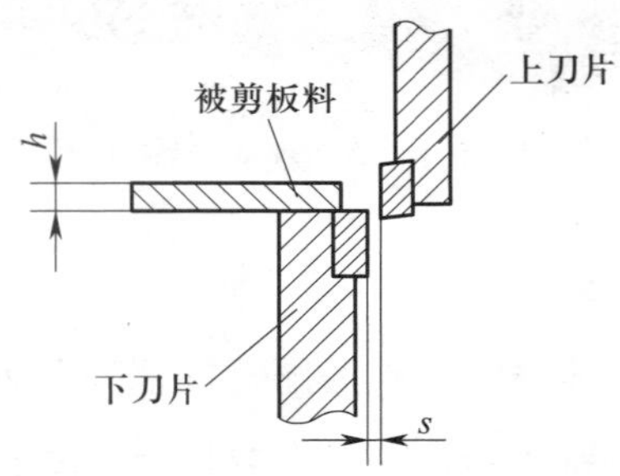

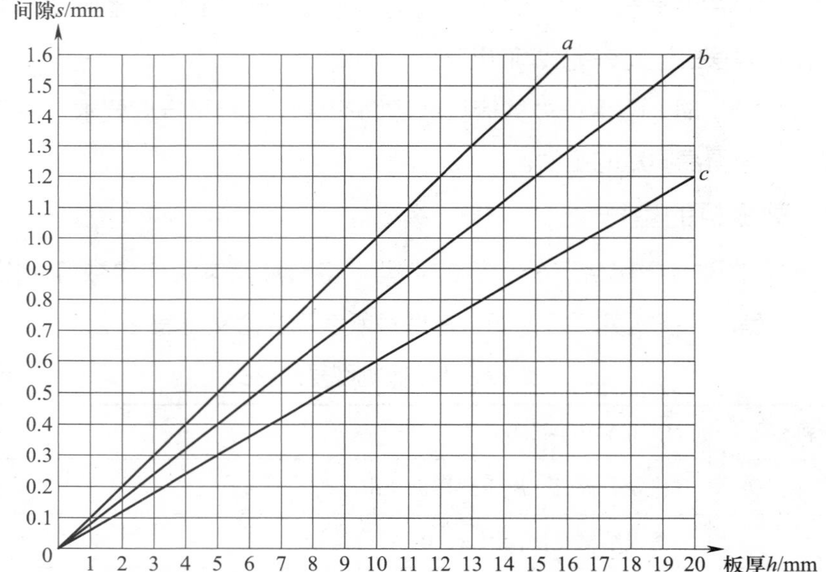

图中：a线一般适用于剪切抗拉强度>600MPa的材料；
b线一般适用于剪切抗拉强度450~600MPa的材料；
c线一般适用于剪切抗拉强度≤450MPa的材料。

图 2-5　刀片刃口间隙调整对照图

5. 设备操作

剪板机的操作元件除脚踏开关外，全部集中在设备前面的操作面板上，每个操作元件的功能由其上方的符号表示。

（1）剪板机操作步骤及要领（见表 2-4）

表 2-4　剪板机操作步骤及要领

操作步骤及要领	图示
1）把电气箱门关闭，使门开关压合。开启钥匙按钮，扳动断路器手柄至“闭合”位	
2）打开急停按钮开关，机器电源接通，白灯亮	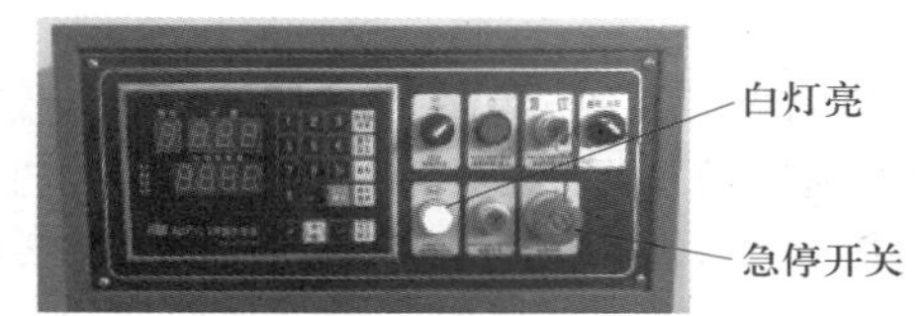
3）打开数控开关，按动显示器上的“+”“-”，使后挡料开距增大或减小到所要求的尺寸。后挡料开距的具体尺寸，由控制箱显示屏上方数字显示	
4）按启动按钮开关，液压泵电动机启动，按钮开关本身绿灯亮，表示液压泵电动机工作	
5）调节旋转开关，把它旋到中间位置，即可进行点动，应用点动进行调试。在点动时，踏一下脚踏开关，刀架即下降，松开脚踏开关，刀架即回升。如踏住脚踏开关不放，刀架即进行一个单次运动。把旋转开关旋转至“单次”位置时，踏一下脚踏开关，刀架即下行剪切，刀架作一次剪切循环。把旋转开关旋转到“连续”位置时，踏一下脚踏开关，刀架就作上下连续动作。操作人员在对刀时，一定要用点动操作	

续表

操作步骤及要领	图示
6）剪板机装有对线灯，供用户进行剪切对线，不用时关闭对线灯开关	
7）脚踏开关是一种通过脚踩或踏来控制操作电路通断的开关，在双手不能触及的控制电路中使用，以代替或者解放双手，达到操作控制的目的	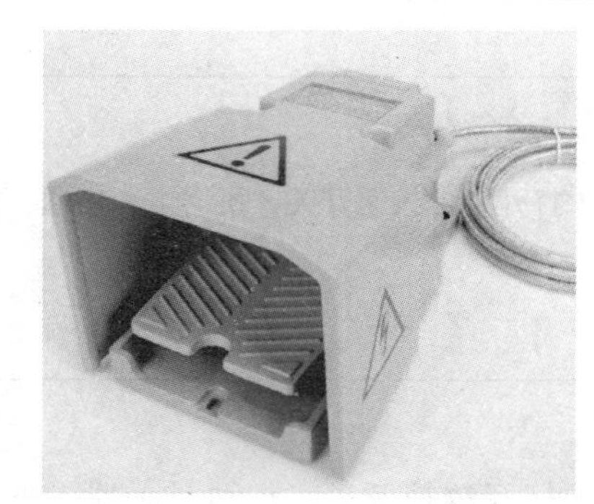

（2）数控编程步骤

1）按下“编程”键后，程序框的字开始闪动，这时可以输入要改的程序号数（0 ~ 9），然后按“ENT”键确定；接着是计数栏闪动，输入要运行的剪切次数，再按“ENT”键确定；再接着后挡位数值栏闪动，输入所需数值，再按“ENT”键，完成一步编程，按“编程”键退出。

2）按下“程序选择”键，选择想运行的程序号，按“运行 / 停止”键，可开始运行程序，再按一下此键，则立即停止电动机的运行。

3）循环按一下此键，循环灯亮，当前的程序运行次数为零时，会立即跳到下一个程序运行，如此周而复始。要停止运行，需按“运行 / 停止”键，运行灯熄灭。

4）参数设定的方法：按住“编程”键大约 3 s，至程序栏出现闪动的“P”，然后按“+”“-”键选择要修改的参数，输入数字，然后按“ENT”键。再按一次“编程”键，则退出参数设定状态，返回主界面。参数设定完成后，要先关电源，再开电源，数据才能保存。

参数说明：

00　模式设定：0= 基本模式，1= 基本模式加后退让；

01　定位精度：± 0.01 mm；

02　后退让长度：后退让长度设定为 0（单位：mm）；

03　传动系数：脉冲 / 传动比 =10；

04　减速距离：到目标位置前的距离（单位：mm）；

05　定位时间：设定在目标位置停留至确定的时间（单位：0.1 s）；

06　慢速速度：设定值为 0.5 ~ 0.05，通常为 0.2（单位：0.1 s）；

07　前限位：根据机械具体情况设定（单位：mm）；

08　后限位：根据机械具体情况设定（单位：mm）。

（3）参考点对数

按下此键对数指示灯会闪亮，把后挡位当前位置用尺量出，输入数值后按确定键。

（4）刃口间隙的调整要求

刃口间隙的调整是否适当，直接影响剪切质量和刀片使用寿命。刃口间隙的大小与被剪板材的抗拉强度和刃口的钝化程度有关，若抗拉强度较高、刃口钝化程度较大，则刃口间隙应适当减小。用户在使用过程中可以根据不同情况自行掌握，可参考图 2-5 中提供的数值。

（5）剪板机安全操作规程

1）操作前要穿紧身防护服，袖口扣紧，必须戴好安全帽，辫子应放入帽内。

2）开机前应确认刃口间隙与被剪材料种类、厚度相符，必要时应按照规定进行调整并锁紧。

3）在电动机启动后，应听电动机、液压泵的运转声音并判断其是否运转正常。当发现不正常时，应立即关闭电源停止操作，并向教师反馈。

4）电动机与液压泵启动后，在任何情况下都禁止用手触摸剪切刃口。

5）严禁将手伸入防护栏，严禁将除被剪材料以外的任何其他物品放入防护栏，且每次落剪前均须认真确认。

6）当进行大件剪切时，落剪控制者应向其他辅助者进行明确的语言提示，经确认安全后方可启动落剪。

7）当剪切较窄的材料时，应选取能够确保被压脚压牢的位置。材料未经可靠压牢禁止进行剪切。

8）禁止进行超出剪切材料种类范围、超厚度的剪切。

9）用后将机床台面清理干净，不得留有杂物。

10）保持液压油的液位高度，按要求定期注油。

三、剪切工艺及练习

1. 剪切工艺特点

（1）钢材经过剪切加工，将引起力学性能和外部形状的某些变化，对钢材的使用性能造成一定的影响，主要表现为剪切引起材料变形。窄而长的条形料，剪切后将产生明显的弯曲和扭曲复合变形；剪切使材料的边缘产生冷加工硬化，钢板厚度小于 25 mm 时，硬化宽度为 1.5 ~ 2.5 mm。

（2）剪切顺序必须符合每次剪切把板料分成两块的原则。每次排完料后，可标注剪切线序号，依次剪切。

（3）在龙门式斜口液压剪床上剪切工件时，有多种工件对线定位方法：

1）直接目测对正法；

2）灯影对正法；

3）前标尺和挡板配合对正法；

4）后挡板对正法。

2. 剪切练习

（1）剪切辅助工具：钢直尺（90°角尺）、圆规、游标卡尺、游标高度卡尺、划针、样冲。

（2）剪切材料：3 mm、4 mm、6 mm 碳钢或不锈钢板，剪切工件如图 2-6 ~ 图 2-8 所示。

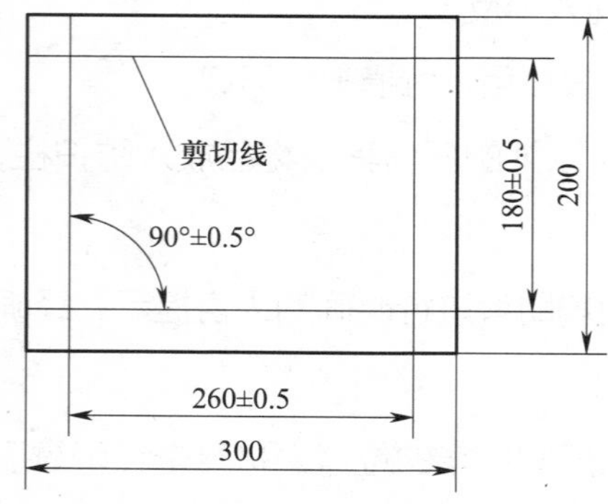

图 2-6　板料矩形剪切

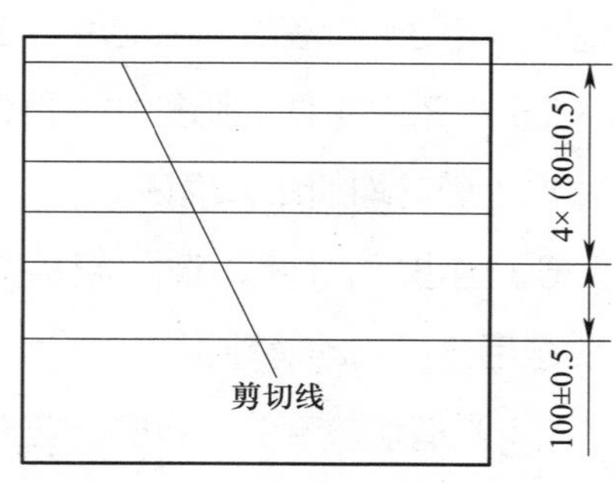

图 2-7　板料条形剪切

（3）操作要点

1）根据剪切材料的材质、厚度，检查并调整刃口间隙，对保证剪切尺寸的精度、剪切面质量以及剪切刃口的寿命都是极为重要的。可参照剪床附带的剪刃间隙调整数据表调整，也可参照图 2-5 确定剪刃间隙。

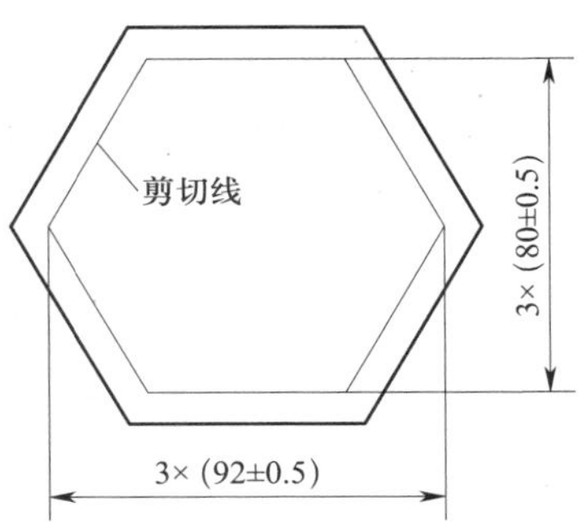

图 2-8　板料多边形剪切

2）采用直接目测对正法剪切，将板置于剪床床面上，推入剪口目测剪切线两端，使其对正下剪刃口，双手离开压料板，踩下脚踏开关，上刃口下移剪断板料（见图 2-9）。先试剪一次，用游标卡尺测量尺寸，根据误差再调整板料两端剪切线与下刃口的目测位置 K。

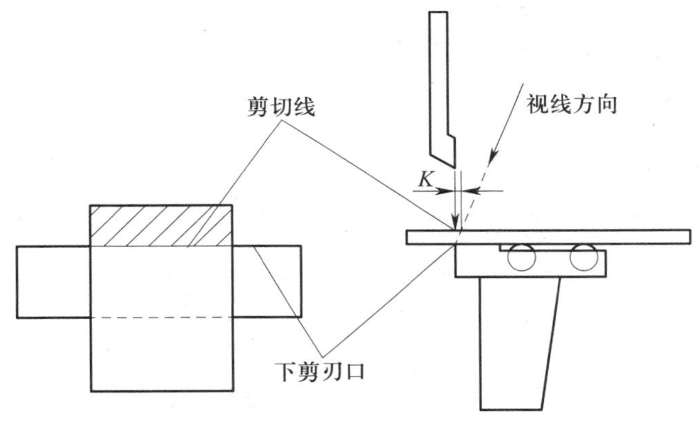

图 2-9　剪板对线示意图

3）采用灯影对正剪切，因上下剪刃有间隙且上刀架有一定的倾斜角度，光源通过上刀架的剪刃形成的投影和下刃口不平行，所以投影线距离剪切线两端的距离不一样，可通过试剪找出规律，确定距离差。

3. 质量要求

（1）所有零件的几何尺寸应符合图样要求，误差不大于 ±0.59 mm。

（2）板面不允许有压痕及明显变形。

（3）棱边要去除毛刺，使用锉刀或电动砂轮机倒角，两边倒角尺寸不大于 0.5 mm，切割断面保持剪切原始面。

（4）因剪板挤压，尤其是板厚为 4 ~ 6 mm 的钢板，表面棱角形成塌角，将增大板料的几何尺寸，连续剪板时更为突出。消除方法为在划线时，每道剪切线在基准尺寸中减小 0.2 ~ 0.5 mm，如图 2-10 所示。

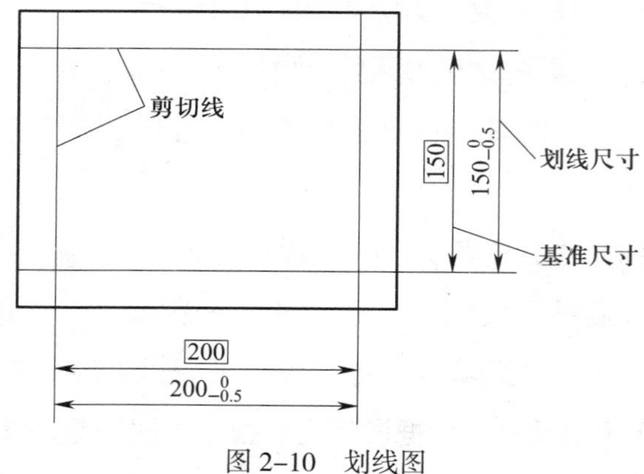

图 2-10　划线图

（5）剪床不能使用限位挡板。剪切的外露边缘或者外露面需保留原始切割状态，并且不能进行打磨，也不能进行锤锻或者锉削。

4. 安全要求

（1）个人安全防护，详见附录 A。

（2）开动剪床前，应对剪床各部分认真检查，加注润滑油。启动开关后，应检查操纵装置及剪床运转状态是否良好，确认正常方可使用。

（3）剪切作业开始前，应对刃口间隙进行确认。

（4）剪切作业中，精力要集中，剪切开关要由专人操纵，严禁把手伸入剪口。

（5）不得剪切过硬或经淬火的材料。

（6）剪床床面上不得摆放工具、量具及其他物品。

（7）剪切完成后，剪切工件要摆放整齐，并清理好工作现场。

四、剪切实例

图 2-11 所示为厚度 t=5 mm 的板料，用液压剪板机对其进行剪切下料。

1. 准备工作

设备：摆式液压剪板机。

工量具：游标高度卡尺、划针、钢直尺、90°角尺、锤子等。

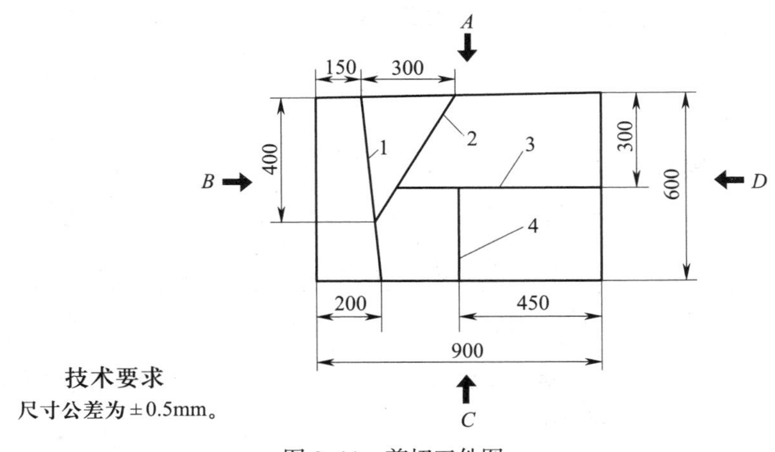

图 2–11　剪切工件图

2. 操作步骤

（1）选择尺寸基准

划线前，必须先确定各个划线表面的先后划线顺序及各位置的尺寸基准线。尺寸基准的选择原则有以下几点：

1）应与图样所用基准（设计基准）一致，以便能直接量取划线尺寸，避免因尺寸间的换算而增加划线误差。

2）以精度高且加工余量少的型面作为尺寸基准，以保证主要型面的顺利加工和便于安排其他型面的加工位置。

3）当毛坯在尺寸、形状和位置上存在误差和缺陷时，可将所选的尺寸基准位置进行必要的调整。采用借料划线，可使各加工面都有必要的加工余量，并使其误差和缺陷能在加工后排除。

（2）划线步骤

1）第一次划线：根据图样要求，以板料 *B* 侧为基准，分别在 *A*、*C* 两侧找出 150 mm 和 200 mm 两点，用直线连接两点，划出第一条剪切线。

2）第二次划线：以板料 *B* 侧为基准，在 *A* 侧找出 450 mm 点；以板料 *A* 侧为基准在 *B* 侧找出 400 mm 点，过此点作 *A* 侧基准的平行线，与第一条剪切线相交，连接此交点与 *A* 侧 450 mm 点，划出第二条剪切线。

3）第三次划线：以板料 *C* 侧为基准，分别在 *B*、*D* 两侧找出 300 mm 点，用钢直尺将第二条剪切线与 *D* 侧点连接，划出第三条剪切线。

4）第四次划线：以板料 *B* 侧为基准，在 *C* 侧和第三条剪切线上分别找出

450 mm 点，用直线连接两点，划出第四条剪切线。

最后，对照图样检查已划好的全部线条，确认无误和无漏线后，在所划好的全部线条上做标记，划线结束。

（3）剪切步骤与方法

1）剪切线 1。将板料置于剪床床面上，推入剪口，目测剪切线两端，使其对正下剪刃口（见图 2-12）。然后，操作者双手撤离剪口至压料装置之外，踩下脚踏开关，剪断板料。另外，也可利用灯影线进行对线（见图 2-13）。在剪刃上方设有光源，利用灯光在板面上形成明、暗分界线，调整钢板位置，使划线恰好与明、暗分界线重合，即表示刃口与剪切线对齐。

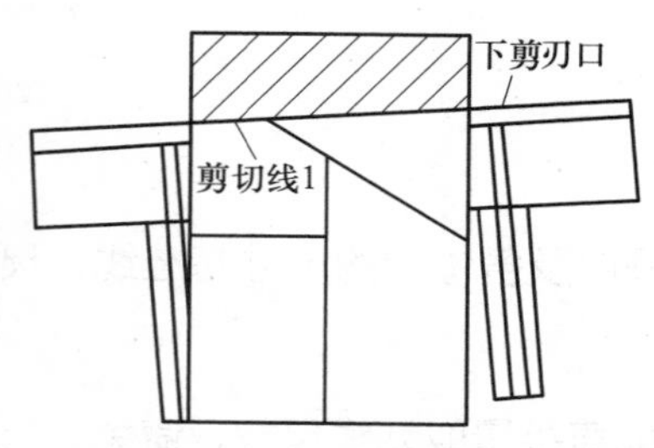

图 2-12　直接目测对正剪切

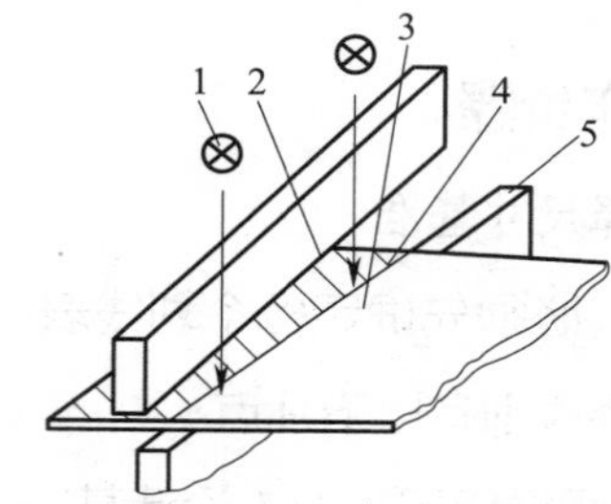

图 2-13　用灯光对正剪切线

1—光源　2—上剪刃口　3—钢板　4—剪切线　5—下剪刃口

2）剪切线 2。调整、固定好角挡板，并以挡板为定位基准，将板料在剪板机的工作台上放好，沿剪切线 2 剪断板料（见图 2-14）。

3）剪切线 3。以后挡板定位剪切线 3 时，后挡板的位置可通过以下两种方法确定:

①钢直尺直接测量，使上下剪刃口至后挡板面的距离等于欲剪下部分板料的宽度尺寸。后挡板固定后要复检，以确保定位准确。

②样板定位法，把与欲剪料等宽的样板置于下剪刃口与后挡板之间，以确定后挡板位置。后挡板位置确定后，即可定位，剪断剪切线 3（见图 2-15）。

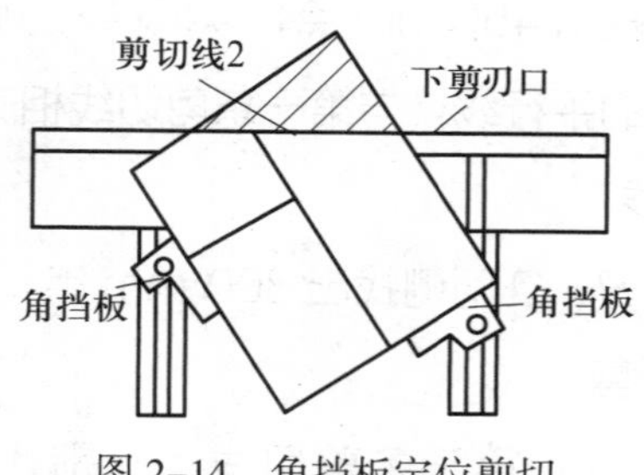

图 2-14　角挡板定位剪切

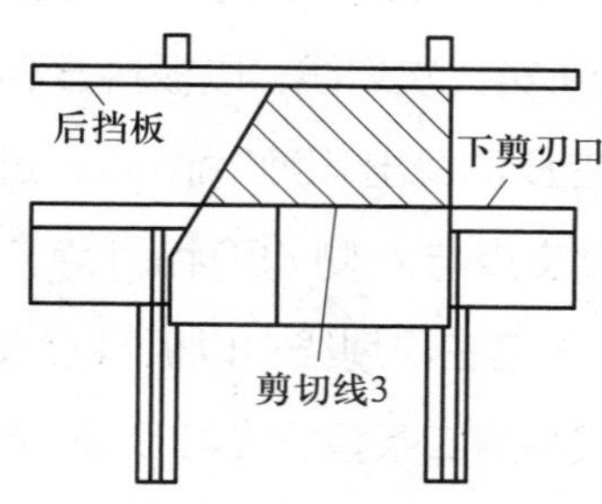

图 2-15　后挡板定位剪切

4）剪切线 4。以前挡板定位剪切线 4 时，确定前挡板位置的方法与确定后挡板位置的方法相同。前挡板定位剪切的情形如图 2–16 所示。

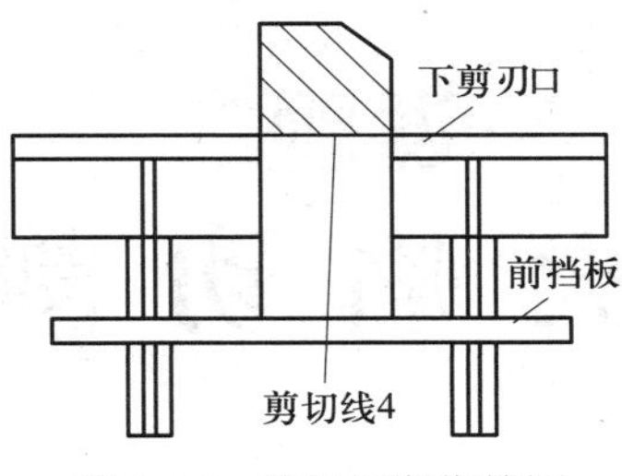

图 2–16　前挡板定位剪切

课题二
火 焰 切 割

一、火焰切割的基本知识

火焰切割是利用氧气和可燃气体混合而产生预热火焰，将金属材料预热至高温，然后用高速度的纯氧气流喷射至预热的金属材料，使其燃烧（氧化）并产生大量的化学热，所产生的液态熔渣（如 FeO、Fe_2O_3、Fe_3O_4）及少量熔化的金属被高速气流吹走，从而形成切口，达到切割的目的（见图 2-17）。常用可燃气体有乙炔、丙烷等。火焰切割是实际生产中切割钢材的重要手段之一，其应用覆盖了机械、造船、军工、石油化工、电力、交通、能源等多个工业领域。

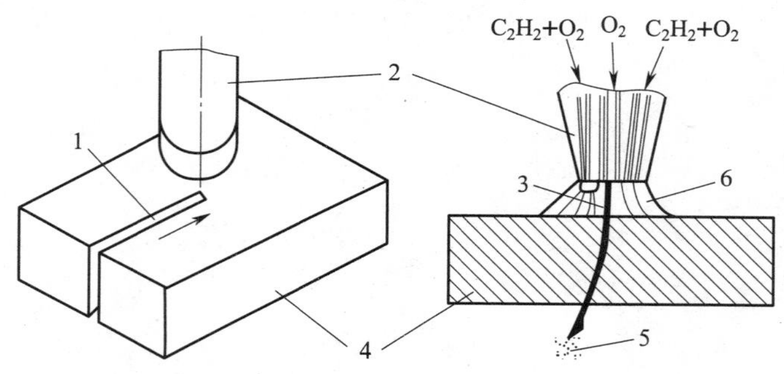

图 2-17　火焰切割原理图

1—切口　2—割嘴　3—氧气流　4—工件　5—氧化物　6—预热火焰

1. 火焰切割条件

（1）金属材料在氧气中的燃点必须低于金属材料的熔点，否则金属材料在未燃烧之前熔化粘连，就不能实现切割过程。

（2）金属材料在燃烧时产生的氧化物（熔渣）的熔点应低于金属材料本身的

熔点。

（3）金属材料在氧气中燃烧时应能放出大量的热，用此热量来维持切割过程的持续进行。

（4）金属的导热性不能太好，否则将会因为材料的导热过快而使得切口处金属材料的温度很难达到燃点，从而导致切割过程不能进行。

满足上述条件的金属材料有纯铁、低碳钢、中碳钢和普通低合金钢。而铸铁、高碳钢、高合金钢及铜、铝等有色金属及其合金，均难以进行火焰切割。例如，铸铁不能用火焰切割，是因为其燃点高于熔点，并产生高熔点的二氧化硅，且氧化物的黏度大、流动性差，高速氧流不易把它吹除。此外，由于铸铁的含碳量高，碳燃烧时产生一氧化碳及二氧化碳气体，降低了切割氧的纯度，也造成火焰切割困难。

2. 火焰切割的特点及应用

（1）优点

1）切割效率高，切割速度比其他机械切割方法快。

2）机械方法难以切割的截面形状和厚度，采用火焰切割比较经济。

3）火焰切割设备的投资比机械切割设备的投资低，切割设备轻便，可用于野外作业。

4）切割小圆弧时，能迅速改变切割方向。

（2）缺点

1）切割的尺寸精度低，切割后的尺寸偏差大于机械方法获得的尺寸偏差。

2）预热火焰和排出的赤热熔渣存在发生火灾、烧坏设备、烧伤操作工等危险。

3）切割时，燃气的燃烧和金属的氧化需要采用合适的烟尘控制装置和通风装置。

4）切割材料受到限制（对含碳量高的金属、不锈钢及有色金属不适用）。

（3）应用

火焰切割的效率高，成本低，设备简单，并能在各种位置进行切割和在钢板上切割各种外形复杂的零件，因此，被广泛应用于钢板下料、开焊接坡口和铸件浇冒口的切割，切割厚度可达 300 mm 以上。

二、气体及氧乙炔焰

1. 氧气

在常温、常态下氧是气态，分子式为 O_2。氧气本身不能燃烧，但能帮助其他可燃物质燃烧，具有强烈的助燃作用。氧气的纯度对火焰切割的质量、生产率和氧气本身的消耗量都有直接影响，火焰切割对氧气的要求是纯度越高越好。火焰切割用的氧气一般分为两级：一级纯度氧气含量不低于 99.2%（体积分数），二级纯度氧气含量不低于 98.5%。

一般情况下，由氧气厂和氧气站供应的氧气可以满足火焰切割要求。火焰切割时氧气纯度不应低于 98.5%。

2. 乙炔

乙炔是由电石（碳化钙）和水相互作用而得到的一种无色而带有特殊臭味的碳氢化合物，其分子式为 C_2H_2。

乙炔是可燃性气体，它与空气混合时所产生的火焰温度为 2 350 ℃，而与氧气混合燃烧时所产生的火焰温度为 3 000 ~ 3 300 ℃。

乙炔是一种具有爆炸性的危险气体，在一定压力和温度下很容易发生爆炸。因此，使用乙炔时必须注意安全。

3. 氧乙炔焰

氧乙炔焰的外形、构造、火焰的化学性质和火焰温度的分布与氧气和乙炔的混合体积比大小有关。根据混合体积比大小的不同，可得到性质不同的三种火焰：碳化焰、中性焰和氧化焰，见表 2-5。

表 2-5　不同性质氧乙炔焰的状态和形成原因

性质	火焰状态	温度 /℃	形成原因
碳化焰		2 700 ~ 3 000	氧气和乙炔的比例小于 1，整个火焰长而软，焰心较长，呈白色，外围略带蓝色，内焰呈蓝色，外焰呈橘黄色。乙炔过多时，还会冒黑烟。特点是乙炔过剩，火焰中有游离状态碳及过多的氢，焊接时会增加焊缝含氢量，焊接低碳钢会有渗碳现象，适用于高碳钢、铸铁及硬质合金堆焊

续表

性质	火焰状态	温度 /℃	形成原因
中性焰	内焰（轻微闪动） 焰心 外焰	3 050 ~ 3 150	氧气和乙炔的比例为 1 ~ 1.2，焰心为尖锥形，呈明亮白色，轮廓清楚，内焰呈蓝白色，外焰与内焰无明显的界限，从里向外，由淡紫色变为橘黄色。特点是氧气与乙炔充分燃烧，内焰具有一定的还原性，适用于一般低碳钢、低合金钢和有色金属的焊接
氧化焰	焰心 外焰	3 100 ~ 3 300	氧气与乙炔的比例大于 1.2，焰心缩短，短而尖，内焰和外焰没有明显的界限，好像由焰心和外焰两部分组成。外焰也较短，带蓝紫色，火焰笔直有劲，并发出“嘶嘶”的响声。特点是火焰有过剩的氧气，并具有氧化性，焊钢件时，焊缝易产生气孔和变脆，一般只用于焊接黄铜、锰钢及镀锌铁皮

三、火焰切割工艺

1. 火焰切割参数

火焰切割参数主要包括火焰切割氧压力、火焰切割速度、预热火焰性质及能率、割嘴与割件的倾斜角度、割嘴离割件表面的距离等。

（1）火焰切割氧压力

火焰切割氧压力主要根据割件的厚度来选用。割件越厚，要求的火焰切割氧压力越大。若氧气压力过大，不仅造成浪费，而且使切口表面粗糙，切口加大；若氧气压力过小，不能将熔渣全部从切口处吹除，使切口的背面留下很难清除干净的挂渣，甚至出现割不透的现象。

（2）火焰切割速度

火焰切割速度与割件厚度和使用的割嘴有关。割件越厚，火焰切割速度越慢；反之，割件越薄，火焰切割速度越快。当割件厚度一定时，使用的割嘴越大，火焰切割速度越快；反之，割嘴越小，火焰切割速度越慢。火焰切割速度过小，会使割口边缘熔化；而火焰切割速度过大时，会产生很大的后拖量或割不透现象。火焰切割速度的正确与否，主要根据切口后拖量来判断，应以使切口产生最小的后拖量为原则。

所谓后拖量是指切割面上切割氧流动轨迹的后拖量点与终点在水平方向的距离，如图 2–18 所示。

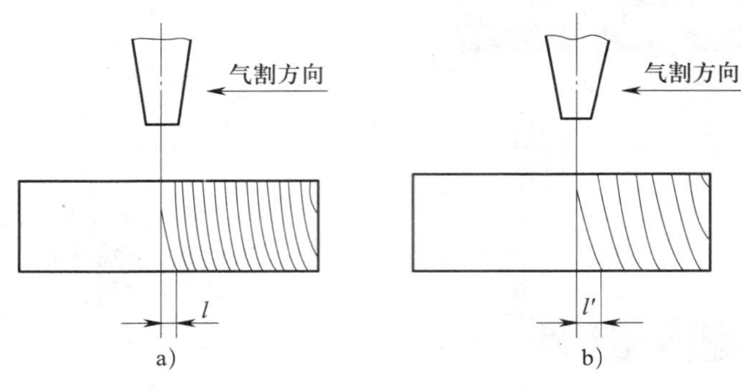

图 2–18　后拖量

a）速度正常　b）速度过大

（3）预热火焰性质及能率

预热火焰的作用是把金属割件加热，并使其始终保持能在氧气流中燃烧的温度，同时使钢材表面上的氧化皮剥落和熔化，便于氧气流与铁发生化学反应。预热火焰对金属割件的加热温度，在加热碳钢时为 1 100 ~ 1 150 ℃。

火焰切割时，预热火焰应采用中性焰或氧化焰，不能使用碳化焰，因为碳化焰会使切口边缘产生增碳现象。

预热火焰能率是以每小时可燃气体消耗量来表示的，应根据割件厚度来选择，一般割件越厚，预热火焰能率应越大。

（4）割嘴与割件的倾斜角度（见图 2–19）

根据割件的厚度来确定割嘴与割件的倾斜角度（见表 2–6）。割嘴与割件的倾斜角度会对切割速度和后拖量产生直接影响，如果倾角选择不当，不但不能提高切割速度，反而会增加氧气的消耗量，甚至造成火焰切割困难。

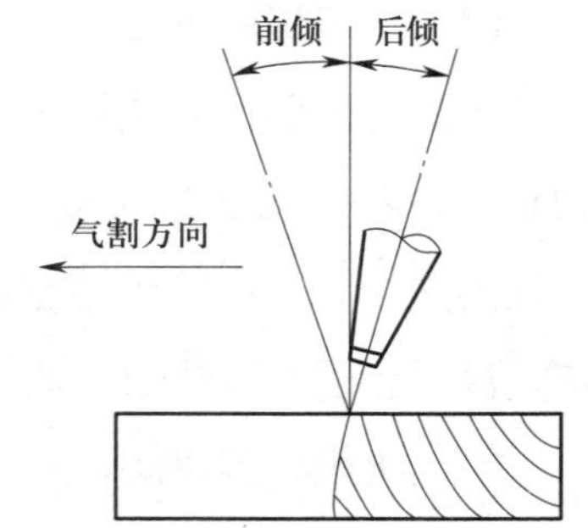

图 2–19　割嘴与割件的倾斜角度

表 2–6　割嘴与割件的倾角与割件厚度的关系

割件厚度 /mm	<4	4 ~ 20	20 ~ 30	>30		
				起割	割穿后	停割
倾角方向	后倾	后倾	垂直	前倾	垂直	后倾
倾斜角度	25° ~ 45°	5° ~ 10°	0°	5° ~ 10°	0°	5° ~ 10°

（5）割嘴离割件表面的距离

割嘴离割件表面的距离应根据预热火焰长度和割件厚度来确定，一般为 3 ~ 5 mm。因为这样的加热条件好，切割面渗碳的可能性最小。当割件厚度小于 20 mm 时，火焰可长些，距离可适当加大；当割件厚度大于或等于 20 mm 时，由于火焰切割速度放慢，火焰应短些，距离应适当减小。

2．火焰切割的回火

回火是火焰切割作业时最容易发生的事故类型之一，是气体火焰进入割炬喷嘴内逆向燃烧的现象，特征是火焰突然熄灭，割炬内发出急速的“嘶嘶”声。在使用氧乙炔火焰进行切割的过程中，如果操作不当，很可能发生回火事故，轻则损坏设备工具，重则发生爆炸，严重威胁操作人员的生命安全。造成回火的原因主要有以下几个方面：

（1）输送气体的软管太长、太细，或者曲折太多。

（2）火焰切割时间过长或者割嘴离工件太近。

（3）割嘴端面黏附了过多飞溅出来的熔化金属微粒。

（4）输送气体的软管内壁或割炬内部的气体通道上黏附了固体碳质微粒或其他物质。

3．机械化火焰切割机

机械化火焰切割机如图 2–20 所示。

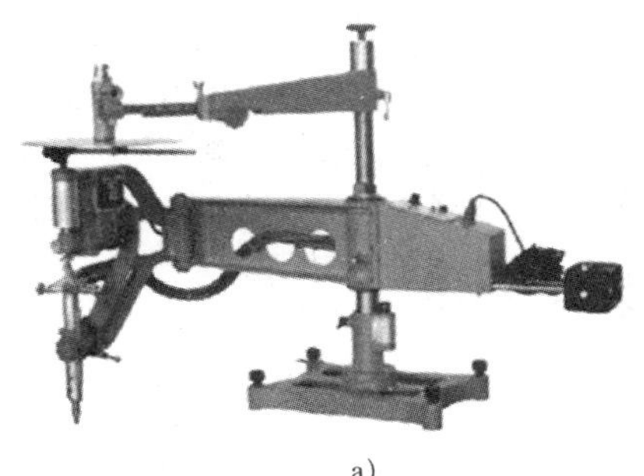

a）

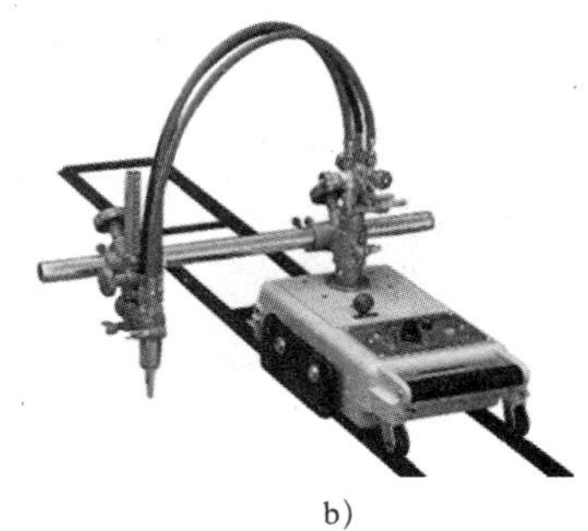

b）

图 2–20　机械化火焰切割机

a）仿形火焰切割机　b）半自动火焰切割机

四、手工火焰切割基本训练

1. 手工火焰切割设备及工具

火焰切割设备及其连接见表 2-7 和表 2-8。

表 2-7 火焰切割设备

部件名称	图示	说明
氧气瓶	a）外形 b）构造 1—瓶底 2—瓶体 3—瓶箍 4—氧气瓶阀 5—瓶帽 6—瓶头	氧气瓶是储存和运输氧气的专用高压容器，气瓶的容积为 40 L，瓶内最高压力为 15 MPa。其瓶体外部有两个防振胶圈，瓶体为天蓝色，并用黑漆标明“氧”字样
乙炔瓶	a）外形 b）构造 1—瓶口 2—瓶帽 3—瓶阀 4—石棉 5—瓶体 6—多孔填料 7—瓶底	乙炔瓶的主要部分是用优质碳素钢或低合金钢轧制而成的圆柱形焊接瓶体。外表漆成白色，并用大红色漆标注“乙炔 不可近火”字样。瓶内最高压力为 1.5 MPa。在瓶体内装有浸满着丙酮的多孔性填料，这些填料能使乙炔稳定而安全地储存在瓶内

续表

部件名称	图示	说明
氧气减压器		氧气减压器是将瓶内高压氧气降为工作时的低压氧气的调节装置。氧气的工作压力一般要求为 0.1 ~ 0.5 MPa
乙炔减压器		乙炔减压器是将高压气体降为低压气体并保持输出气体的压力和流量稳定不变的调节装置。乙炔的工作压力一般为 0.01 ~ 0.05 MPa 乙炔瓶阀旁侧没有侧接头，必须使用带有夹环的乙炔减压器
氧气胶管、乙炔胶管		GB/T 2550—2016《气体焊接设备　焊接、切割和类似作业用橡胶管》规定，氧气胶管的外观为蓝色，乙炔胶管的外观为红色
射吸式割炬	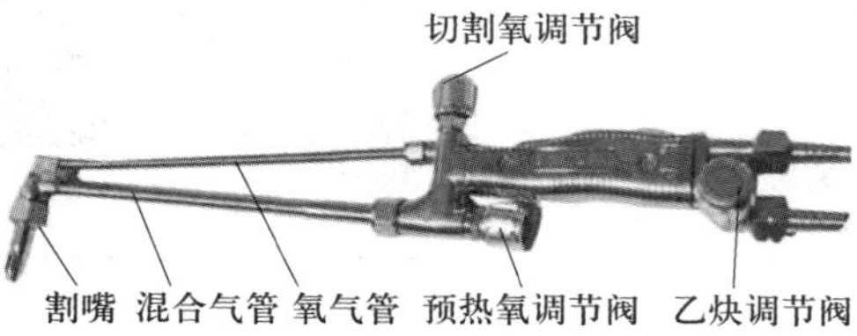 切割氧调节阀 割嘴 混合气管 氧气管 预热氧调节阀 乙炔调节阀	火焰切割时，先开启预热氧调节阀和乙炔调节阀，点火产生预热火焰对割件进行预热，待割件预热至燃点时，即开启切割氧调节阀，此时高速氧气流经氧气管，由割嘴的中心孔喷出，进行火焰切割
等压式割炬	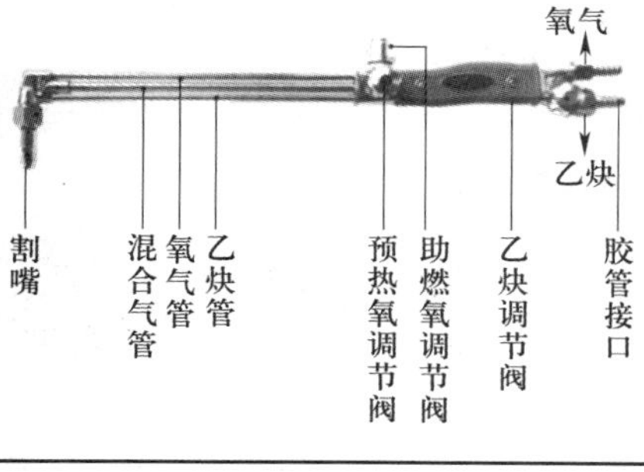 氧气 乙炔 割嘴 混合气管 氧气管 乙炔管 预热氧调节阀 助燃氧调节阀 乙炔调节阀 胶管接口	火焰切割时，氧气及可燃气体从气管进入割炬到达割嘴，整个过程的压力都是相等的

续表

部件名称	图示	说明
回火保险器		装在乙炔压力表后接管线处，用于避免火焰进入气瓶，发生爆炸
割嘴		由割嘴主体、螺旋混合器、割嘴外套、割嘴内嘴、连接杆组成

表 2-8　火焰切割设备的连接

操作步骤	图示
氧气瓶、氧气减压器、氧气胶管及割炬的连接： 首先吹去氧气瓶阀口上黏附的污物 在使用氧气减压器前，调压螺钉应向外旋出，使减压器处于非工作状态。然后将氧气减压器拧在氧气瓶阀上，直到拧紧为止（一般拧足5扣以上），再把氧气胶管的一端接在氧气减压器的出气口上，另一端与割炬连接 逆时针方向为打开气阀，顺时针方向为关闭气阀	开启 向外旋出 氧气胶管接头 氧气减压器接头
乙炔瓶、乙炔减压器、乙炔胶管及割炬连接： 乙炔瓶必须直立放置，严禁在地上卧放。首先将乙炔减压器上的调压螺钉松开，使减压器处于非工作状态，把乙炔减压器上的连接管对准乙炔瓶阀进气口并夹紧，再把乙炔胶管的一端与乙炔减压器上的出气口接牢，另一端与割炬连接	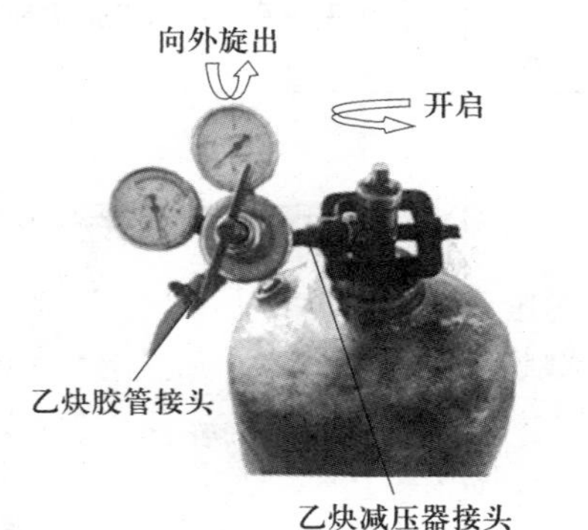

续表

操作步骤	图示
割枪、氧气胶管及乙炔胶管连接： 注意观察割枪尾部一般有乙炔及氧气字样，将氧气胶管与乙炔胶管分别与割枪相对应的接口用金属卡箍连接	切割氧气调节阀 氧气 乙炔 割嘴 预热氧气调节阀 乙炔调节阀

连接完成可对照图 2-21 进行检查。

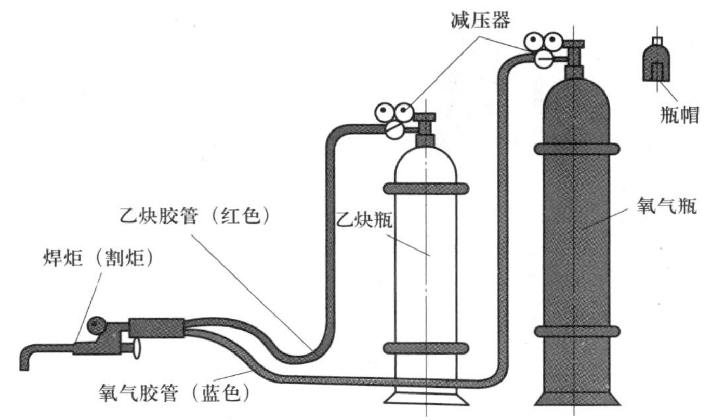

图 2-21　火焰切割设备连接图

火焰切割辅助工具有钢直尺（90°角尺）、圆规、游标卡尺、高度游标卡尺、划针、靠尺（见图 2-22）、割规（见图 2-23）、电子点火器等。

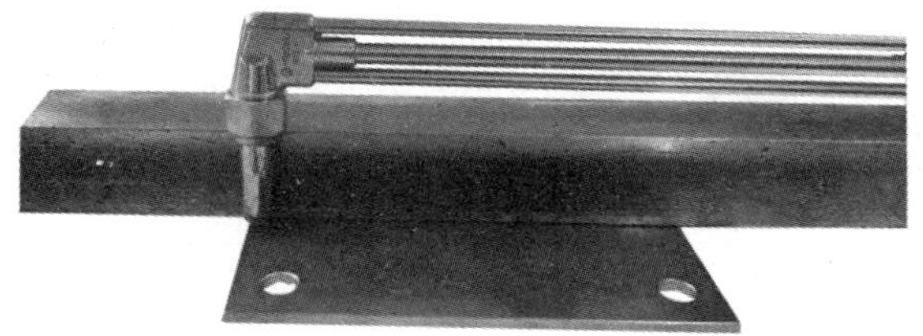

图 2-22　手工火焰切割靠尺

2. 训练要素

划线—切割—倒角、去毛刺—测量（偏差：±0.5 mm）。

3. 火焰切割材料和练习工件图

下面，通过对不同板厚（≥ 3 mm）低碳钢的直线、圆弧火焰切割单项训练和综合训练达到熟练掌握的要求。

（1）火焰切割单项基础训练（见表 2-9）

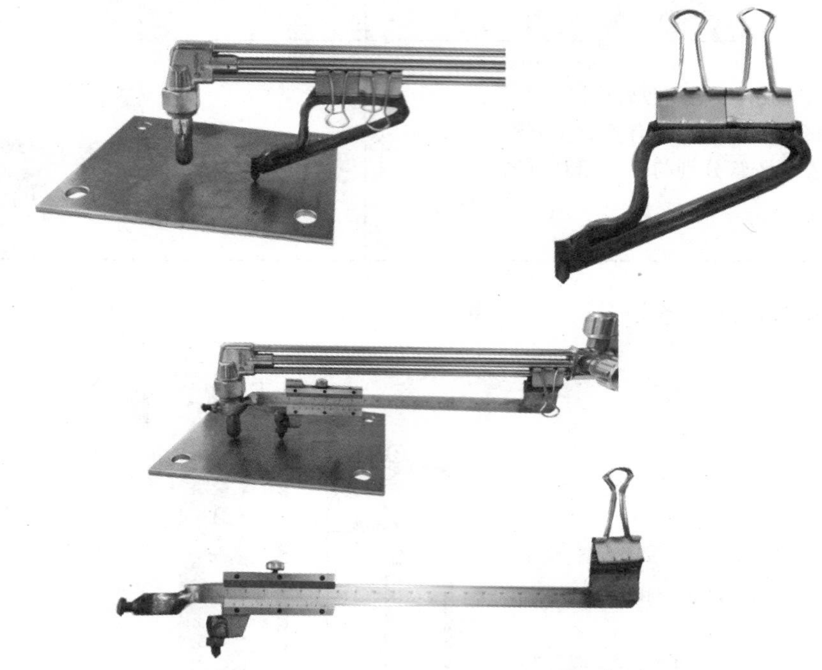

图 2-23　割规

表 2-9　火焰切割单项基础训练项目评价表

第　张		姓名：		日期：				
序号	项目	项目描述	分值	1	2	3	4	平均
1	3 mm 钢板直线切割	直线度（ ± 0.2 mm ）	5					
2		宽度尺寸（ ± 0.2 mm ）	6					
3		边缘质量	3					
4		表面质量	3					
5		断面角度及倒角	3					
6		小计	20					
7	10 mm 钢板直线切割	直线度（ ± 0.2 mm ）	5					
8		宽度尺寸（ ± 0.2 mm ）	6					
9		边缘质量	3					
10		表面质量	3					
11		断面角度及倒角	3					
12		小计	20					

续表

序号	项目	项目描述	分值	1	2	3	4	平均
13	4 ~ 10 mm 钢板直径 30 ~ 40 mm 圆形切割	外径尺寸（ ±0.2 mm ）	6					
14		边缘质量	3					
15		表面质量	3					
16		断面角度及倒角	3					
17		小计	15					
18	4 ~ 10 mm 钢板直径 40 ~ 100 mm 圆形切割	外径尺寸（ ±0.2 mm ）	10					
19		边缘质量	4					
20		表面质量	3					
21		断面角度及倒角	3					
22		小计	20					
23	4 ~ 10 mm 钢板 60 ~ 100 mm 方形切割	外部尺寸（ ±0.2 mm ）	10					
24		方正度（0.1 mm）	6					
25		边缘质量	3					
26		表面质量	3					
27		断面角度及倒角	3					
28		小计	25					
29	总分		100					

（2）火焰切割综合训练（一）（见图 2–24、表 2–10）

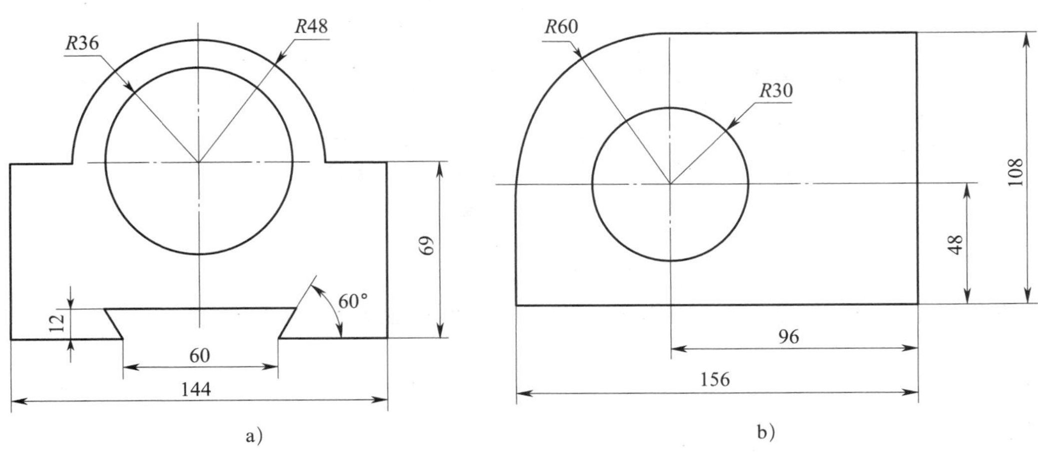

图 2–24　火焰切割综合训练（一）

表 2–10　火焰切割综合训练（一）评价表

第　张		姓名：		日期：	
序号	项目	项目描述	分值	实测值	得分
1	图 2–24a	长度 144 mm（±0.2 mm），1 个位置测量	10		
2		宽度 69 mm（±0.2 mm），2 个位置测量	5		
3		开槽宽度 60 mm（±0.2 mm），1 个位置测量	10		
4		开孔直径 72 mm（±0.2 mm），2 个位置测量	5		
5		宽度 117 mm（±0.2 mm），1 个位置测量	10		
6		边缘质量：所有切割面、边缘应与钢板表面成直角（85° ~ 95°）	5		
7		表面质量：上部边缘不能塌落，底部边缘需要干净平整，不得对切割面进行锉削或者打磨	5		
8		断面角度及倒角：边缘应倒角（1 mm），切割起始部分（前 3 mm）可以使用平锉去除尖锐毛刺	5		
9		小计	55		
10	图 2–24b	长度 156 mm（±0.2 mm），1 个位置测量	10		
11		宽度 108 mm（±0.2 mm），2 个位置测量	10		
12		开孔直径 60 mm（±0.2 mm），2 个位置测量	10		
13		边缘质量：所有切割面、边缘应与钢板表面成直角（85° ~ 95°）	5		
14		表面质量：上部边缘不能塌落，底部边缘需要干净平整，不得对切割面进行锉削或者打磨	5		
15		断面角度及倒角：边缘应倒角（1 mm），切割起始部分（前 3 mm）可以使用平锉去除尖锐毛刺	5		
16		小计	45		
17	总分		100		

（3）火焰切割综合训练（二）（见图 2–25、表 2–11）

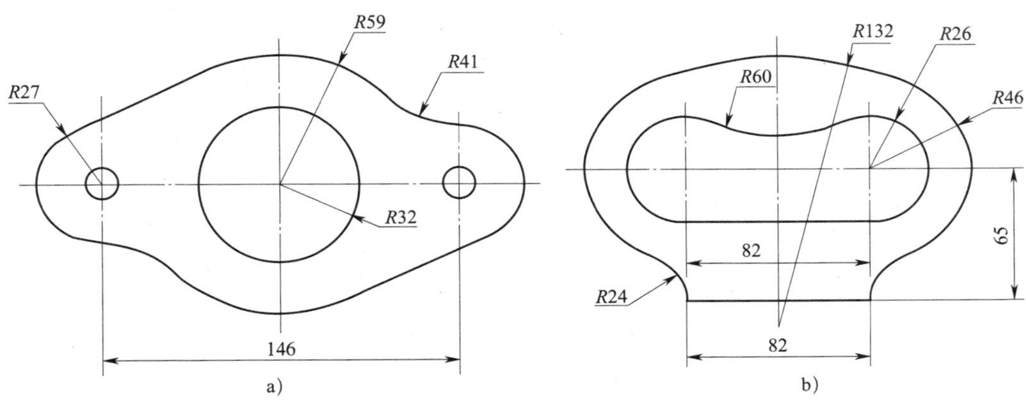

图 2–25　火焰切割综合训练（二）

表 2–11　火焰切割综合训练（二）评价表

第　张		姓名：		日期：	
序号	项目	项目描述	分值	实测值	得分
1	图 2–25a	长度 200 mm（ ± 0.2 mm），1 个位置测量	10		
2		宽度 118 mm（ ± 0.2 mm），1 个位置测量	5		
3		孔距 146 mm（ ± 0.2 mm），1 个位置测量	10		
4		开孔直径 64 mm（ ± 0.2 mm），2 个位置测量	5		
5		边缘质量	5		
6		表面质量	5		
7		断面角度及倒角	5		
8		小计	45		
9	图 2–25b	长度 174 mm（ ± 0.2 mm），1 个位置测量	10		
10		宽度 121 mm（ ± 0.2 mm），1 个位置测量	10		
11		开孔下边缘高度 39 mm（ ± 0.2 mm），2 个位置测量	10		
12		开孔长度 134 mm（ ± 0.2 mm），1 个位置测量	10		
13		边缘质量	5		
14		表面质量	5		
15		断面角度及倒角	5		
16		小计	55		
17	总分		100		

（4）火焰切割综合训练（三）（见图 2–26、表 2–12）

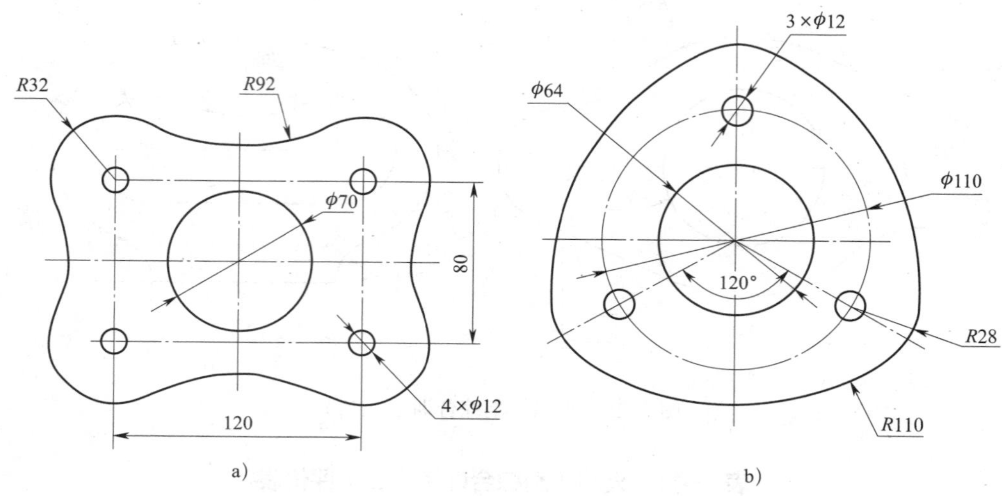

图 2–26　火焰切割综合训练（三）

表 2–12　火焰切割综合训练（三）评价表

第　张		姓名：		日期：	
序号	项目	项目描述	分值	实测值	得分
1	图 2–26a	长度 184 mm（±0.2 mm），2 个位置测量	10		
2		宽度 144 mm（±0.2 mm），2 个位置测量	5		
3		孔距 120 mm（±0.2 mm），2 个位置测量	10		
4		孔距 80 mm（±0.2 mm），2 个位置测量	5		
5		开孔直径 70 mm（±0.2 mm），2 个位置测量	5		
6		方正度（±0.2 mm），4 个位置测量	5		
7		边缘质量	5		
8		表面质量	5		
9		断面角度及倒角	5		
10		小计	55		
11	图 2–26b	孔与对边长度尺寸 123.2 mm	10		
12		3 个孔之间的孔距相等（±0.2 mm），3 个位置测量	10		
13		开孔直径 64 mm（±0.2 mm），2 个位置测量	10		
14		边缘质量	5		
15		表面质量	5		
16		断面角度及倒角	5		
17		小计	45		
18	总分		100		

（5）火焰切割综合训练（四）（见图 2–27、表 2–13）

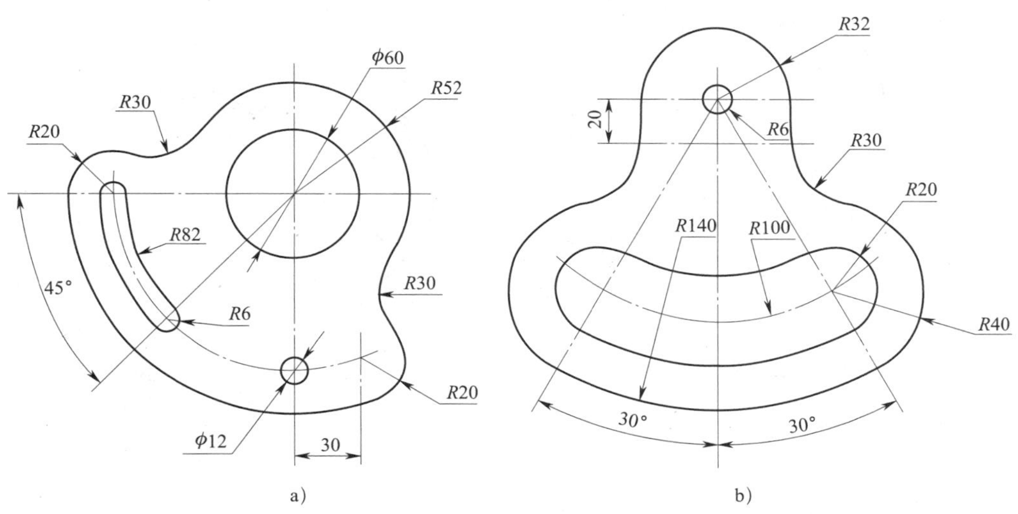

图 2–27　火焰切割综合训练（四）

表 2–13　火焰切割综合训练（四）评价表

第　张		姓名：		日期：	
序号	项目	项目描述	分值	实测值	得分
1	图 2–27a	两 R20 mm 圆弧外边缘尺寸 175.5 mm（ ± 0.2 mm），1 个位置测量	10		
2		宽度 154 mm（ ± 0.2 mm），2 个位置测量	10		
3		边缘质量	5		
4		表面质量	5		
5		断面角度及倒角	5		
6		小计	35		
7	图 2–27b	长度 180 mm（ ± 0.2 mm），1 个位置测量	10		
8		宽度 172 mm（ ± 0.2 mm），1 个位置测量	10		
9		长度 64 mm（ ± 0.2 mm），1 个位置测量	10		
10		开孔宽度 40 mm（ ± 0.2 mm），3 个位置测量	20		
11		边缘质量	5		
12		表面质量	5		
13		断面角度及倒角	5		
14		小计	65		
15	总分		100		

（6）火焰切割综合训练（五）（见图 2–28、表 2–14）

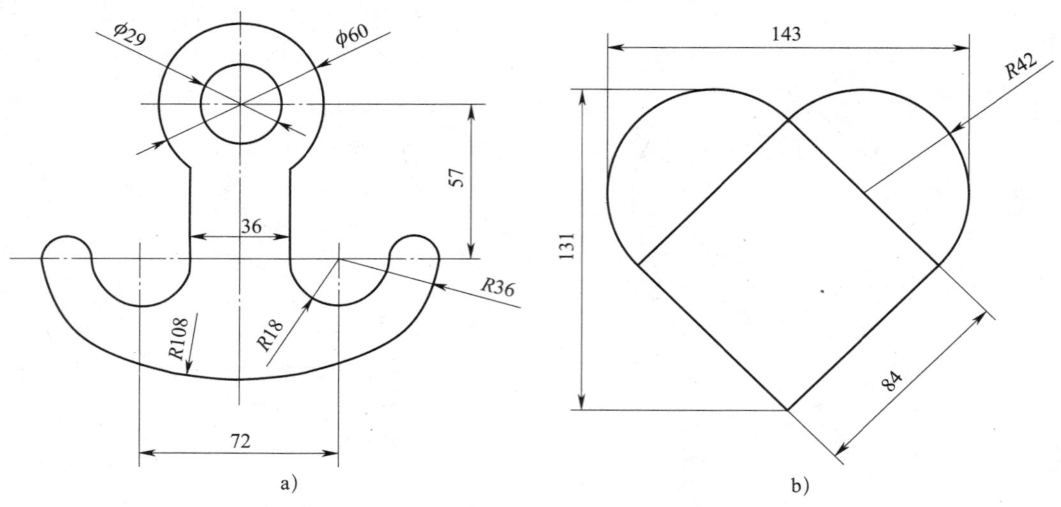

图 2–28　火焰切割综合训练（五）

表 2–14　火焰切割综合训练（五）评价表

第　张		姓名:		日期:	
序号	项目	项目描述	分值	实测值	得分
1	图 2–28a	长度 144 mm（ ± 0.2 mm），1 个位置测量	5		
2		长度 36 mm（ ± 0.2 mm），1 个位置测量	5		
3		宽度 138 mm（ ± 0.2 mm），1 个位置测量	5		
4		外部直径 60 mm（ ± 0.2 mm），2 个位置测量	10		
5		内部直径 29 mm（ ± 0.2 mm），2 个位置测量	10		
6		边缘质量	5		
7		表面质量	5		
8		断面角度及倒角	5		
9		小计	50		
10	图 2–28b	长度 143 mm（ ± 0.2 mm），1 个位置测量	5		
11		宽度 131 mm（ ± 0.2 mm），1 个位置测量	5		
12		宽度 126 mm（ ± 0.2 mm），2 个位置测量	10		
13		方正度（ ± 0.2 mm）	15		
14		边缘质量	5		
15		表面质量	5		
16		断面角度及倒角	5		
17		小计	50		
18	总分		100		

（7）火焰切割综合训练（六）（见图 2-29、表 2-15）

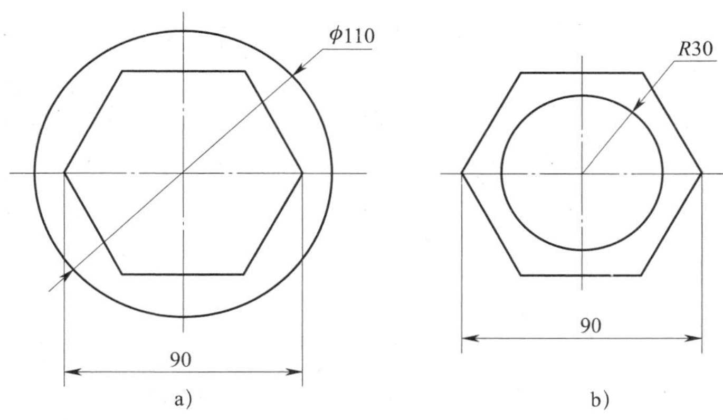

图 2-29　火焰切割综合训练（六）

表 2-15　火焰切割综合训练（六）评价表

第　张		姓名：		日期：	
序号	项目	项目描述	分值	实测值	得分
1	图 2-29a	外圆直径 110 mm（ ± 0.2 mm），4 个位置测量	5		
2		内孔对边尺寸 77.9 mm（ ± 0.2 mm），3 个位置测量	10		
3		圆边缘质量	5		
4		六边形边缘质量	5		
5		圆表面质量	5		
6		六边形表面质量	5		
7		六边形断面角度及倒角	5		
8		圆断面角度及倒角	5		
9		小计	45		
10	图 2-29b	宽度 77.9 mm（ ± 0.2 mm），3 个位置测量	5		
11		开孔直径 60 mm（ ± 0.2 mm），3 个位置测量	10		
12		六边形边缘质量	5		
13		圆孔边缘质量	5		
14		六边形表面质量	5		
15		圆孔表面质量	5		
16		六边形断面角度及倒角	5		
17		圆断面角度及倒角	5		
18		小计	45		
19	装配	图 2-29a 与图 2-29b 能自由配合	10		
20	总分		100		

（8）火焰切割综合训练（七）（见图 2-30、表 2-16）

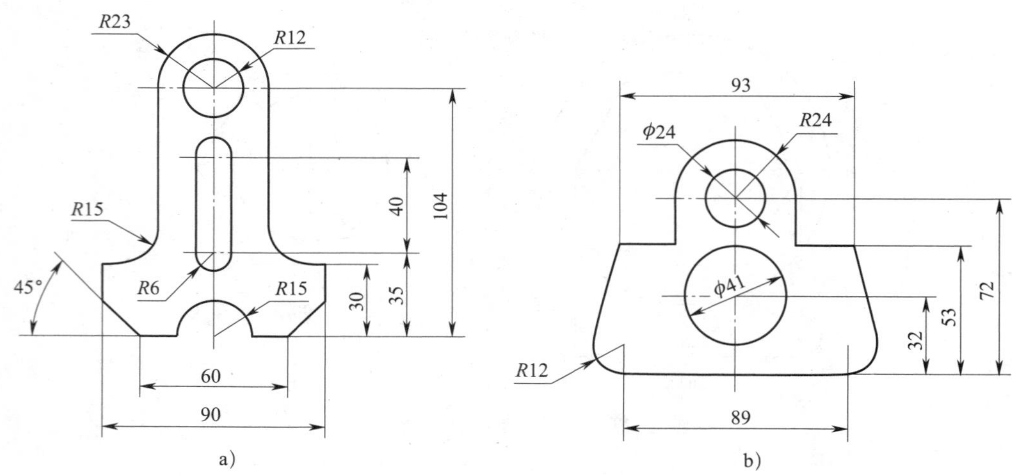

图 2-30　火焰切割综合训练（七）

表 2-16　火焰切割综合训练（七）评价表

第　张		姓名：		日期：	
序号	项目	项目描述	分值	实测值	得分
1	图 2-30a	长度尺寸 46 mm（ ±0.2 mm），2 个位置测量	5		
2		长度尺寸 90 mm（ ±0.2 mm），1 个位置测量	10		
3		内孔宽度尺寸 52 mm（ ±0.2 mm），1 个位置测量	5		
4		内孔长度尺寸 12 mm（ ±0.2 mm），1 个位置测量	5		
5		内孔直径 24 mm（ ±0.2 mm），2 个位置测量	5		
6		宽度尺寸 30 mm（ ±0.2 mm），2 个位置测量	5		
7		宽度尺寸 127 mm（ ±0.2 mm），1 个位置测量	5		
8		边缘质量	5		
9		表面质量	5		
10		断面角度及倒角	5		
11		小计	55		
12	图 2-30b	长度 48 mm（ ±0.2 mm），1 个位置测量	5		
13		长度 113 mm（ ±0.2 mm），1 个位置测量	5		
14		开孔直径 41 mm（ ±0.2 mm），2 个位置测量	5		

续表

序号	项目	项目描述	分值	实测值	得分
15	图 2-29b	开孔直径 24 mm（ ±0.2 mm），2 个位置测量	5		
16		宽度尺寸 53 mm（ ±0.2 mm），2 个位置测量	5		
17		宽度尺寸 96 mm（ ±0.2 mm），1 个位置测量	5		
18		边缘质量：所有切割面、边缘应与钢板表面成直角（85° ~ 95° ）	5		
19		表面质量：上部边缘不能塌落，底部边缘需要干净平整，不得对切割面进行锉削或者打磨	5		
20		断面角度及倒角：边缘应倒角（1 mm），切割起始部分（前 3 mm）可以使用手锉去除尖锐毛刺	5		
21		小计	45		
22	总分		100		

4. 火焰切割步骤与方法

（1）割炬的握法

右手的小指、无名指、中指和掌心握着割炬手柄，拇指和食指放于氧气阀侧（用于及时调节火焰氧大小）。左手的拇指和食指放于切割氧阀侧（用于打开和关闭切割氧）、中指置于切割氧管和混合管之间（用于支撑和稳固割炬），无名指和小指置于混合管下方（用于支撑割炬），如图 2-31 所示。调节火焰大小时，用左手拇指、食指和中指控制乙炔阀。

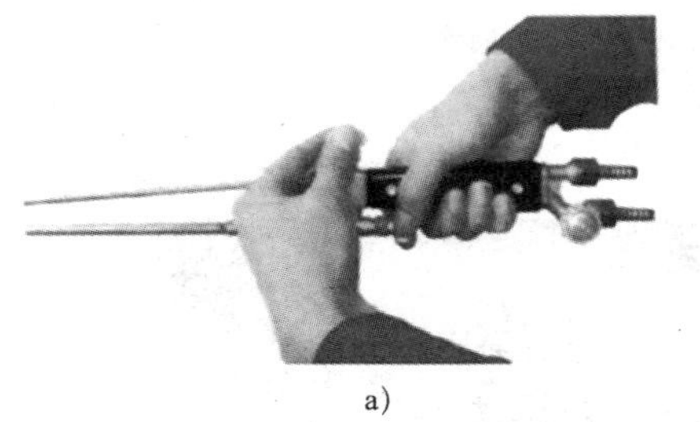

a）

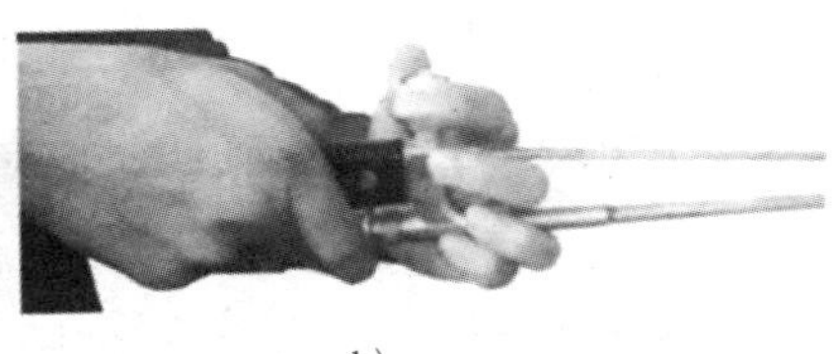

b）

图 2-31　割炬的握法

a）正面　b）背面

（2）火焰切割前的准备

1）现场准备。首先检查工作场地是否符合安全生产的要求，然后将工件垫平。工件下留一定空隙，以利于氧化渣的吹出。工件下面不能封闭，否则在火焰切割时易引起爆炸。工件上的油污和锈蚀要加以清除。

2）检查切割氧流线（风线）。其方法是点燃割炬，并将预热火焰调整好，然后打开切割氧阀门，观察切割氧流线的形状。切割氧流线应为笔直而清晰的圆柱体，并有适当的长度，这样才能使工件切口表面光滑干净，宽度一致。如果切割氧流线形状不规则，应关闭所有的阀门，熄火后用透针或其他工具修整割嘴的内表面，使之光滑无阻。

（3）割炬、割嘴选择、气压调节

根据火焰切割工件厚度和使用的气体，选择相适应的割嘴和气体压力（见表 2–17）。

表 2–17　火焰切割参数

割炬型号	割嘴型号	切割板厚 /mm	气体压力 /MPa	
			氧气	乙炔
G01—30 G02—30	1	2 ~ 10	0.2	0.001 ~ 0.1
	2	10 ~ 20	0.25	0.001 ~ 0.1
	3	20 ~ 30	0.3	0.001 ~ 0.1

注：“G”表示割炬，后面的“0”表示手工操作，“1”表示射吸式，“2”表示等压式，“30”表示最大切割低碳钢板厚度。

（4）预热火焰的调整

为防止点火黑烟，先开微量预热氧开关，再开少量乙炔开关，使可燃气体从割炬中喷出，利用点火器点火。混合气体从割炬中喷出燃烧，调节氧气和乙炔的混合比，形成中性焰，如图 2–32 所示。

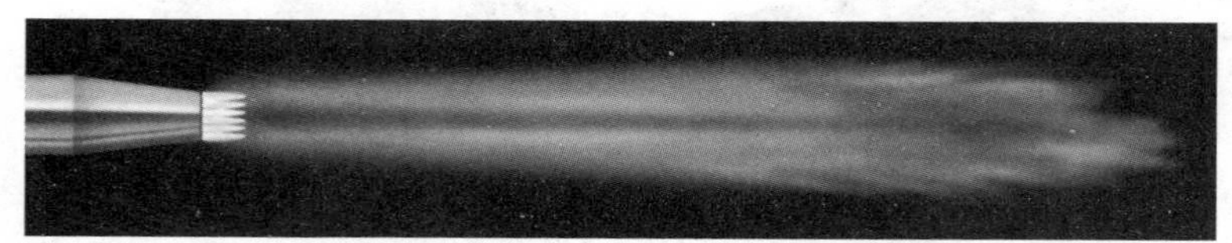

图 2–32　中性火焰

（5）预热起割（见图 2–33）

割嘴与工件表面应保持 2 ~ 4 mm 的距离，以防止因铁渣飞溅使割嘴口堵塞。预热钢板割线右端边缘 10 mm 处，待预热点呈红色时，将割嘴外移至板边缘，同时慢慢打开切割氧阀门，当看到预热处有红点被氧气吹掉时，可以开大切割氧阀门。随着氧气流的加大，当从割件的背面飞出鲜红的铁渣时，说明割件已经割透，即可根据工件的厚度，以适当的速度移动割炬向前切割，气割过程实际就是连续燃烧吹渣的过程。

图 2-33　预热起割

（6）切割过程

为了保证切割质量，在气割过程中，割炬移动的速度要均匀，割嘴至割件表面的距离应保持一致。在切割中，要注意观察，如果切割的火花向下垂直飞去，则速度适当；若熔渣与火花向后飞，甚至上返，则速度太快，切口下部燃烧比上部慢，致使割纹深度增大，甚至割不透；若切口两侧棱角熔化，边缘部位产生连续珠状钢粒，则说明速度太慢。火焰切割中，操作者若需移动身体位置，应先关闭切割氧阀门，待身体位置调整好后，再重新预热、起割。

（7）靠尺的使用（图 2-34）

图 2-34　靠尺使用

利用靠尺切割直线，从切割线偏移 1/2 割嘴直径，划出火焰切割辅助线，将靠尺一棱边与之对齐；钢板预热后，打开切割氧开关，观察风线与切割线的位置，一般切口宽为 0.5 ~ 1 mm，适当微调靠尺；割嘴轻靠靠尺、钢板预热后，匀速移动割炬形成切口，火焰切割的工件如图 2-35 所示。

图 2-35　火焰切割的工件

（8）割规的使用

利用割规切割圆弧，尽量避免在钢板上直接穿孔，可采用在切割圆弧的起点内侧或外侧用钻床钻出直径 6 ~ 10 mm 的引弧孔（见图 2-36）。将割规旋转针脚放入样冲眼内，用观察法调整切割半径；预热，手持割炬做匀速圆周运动，身体重心下沉并随脚的移动而变动，形成切口（见图 2-37）。

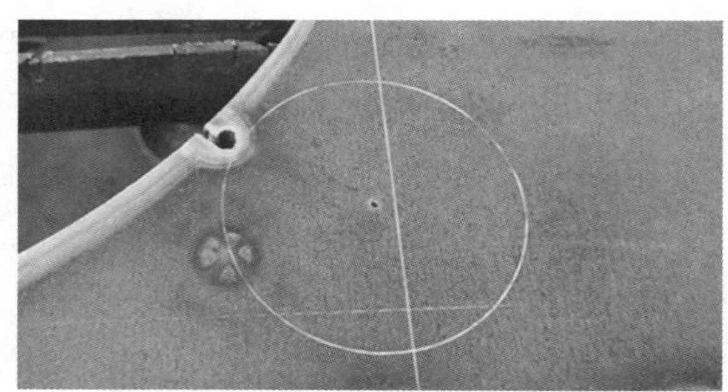

图 2-36　用割规切割圆弧时先钻出引弧孔

5. 安全要求

（1）氧气瓶不能与乙炔瓶以及其他易燃品放在一起或同车运输。

（2）氧气瓶不得在烈日下曝晒或用火烤，防止气体膨胀而引起爆炸。冬季使用气瓶时，若瓶阀已冻结，可用热水或水蒸气加热解冻。

（3）开启氧气阀时，应慢慢打开，操作者不能面对气口，以免氧气冲击。

（4）氧气瓶中氧气不允许全部用完，应至少剩余 0.1 MPa 压力的氧气，以防氧气混入乙炔或其他可燃气体而引起爆炸，也可防止混入空气而降低氧气纯度。

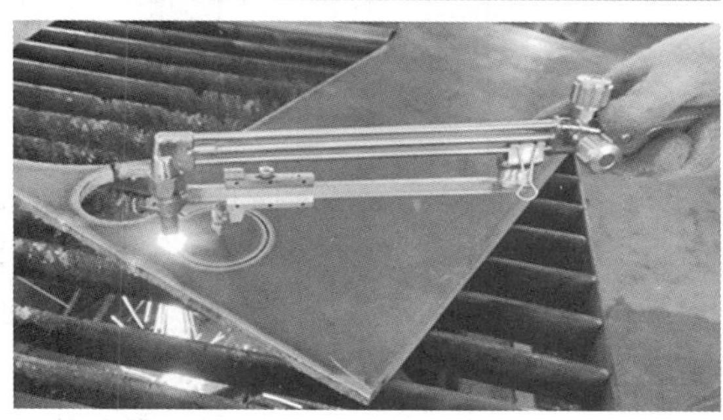

图 2-37　用割规切割圆弧

（5）正确使用橡胶软管，氧气和乙炔软管分别是蓝色和红色。

（6）乙炔软管与减压阀的中间必须安装回火保险器。

五、火焰切割实例

采用火焰切割对图 2-38 所示零件进行切割。

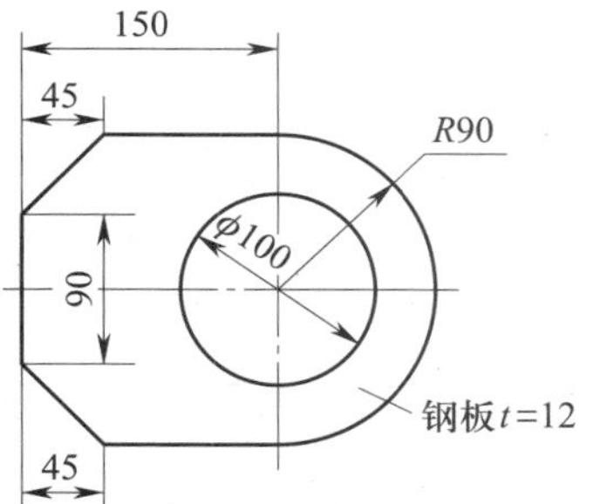

技术要求

1.各尺寸公差为±0.5mm。

2.切割面凸凹不平处不大于1mm。

图 2-38　火焰切割工件图

1. 准备工作

（1）火焰切割设备。

（2）辅助工具：钢直尺（90°角尺）、圆规、游标卡尺、高度游标卡尺、划针、靠尺、割规、电子点火器。

2. 工件的划线

第一步：在板材上划出中心线。

第二步：确定圆心并冲点，划 ϕ100 mm、R90 mm 的圆和圆弧。

第三步：确定 180 mm 尺寸处两点，并作两水平线。

第四步：作两斜角处的 4 个点，并作两斜线，如图 2-39 所示。

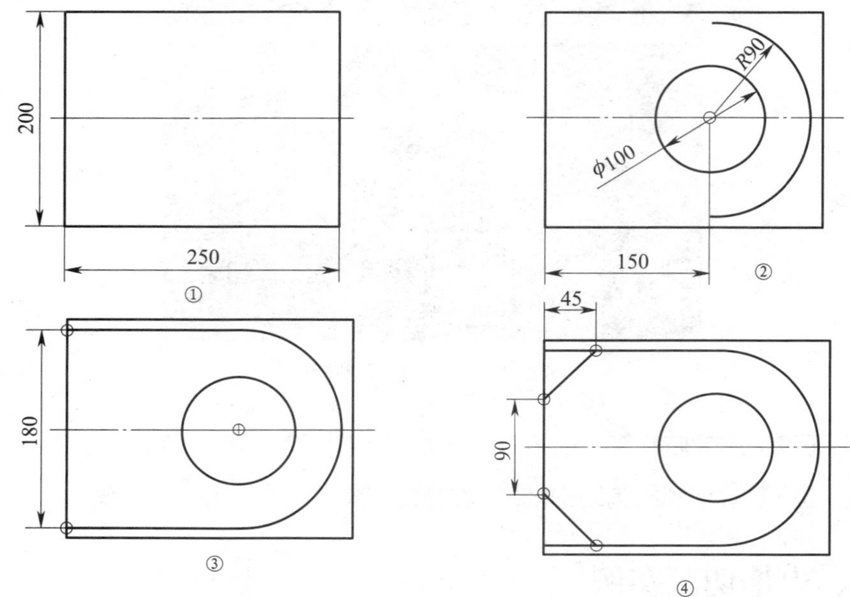

图 2-39　工件的划线顺序

最后，对照图样检查已划好的全部线条，确认无误和无漏线后，在所划好的全部线条上做标记，划线结束。

3. 火焰切割步骤与方法

（1）确定火焰切割顺序

火焰切割工件因局部受高温影响，割后产生较大的变形，若对火焰切割顺序作合理选择，则可减小割件的这种变形。本工件的火焰切割顺序如图 2-40 所示。

（2）直线切割

1）起割。操作者平端割炬（见图 2-41），使割嘴垂直于割件表面，割嘴与割件距离保持在 3 ~ 5 mm。将靠尺放在距割线 10 mm 处，待预热起割位置呈亮红色时，慢慢开启切割氧气调节阀转正常切割，起割后割嘴的移动速度要均匀。

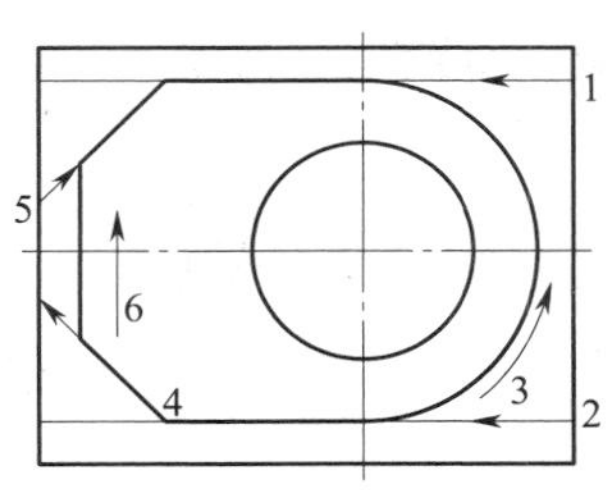

图 2-40　工件的火焰切割顺序

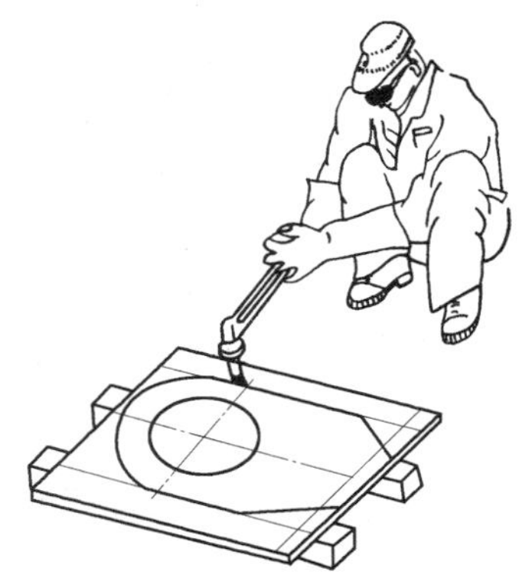
图 2-41　工件的火焰切割姿势

2）切割过程。为了保证切割质量，在火焰切割过程中，割嘴至割件表面的距离应保持一致。在切割中，要注意观察，如果切割的火花向下垂直飞去，则速度适当；若熔渣与火花向后飞，甚至上返，则速度太快，切口下部燃烧比上部慢，致使后拖量增大，甚至割不透；若切口两侧棱角熔化，边缘部位产生连续珠状的钢粒，则说明速度太慢。火焰切割中，操作者若需移动身体位置，应先关闭切割氧阀门，待身体位置调整好后，再重新预热、起割。

3）停割。割嘴沿火焰切割方向后倾一个角度使割件下部提前割透，以使切口在收尾处较整齐。火焰切割结束后，应迅速关闭切割氧调节阀并将割炬抬高，再关闭乙炔调节阀，最后关闭预热氧调节阀。

（3）内孔的火焰切割

1）起割。火焰切割内孔时，调节好割规的距离，先在割件孔内的废料部分，离火焰切割线适当距离割一小透孔，将割嘴垂直于割件表面，对欲开孔部位进行预热，然后将割嘴稍向旁移并略倾斜，再逐渐开大切割氧气阀门吹除熔渣，直至将钢板割穿，再过渡到切割线上切割。

2）切割过程。切割内圆孔时，身体要保持稳定，割速要均匀。当割嘴沿切割线作圆周运动时，身体重心也应随着变动，但手臂及下蹲姿势不应有较大的改变。

3）停割。当火焰切割接近收尾时，应略开大切割氧阀门，割速也应略快，迅速吹掉熔渣，防止收尾处热量集中而使局部熔化，产生粘连。

4. 安全操作注意事项

（1）每个氧气减压器或乙炔减压器上只能连接一把割炬。

（2）必须分清氧气胶管和乙炔胶管，新胶管使用前应将管内杂质和灰尘吹尽，以免堵塞割嘴，影响气流流通。

（3）氧气瓶集中存放的地方，10 m 以内不允许有明火，更不得有弧焊电缆从瓶下通过。

（4）火焰切割操作前应检查气路是否有漏气现象。检查割嘴有无堵塞现象，必要时用通针疏通割嘴。

（5）火焰切割时必须穿戴规定的工作服、安全防护鞋、手套和护目镜。

（6）点火时可先开适量乙炔，后开少量氧气，避免产生丝状黑烟，点火严禁用烟蒂，避免烧伤手。

（7）火焰切割过程中发生回火时，应先关闭乙炔阀，再关闭氧气阀。

（8）火焰切割结束后，应将氧气阀和乙炔阀关紧，再将减压器调节螺钉拧松。

（9）工作时，氧气瓶与乙炔瓶的间距应在 5 m 以上。

（10）火焰切割时，注意垫平、垫稳钢板，避免工件割下时钢板突然倾斜，伤人或碰坏割嘴。

课题三
砂轮切割

砂轮切割采用高速旋转的砂轮片（切割片）切割钢材。在熟练的手工操作中，切割片可进行快速、准确的切割，而且切割得整齐。但切割时不能拐弯或用力过大，不能切割超过 20 mm 厚的硬质材料，否则一旦卡住，会造成切割片碎裂飞溅或者机器弹开失控，可能损坏物品甚至伤人。

一、角磨机（见图 2-42）

1. 角磨机简介

角磨机又称研磨机或盘磨机，主要用于切割、研磨及刷磨金属与石材等，适合小空间作业。

角磨机常见型号按照所使用的附件规格划分为 100 mm（4 in）、125 mm（5 in）、150 mm（6 in）、180 mm（7 in）及 230 mm（9 in）。

a)　　b)

图 2-42　砂轮切割设备

a）切割机　b）角磨机

2. 角磨机的主要结构

角磨机一般由切割片、防护罩、主轴锁、辅助握把、机身、开关六部分组成。

（1）切割片。用于切割金属材料或非金属材料。

（2）防护罩。有效减少对使用者的伤害，保护使用者的安全。

（3）主轴锁。用于快速更换切割片，在高速运转中禁止使用。

（4）辅助握把。增加角磨机使用时的稳定性。

（5）机身。角磨机的重要组成部分，内置转子和定子及电刷等部件。

（6）开关。控制角磨机的启动与停止。

3. 角磨机的安装及切割片的更换（见图 2-43）

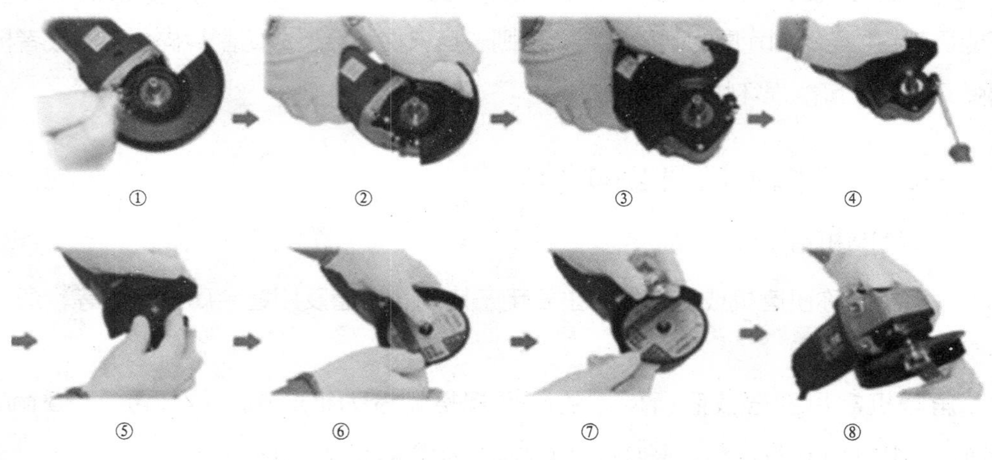

图 2-43　角磨机、切割片安装图

第一步：将随机佩戴的防护罩取下，放好。

第二步：右手扶好机身，左手按照逆时针方向旋转防护罩。

第三步：将机器的防护罩旋转至如图 2-43 ③所示的正确位置。

第四步：查看防护罩上螺钉是否松动，如松动可用螺钉旋具拧紧。

第五步：将压块放好。

第六步：取出一张切割片，如图 2-43 ⑥所示放好。

第七步：将另一个压块如图 2-43 ⑦所示放好。

第八步：用左手按住输出轴锁，右手使用扳手顺时针拧紧并检查是否牢固。

4. 常用工具及耗材

（1）常用工具及耗材（见图 2-44）

常用工具有钢直尺（90°角尺）、圆规、游标卡尺、高度游标卡尺、划针、大力钳或台虎钳、角磨机扳手。耗材有电刷和切割片。

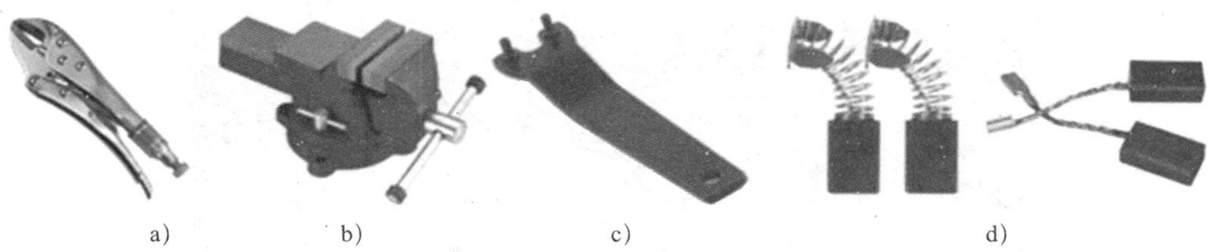

图 2-44　常用工具及配件

a）大力钳　b）台虎钳　c）角磨机扳手　d）电刷

（2）电刷的更换

角磨机在使用过程中，会出现电刷损坏，此时需要更换新的电刷来确保角磨机的正常使用，角磨机电刷的固定方式分为内置和外置两种。

1）内置式电刷更换步骤如图 2-45 所示。

2）外置式电刷更换步骤如图 2-46 所示。

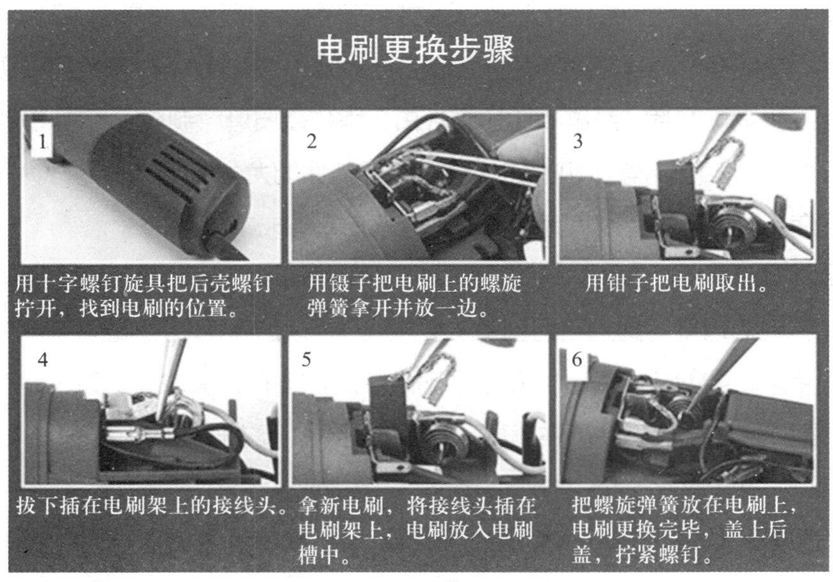

图 2-45　内置式电刷更换步骤

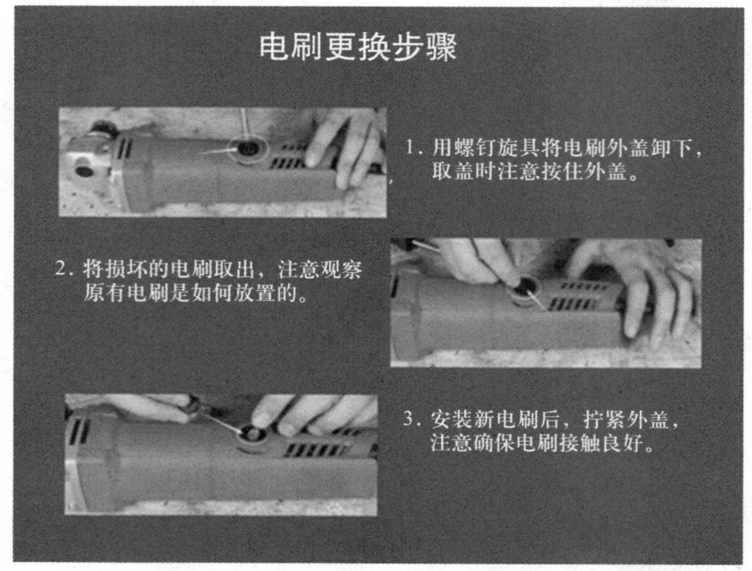

图 2-46　外置式电刷更换步骤

（3）切割片

切割片主要是玻璃纤维和树脂，用这两种做成增强结合材料，性能优良，具有很高的抗拉、抗冲击和抗弯强度，最高旋转速度可达 80 m/s，安装在各式磨光机上作自由磨削，使用方便，广泛用于普通钢材、不锈钢金属和非金属的生产下料。

1）切割片的种类。切割片根据材质主要分为纤维树脂切割片和金刚石切割片。

①纤维树脂切割片。纤维树脂切割片由树脂和硬质磨料制成（见图 2-47），主要用于合金钢、不锈钢等难切割的材料，其切割性能尤为显著。切割分为干式、湿式两种。使用这种切割片能大大提高切割效率，节省成本。

②金刚石切割片。如图 2-48 所示，金刚石切割片广泛应用于石材、混凝土、陶瓷等硬脆材料的切割。金刚石切割片主要由基体与刀头两部分组成。基体是主要支撑部分，用来粘结刀头，而金刚石颗粒则由金属包裹在刀头内部。刀头是在使用过程中起切割作用的部分，会产生消耗，而基体则不会产生损耗。

2）切割片的规格。切割片规格由三个参数组成，这三个参数分别代表切割片的外径、厚度以及孔径，比如某种切割片的规格：100 mm×1.2 mm×16 mm，代表切割片的外径为 100 mm，厚度为 1.2 mm，孔径为 16 mm。常用切割片的规格（单位：mm）有：400×3.2×32、350×3.2×25、300×3.2×25、250×2×25、180×3×22、150×3×22、125×2.5×22、100×2.5×16、125×1.2×22。

图 2–47 树脂切割片

图 2–48 金刚石切割片

二、砂轮切割基本训练

1. 切割步骤与方法

（1）切割工件

3 ~ 5 mm 厚不锈钢板，如图 2–49 所示。

切割时需利用台虎钳或 F 型钳等夹具固定。

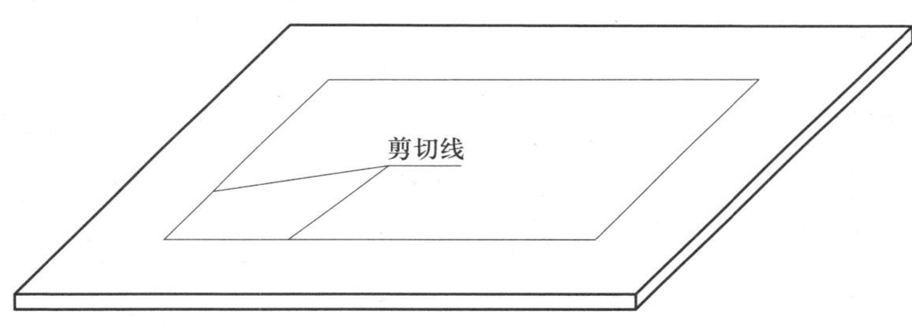

图 2–49 不锈钢板切割

（2）切割步骤

1）在不锈钢拐角处，可用直径 4 mm 钻头钻出切线圆孔（见图 2–50）。

2）切割片在拐角处附近沿切线方向做往返运动进行切割（见图 2–51）。

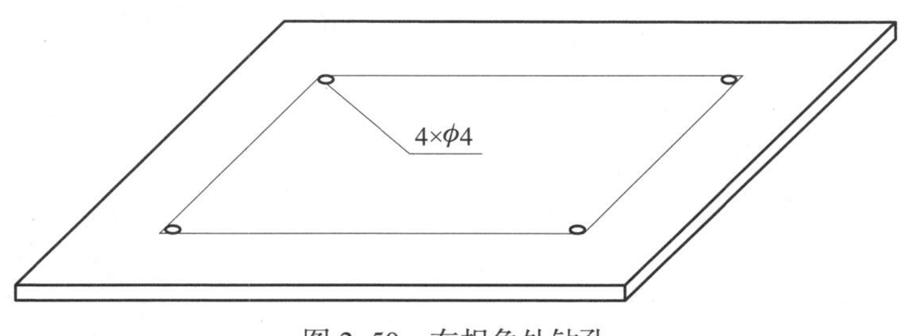

图 2–50 在拐角处钻孔

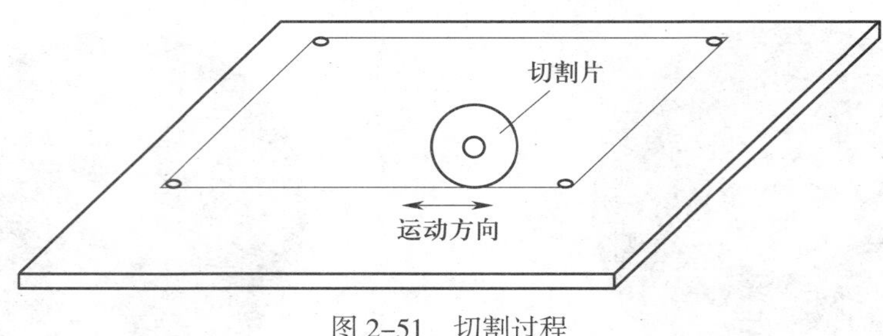

图 2-51　切割过程

3）打磨毛刺，检测尺寸。

2. 角磨机安全操作规程

（1）使用前一定要检查角磨机是否有防护罩，防护罩是否稳固，以及角磨机的磨片安装是否稳固。

（2）使用前检查确认角磨机的外壳、手柄以及电缆软线、插头等完好无损。

（3）严禁使用已有残缺的砂轮片，切割时应防止火星溅到他人，并远离易燃易爆物品。

（4）要戴好护目镜，穿好合适的工作服，不可穿过于宽松的工作服，严禁戴手套进行操作。

（5）被切割工件应可靠夹紧，夹紧工具的手轮、丝杆、螺母等应完好，螺杆螺纹不得有滑丝、乱扣现象。切割时砂轮用力应均匀、平稳，切勿用力过猛。

（6）角磨机刚启动时会有较大摆动，要用力握稳，等待砂轮转动稳定后才能开始切割。

（7）严禁利用切割片的平面修磨工件的毛刺，以防止切割片碎裂。切割作业时，应保持切割片与被切工件表面垂直，并不得横向摆动。

（8）切割方向不能朝向他人。

（9）操作者应站在侧面，以防切割片破碎飞出伤人。

（10）中途更换新切割片时，必须切断电源，不要将锁紧螺母过于用力，防止切割片崩裂发生意外。

（11）防护罩必须安全可靠，能挡住切割片破碎后飞出的碎片。端部的挡板应牢固地装在罩壳上。

（12）切割时出现声音异常或有过大振动或漏电时，应立刻停机检查。

（13）使用切割机在潮湿地方工作时，必须站在绝缘垫或干燥的木板上进行。登高或在防爆等危险区域内使用时必须做好安全防护措施。

（14）工作完成后自觉清理工作场地。

三、砂轮切割实例

采用角磨机对图 2-52 所示零件进行切割。

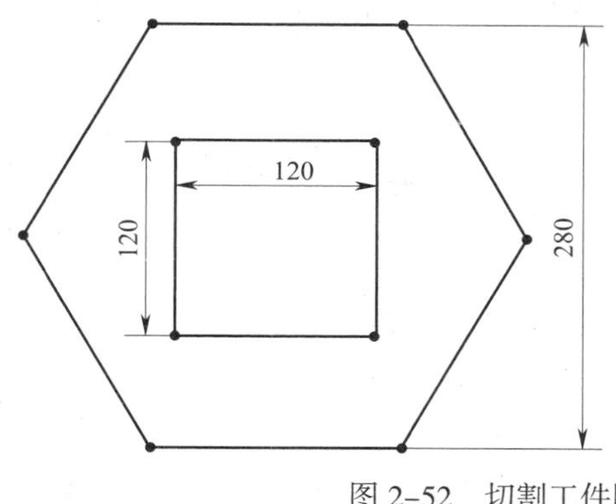

图 2-52　切割工件图

1. 准备工作

按要求准备好角磨机、待切材料以及辅助工具，操作人员按要求佩戴好个人防护用品。

2. 操作过程

（1）工件的划线

1）第一次划线：根据图样要求，先画直径为 300 mm 的圆，将圆六等分后用直线依次连接六个等分点，画出六边形。

2）第二次划线：在六边形中间处画出边长为 120 mm 的正方形。

3）对照图样检查已划好的全部线条，确认无误和无漏线后，在所划好的全部线条上做标记。

（2）切割步骤与方法

1）切割步骤

①先切割边长为 120 mm 的正方形孔。

②再切割外侧六边形。

2）切割方法

第一步：切割正方形框。

用台虎钳或 F 型钳将板料可靠固定，按照切割顺序进行切割（见图 2-53）。切割片与切割线对准。然后，将切割片缓慢压入板料，当切割透以后缓慢而稳定地沿直线行走，直至板料切断。

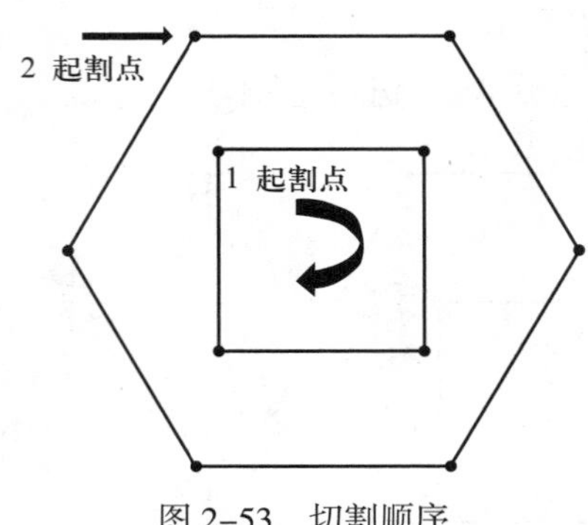

图 2–53　切割顺序

第二步：切割六边形。

完成正方形孔的切割后，检查工件是否松动，并应再次进行可靠紧固。然后进行六边形的切割。切割时应注意工件尺寸及切割断面的平整度。切割产生的火花应朝向下方，不得对准人或物。

3. 注意事项

（1）开动角磨机前要认真检查，启动后，应观察角磨机运转状态是否良好，确认正常，方可使用。

（2）切割作业中要保持精力集中，切割片必须与切割件表面保持垂直，不得斜切。

（3）切割前，应清理一切妨碍工作的杂物及易燃易爆的物品。

（4）切割结束后，工具、工件要摆放整齐，并按照 6S 标准清理好工作现场。

课题四
锯　　削

一、锯削加工的基本知识

锯削是用手锯或机械锯切设备对工件或材料进行分割的一种切削加工。锯削设备一般采用硬质合金圆锯片作为锯削刀具，采用气压传动实现对型材的夹紧和工进，采用电动机与锯片同轴或带增速的高速切割，使得切割面光滑，切削质量高。

在金属加工生产中，锯削是金属加工应用的主要下料方法之一。它具有生产效率高、剪断面比较光洁，能切割方钢、圆管及各种型材等优点。

二、锯削设备（见图 2-54）

a)

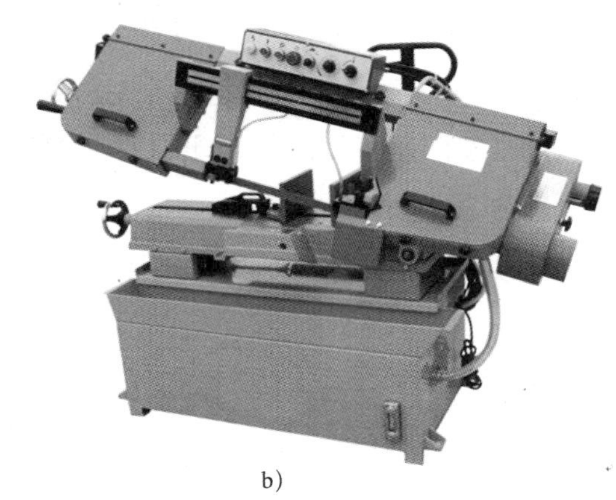

b)

图 2-54　常见的锯削设备

a）立式锯削机　b）卧式锯床

本课题以 MC-315 型圆锯机为例介绍锯削设备。圆锯机功能参数见表 2-18。

表 2-18　圆锯机功能参数　　mm

项目	符号	MC—315 型产品参数	
刀片位置	/	90° 直切	45° 斜切
圆管直径	◎	90	70
角铁边长	<	70 × 70	60 × 60
方形边长	□	70 × 70	60 × 60
矩形边长	□	60 × 70	60 × 60
圆棒边长	●	30	30
方棒边长	■	50	45

1. 圆锯机的工作原理

工作时，工件固定在压料装置上，电动机带动金属锯片转动，利用手动向下运动下行剪切。切削速度一般在 50 ~ 100 m/min。可切割 30° ~ 90°的角度。

2. 圆锯机的主要结构组成

圆锯机一般由机身、切削机构、夹紧装置、水冷装置、锯削角度调整装置五部分组成。

（1）机身

机身大多采用 5 ~ 6 mm 钢板焊接而成，稳固美观，能保证加工不产生倾斜或扭曲变形。固定工作台大多为铸件，要求平整、不变形。

（2）切削机构

切削机构通常包括锯座及其倾斜调整机构、锯片及其升降机构、锯片调速机构。

（3）夹紧装置

夹紧装置由夹紧把手、滑轨、V 形槽块及夹紧丝杠组成，主要起夹紧固定工件的作用。

（4）水冷装置

水冷装置由水箱、软管、循环泵及固定支架组成，具有对锯片进行冷却，以延长使用寿命的作用。

（5）锯削角度调整装置

锯削角度调整装置用于调节切口角度。

3. 高速钢圆锯片

高速钢圆锯片是一种含有碳（C）、钨（W）、钼（Mo）、铬（Cr）、钒（V）等元素的锯片，具有很高的硬度及热硬性。高速钢在切削温度高达 600 ℃以上时，硬度仍无明显下降，用其制造的锯片切削速度可达 60 m/min 以上，适用于普通钢材、不锈钢、铝、铜、塑料、木材等材料的锯削。

4. 辅助工具

辅助工具包括钢直尺（90°角尺）、圆规、游标卡尺、高度游标卡尺、划针、量角器等。

三、锯切圆管操作

1. 操作顺序（见表 2-19）

表 2-19　锯切圆管操作顺序

操作步骤及要领	图示
（1）检查制动开关是否处于关闭状态 制动开关：0 挡表示关闭状态，1 挡表示慢锯削速度，2 挡表示快锯削速度 一般都采用 1 挡进行锯削	
（2）根据图样要求，调整锯削角度 松动调整把手，然后转动锯削装置，待刻度指针指到所需角度时把手紧固 再次检查确认角度是否正确及锯削装置是否牢固	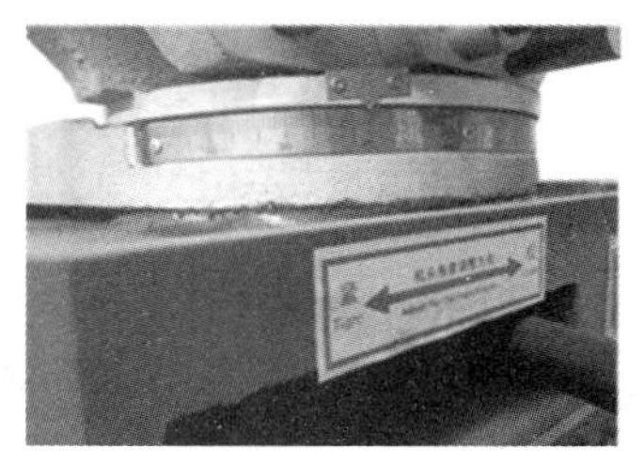
（3）装夹工件（圆管） 通过转动把手，将工件夹持在 V 形槽中，夹持力度要适中。如果夹持力较小，则工件在锯切过程中易出现松动，从而影响锯削质量。如果夹持力过大，则工件可能会发生变形	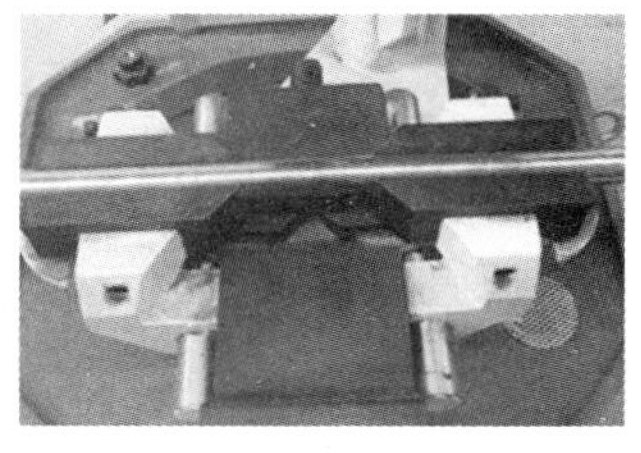

续表

操作步骤及要领	图示
（4）锯削工件（圆管） 操作者握住把手同时按下电源开关，待切削液正常工作后，用力向下压锯削机构开始锯削，开始时动作要轻些，当锯齿全部进入工件内时可稍加些向下的力	

2. 圆锯机安全操作规程

（1）必须由经过培训的专人单机操作，操作人员应熟悉设备的一般性能和结构，掌握设备故障的预防、判断和紧急处理措施。

（2）操作设备时应戴上护目镜，不可穿宽松衣服，长发不可外露，以防卷入机器。

（3）操作设备前，应在电源关闭的状态下，加注切削液，切削液高度不低于水箱高度的 2/3。

（4）安装锯片时要切断电源，用干净的纱布将锯片、锯片轴和安全护盖擦干净，锯片方向要与所标箭头方向一致并且紧固可靠；开机前必须检查锯片安全护盖是否装妥。

（5）被锯削工件必须牢固夹紧，不能使用钝了的锯片。

（6）锯削时先供切削液，再缓慢下沉机头，直到锯片将被切物全部切断，然后使机头缓慢上升，再关闭开关，使机器停止。拿取锯切好的工件时，必须按下紧急制动按钮，防止误踩脚踏开关，机头下降伤人。

（7）锯片转速的选择：锯片转速有快、慢两挡可供选择。快挡适用于管壁 2 mm 以下的一般圆管，慢挡适用于管壁较厚或实心棒料等材料的锯切。

四、锯切实例

采用圆锯机对图 2-55 所示零件进行锯削。

1. 准备工作

按要求准备好圆锯机 MC-315、待切材料以及辅助工具，操作人员按要求佩戴好个人防护用品。

2. 操作过程

（1）计算管中心下料长度为 110+20（两端余量）=130 mm，利用高度游标卡尺，以 1/2 管外径，在管两侧对称划出素线 1 和素线 2，如图 2–56 所示。

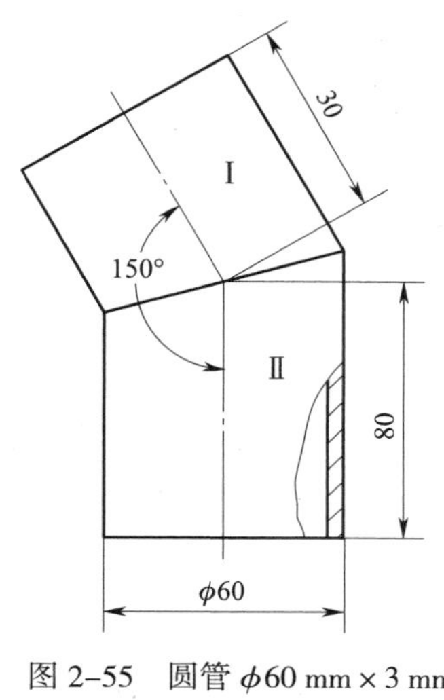

图 2–55　圆管 φ60 mm × 3 mm 切割工件图

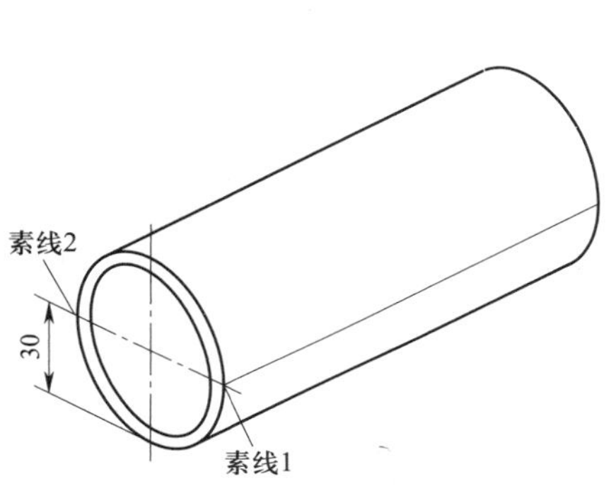

图 2–56　划线示意图（一）

（2）在素线 1 上，根据尺寸依次用划针标出 *A*、*B*、*C*、*D* 四点，如图 2–57 所示。

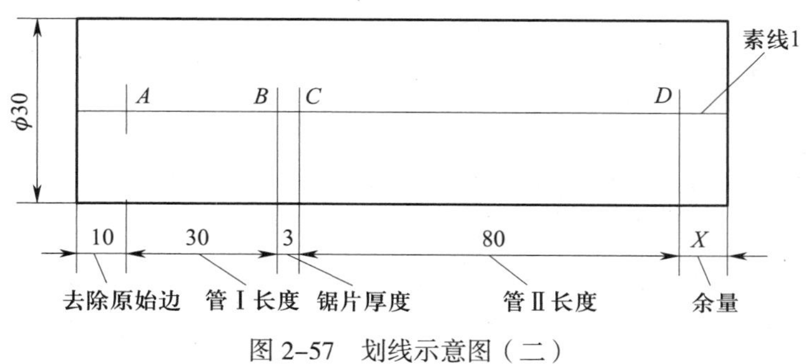

图 2–57　划线示意图（二）

（3）先用 90°位置正切管两端余量，再切割中间斜口；如果管节较短，也可依次切割。松开刻度盘锁紧装置，将刻度对准 90°位置并可靠固定，如图 2–58 所示。

（4）将管放入夹钳中，将管素线 1 位置的 *A* 点对正锯片右侧；同样方法将 *D* 点对正锯片左侧，切除两端余量，如图 2–59 所示。

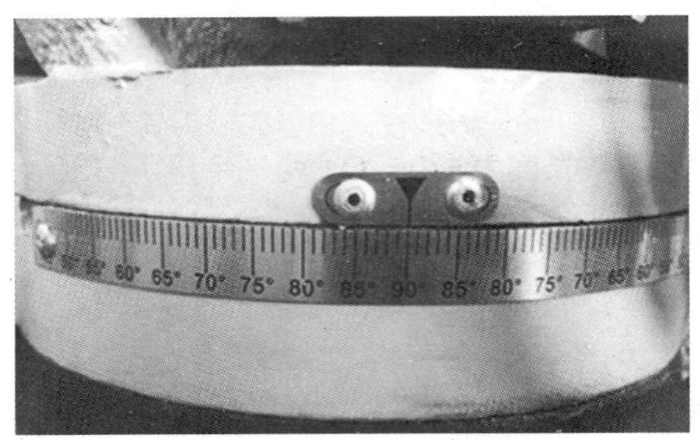
图 2-58　调整切割角度

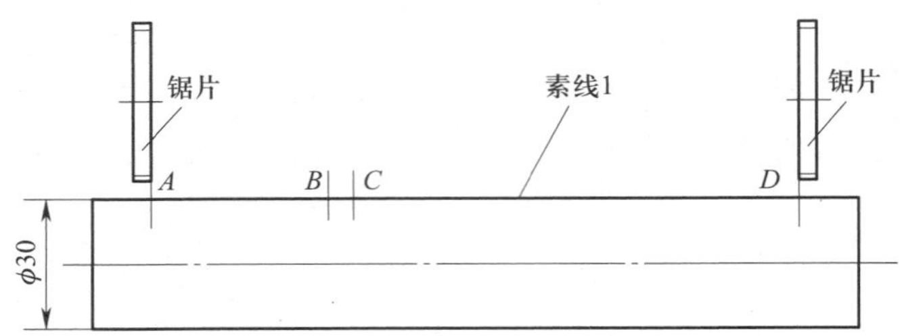

图 2-59　两端锯削示意图

（5）松开角度盘锁紧装置，旋转角度至 75°再次锁紧，旋紧夹管装置，将锯片两侧分别与 B、C 两点对齐，轻压开始切割，如图 2-60 所示。

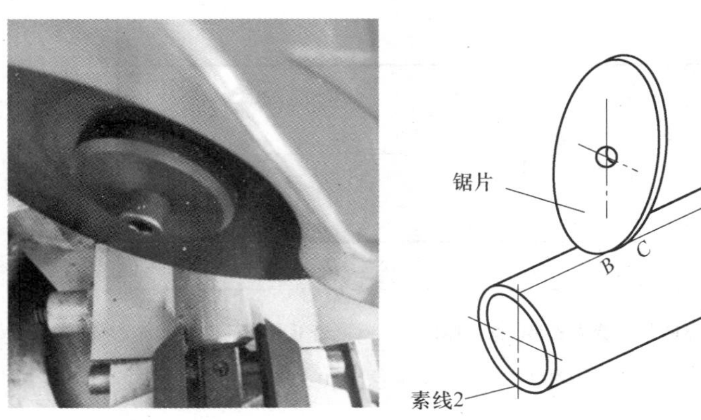

图 2-60　中间锯切示意图

（6）将管 I 旋转 180°，两管表面素线对正组装，便得到所需构件，如图 2-61 所示。

3. 质量要求

（1）工件表面不能有变形和损伤。

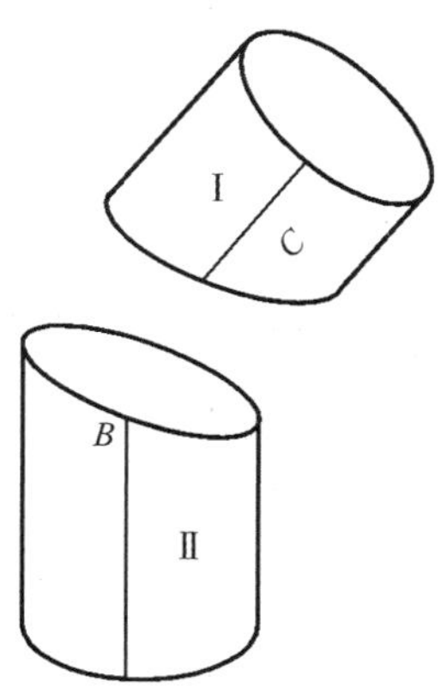

图 2-61 构件组装示意图

（2）锯削后，端面需要打磨，去除毛刺。

（3）锯削长度、角度等符合图样要求。

4. 注意事项

（1）开动圆锯机前，对各部分要认真检查，启动开关后，应检查冷却装置及运转状态是否良好，确认正常后方可使用。

（2）锯削作业中，要集中精力，进刀要均匀适中，操作者应站在侧面进行锯削，严禁身体正对锯削工件。

（3）不得锯削过硬或经过淬火的材料。

（4）锯削结束后，锯削工件要摆放整齐，并按照 6S 标准清理工作现场。

第三单元

钻孔、攻螺纹

课题一
钻　　孔

孔加工是金属构造项目的重要操作技能。在实体工件上一般采用麻花钻、中心钻等钻孔。

一、钻床

常用的钻床有立式钻床、台式钻床和摇臂钻床三种，如图 3-1 ~图 3-3 所示。

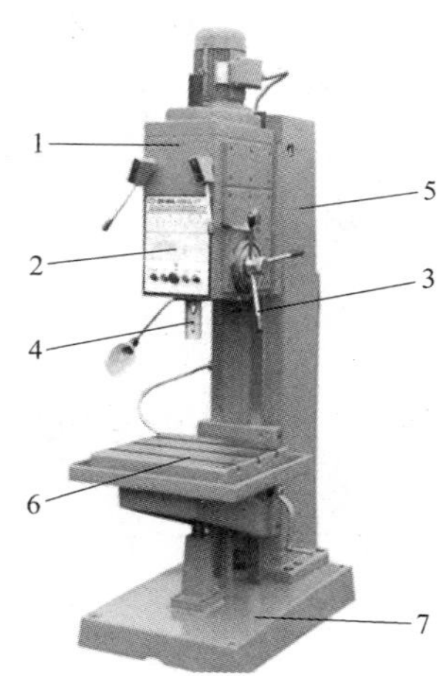

图 3-1　立式钻床

1—主轴变速箱　2—进给变速箱　3—进给变速手柄　4—主轴　5—立柱（床身）　6—工作台　7—底座

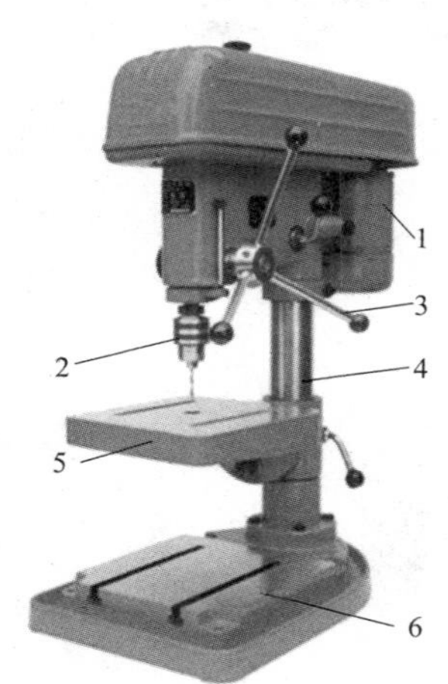

图 3-2　台式钻床

1—主轴电动机　2—主轴　3—进给手柄　4—立柱　5—回转工作台　6—底座

1. 立式钻床

（1）立式钻床（见图 3-1）最大钻孔直径可达 50 mm。立式钻床可以自动进给，主轴的转速和自动进给量都有较大的调节范围，能适应各种中型零件的钻孔、扩孔、锪孔、铰孔、攻螺纹等加工作业。由于它的功率较大，机构也较完善，因此可获得较高的效率及加工精度，适合于批量加工。

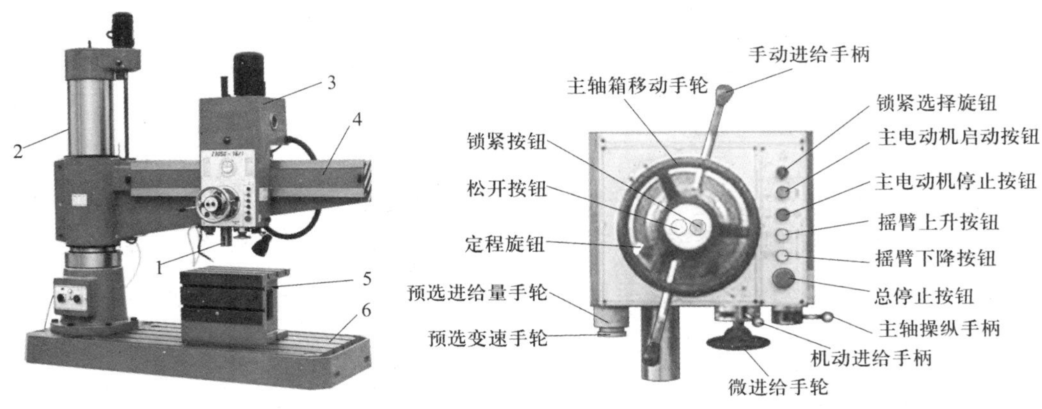

图 3-3　摇臂钻床

1—主轴　2—立柱　3—主轴箱　4—摇臂　5—工作台　6—底座

（2）立式钻床的使用

操作立式钻床加工时，须先调整工件在工作台上的位置，使被加工孔中心线对准刀具轴线。加工时，工件固定不动，主轴在套筒中旋转并与套筒一起作轴向进给。

1）主轴调速。主轴变速箱 1 前方有两个变速手柄，参照机床的变速标牌，调整手柄位置，可使主轴 4 获得不同的转速。

2）进给量调整。进给变速箱 2 位于主轴变速箱下方，安装在立柱 5 的导轨上。进给变速箱的位置高度，可按被加工件的要求进行调整。调整前须首先松开锁紧螺钉，待调整到所需位置，再将锁紧螺钉紧固。进给变速箱后面的手柄为主轴正、反转启动或停止控制手柄。正面有两个变速手柄，扳动手柄，可获得所需的机动进给速度。

3）在进给变速箱的右侧有三星式进给变速手柄 3，这个手柄连接箱内的进给装置，统称进给机构。用它可选择机动进给、手动进给、超越进给或攻螺纹等不同的操作方式。

4）工作台 6 安装在立柱导轨上，可通过安装在工作台下面的升降机构进行操纵，转动升降手柄即可调整工作台的高低位置。

5）在立柱左边底座凸台上装有冷却泵和冷却电动机。启动冷却电动机即可输送切削液对钻头进行冷却、润滑。

（3）立式钻床的保养

1）立式钻床使用前必须空运转试车，在机床各机构均能正常工作时方可操作。

2）工作中不采用机动进给时，必须将三星式进给变速手柄端盖向里推，断开机动进给传动机构。

3）经常检查润滑系统供油情况，定期更换润滑油。

2. 台式钻床

台式钻床（见图 3-2）结构较简单，操作方便，一般用于钻 ϕ12 mm 以下的孔。由于台式钻床加工孔径较小，主轴转速较高，所以不适合进行铰孔和攻螺纹等操作。为保持主轴运转平稳，常采用 V 带传动，并由塔形带轮来进行速度变换。台式钻床主轴的进给只有手动进给，一般都具有控制钻孔深度的装置。

3. 摇臂钻床

摇臂钻床（见图 3-3）适用于单件、小批或中等批量生产的中大型工件以及多孔件的各种孔加工。摇臂钻床工作时，主轴箱可在摇臂上做横向移动，摇臂能绕立柱做 360° 旋转。这样可使钻头对准每一个被加工孔的轴线，以便进行孔加工。根据工件高度的不同，在松开锁紧装置后，摇臂可沿立柱做上、下移动，使主轴箱及钻头处于恰当的高度位置。摇臂钻床工作时工件可压紧在工作台上，也可以直接放在底座上，靠移动主轴来对准工件上的中心，使用时比立式钻床方便。摇臂钻床的主轴转速范围和进给量范围都很大，生产效率和加工精度都比较高。

摇臂钻床的保养方法如下：

（1）工作前按润滑标牌上的位置进行检查和润滑，并检查油窗，看油量是否充足。

（2）对于各个运动部件的灵活性要不间断地检查，以免在运行时发生故障。

（3）严禁戴手套工作。工件、钻头、夹具必须装夹牢固。

（4）经常检查电源、门盖等基本部位和控制开关是否灵活，有无松动问题。

（5）注意检查液压系统是否有漏油现象发生。

二、钻头及其刃磨

1. 钻头的结构

标准麻花钻简称麻花钻或钻头，在金属加工领域应用非常广泛。标准麻花钻由钻柄、切削部分、导向部分和颈部组成，如图 3-4 所示。

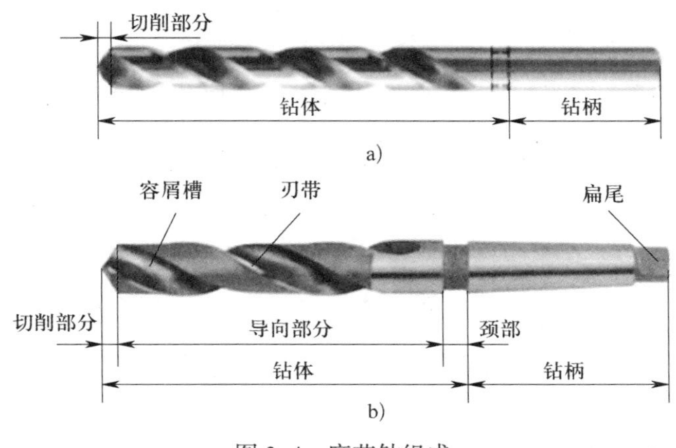

图 3–4 麻花钻组成

a）直柄麻花钻 b）锥柄麻花钻

（1）钻柄

麻花钻有直柄和锥柄两种。一般钻头直径小于 13 mm 的制成直柄，大于 13 mm 的制成锥柄。柄部是麻花钻的夹持部分，它的作用是定心和传递动力。

（2）颈部

颈部在磨削麻花钻时供砂轮退刀用，钻头的规格、材料及商标常打印在颈部。

（3）工作部分

工作部分由切削部分和导向部分组成。切削部分由两条主切削刃、两个前面、两个主后面、两个副后面和一条横刃组成。导向部分的作用是保证钻头钻孔时的正确方向并修光孔壁。在刃磨钻头时，导向部分逐渐磨为切削部分投入切削。导向部分有两条螺旋槽，作用是形成切削刃及容纳和排除切屑，便于切削液沿螺旋槽流入。同时，导向部分的外缘是两条刃带，它的直径略有倒锥。它既可以引导钻头切削时的方向，使它不致偏斜；又可以减少钻头与孔壁的摩擦。

2. 麻花钻的刃磨

麻花钻工作部分的结构如图 3–5 所示。

由于麻花钻存在横刃较长等缺点，因此，在使用前应根据工件材料和加工精度要求的不同，对其切削部分进行刃磨，以改善麻花钻的切削性能，提高钻削效率，延长其使用寿命。

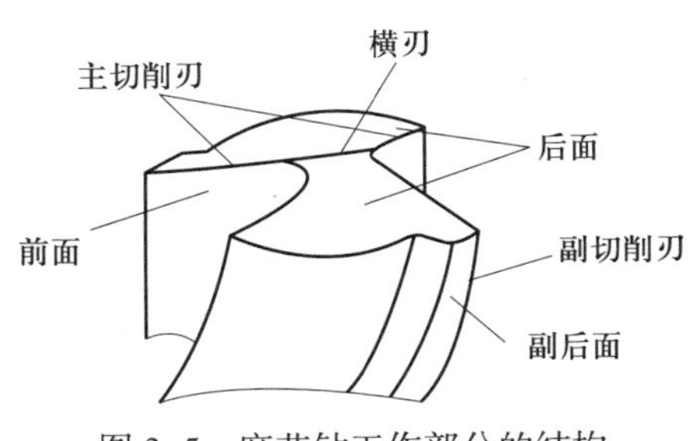

图 3–5 麻花钻工作部分的结构

（1）刃磨

标准麻花钻的刃磨方法及要求见表 3-1。一般情况下，麻花钻刃磨常在砂轮机上进行，砂轮的粒度为 46# ~ 80#，硬度为中等。刃磨时，主切削刃保持水平，麻花钻轴线与砂轮圆柱母线在水平面内的夹角约等于顶角 2φ 的一半，右手握住麻花钻的钻体作为定位支点，使其绕轴线转动，使麻花钻整个后面都能磨到，并对砂轮施加压力；左手握住钻柄做上下弧形摆动，将麻花钻磨出正确的后角。刃磨时，两手动作的配合要协调、自然。由于麻花钻的后角在不同半径处是不相等的，所以摆动角度的大小也要随后角的大小而变化。为防止在刃磨时将另一侧切削刃碰坏，一般采用前面向下的刃磨方法，如图 3-6 所示。

表 3-1　标准麻花钻的刃磨方法及要求

刃磨部位	刃磨方法及要求	图示
磨短横刃并增大靠近钻心处的前角	这是最基本的刃磨方式。刃磨后横刃的长度 b 为原来的 1/5 ~ 1/3，以减小轴向抗力和挤刮现象，提高麻花钻的定心作用和切削的稳定性。同时，在靠近钻心处形成内刃，内刃斜角 τ=20° ~ 30°，内刃处前角 γ_τ=−15° ~ 0°，切削性能得以改善。一般直径在 5 mm 以上的麻花钻均须修磨横刃	
刃磨主切削刃	主要是磨出第二顶角 $2\varphi_0$（70° ~ 75°）。在麻花钻外缘处磨出过渡刃（f_0=0.2d），以增大外缘处的刀尖角 ε，改善散热条件，增加刀齿强度，提高切削刃与刃带交角处的耐磨性，延长麻花钻使用寿命，减少孔壁的残留面积，减小孔的表面粗糙度值	
刃磨刃带	在靠近主切削刃的一段刃带上磨出副后角 α_{01}=6° ~ 8°，并保留刃带宽度为原来的 1/3 ~ 1/2，以减小对孔壁的摩擦，延长麻花钻的使用寿命	

续表

刃磨部位	刃磨方法及要求	图示
刃磨前面	刃磨外缘处前面，可以减小此处的前角，提高刀齿的强度，钻削黄铜时可以避免“扎刀”现象	磨去 A A A—A
刃磨分屑槽	在两个后面或前面上磨出几条相互错开的分屑槽，使切屑变窄，以利于排屑。直径大于 15 mm 的麻花钻都可磨出分屑槽	分屑槽 在后面磨分屑槽 分屑槽 在前面磨分屑槽

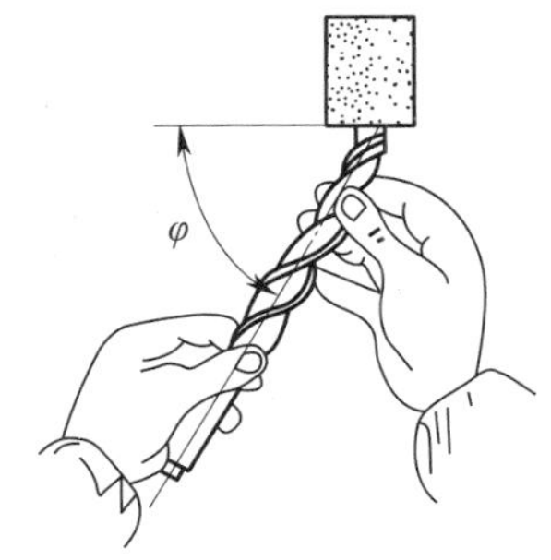

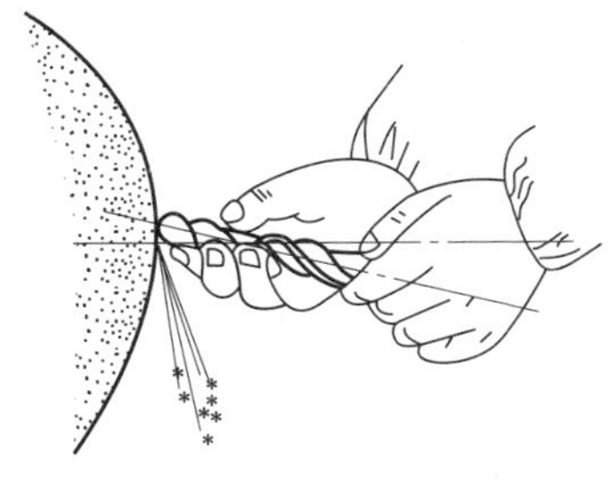

图 3-6　麻花钻刃磨方法

（2）刃磨质量检查

麻花钻刃磨质量的检查一般通过目测、样板测量以及试切削的方法来进行，主要检查切削角度、后面刃磨质量以及切削刃的对称性等。

（3）注意事项

1）刃磨麻花钻时一般采用氧化铝砂轮。砂轮旋转必须平稳，对跳动量大的砂轮必须进行调整。

2）刃磨钻头时压力不宜过大，并要经常蘸水冷却，防止因过热退火而降低其硬度。

3）刃磨过程中应随时检查麻花钻的几何角度。

3. 钻头的使用

（1）起钻及找正方法

起钻及找正时要先用钻头的钻尖对准所划中心线的样冲眼，右手控制操纵手柄，使钻头轻压在工件表面上，左手反转钻夹头，使钻尖再次自动对正中心样冲眼。找正后抬起操纵手柄，使钻尖与工件表面相离 10 mm 左右，启动钻床，进行正常钻削。

（2）钻孔

先使钻头对准钻孔中心钻出一浅坑，然后观察钻孔位置是否正确，并不断校正，使浅坑与划线孔位同心。手动进给时，进给用力不应使钻头产生弯曲，以免钻孔轴线歪斜。当孔将要钻穿时，必须减小进给量，如果此时为自动进给，最好改为手动进给。

（3）钻孔时可以使用水溶液、乳化液、合成切削液等，以改善工件与刀具的摩擦情况，抑制积屑瘤的产生，降低切削温度，延长刀具寿命。

4. 安全要求

（1）做好个人防护。

（2）操作钻床前，须将各操纵手柄移到正确位置，空转试车，在各部分机构都能正常工作时，方可操作使用。

（3）开机前，应检查并确认钻夹头钥匙或楔铁没有插在主轴上。

（4）操作钻床时不可戴手套，袖口必须扎紧，长发女生需要戴好工作帽并将头发塞入帽中。

（5）变换主轴转速或进给量时，必须在停车后进行调整。

（6）调整工作台位置后，必须将工作台锁牢。

（7）严禁在主轴旋转状态下装夹、检测工件。

（8）钻孔时必须用刷子清除切屑，切屑绕在钻头上要用钩子将其钩出或停车清除。

三、钻孔实例

使用麻花钻在台式钻床上进行如图 3-7 所示工件的钻削加工，达到图样要求。

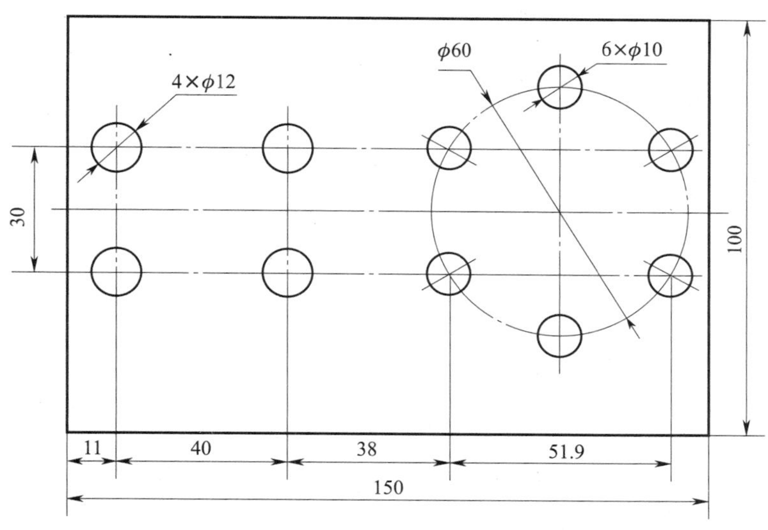

图 3-7 钻孔零件图

分析图样，图 3-7 中有 4 个 ϕ12 mm、6 个 ϕ10 mm 孔，精度要求不高，可以在台式钻床上用麻花钻进行孔加工，选用直径为 12 mm、10 mm 的钻头。操作步骤为划线→打样冲眼→装夹→钻孔。

1. 准备工作

（1）规格及材料：规格为 150 mm×100 mm×10 mm，材料为 Q235 钢。

（2）工、刃、量、辅具：台式钻床、机用虎钳、钻头（ϕ12 mm、ϕ10 mm）、划针、高度游标卡尺、样冲、锤子等。

2. 操作步骤

（1）工件划线

按钻孔的位置尺寸要求划出孔位置的十字中心线，并打上样冲眼，按孔的大小划出孔的圆周线，如图 3-8 所示；钻直径较大的孔时，还应划出几个大小不等的检查圆，用于检查及校正钻孔的位置，如图 3-9a 所示；当钻孔的位置尺寸要求较高时，为避免打样冲眼所产生的偏差，可直接划出以中心线为对称中心的几个大小不等的方格，作为钻孔时的检查线，然后将样冲眼敲大，以便准确落钻定心，如图 3-9b 所示。

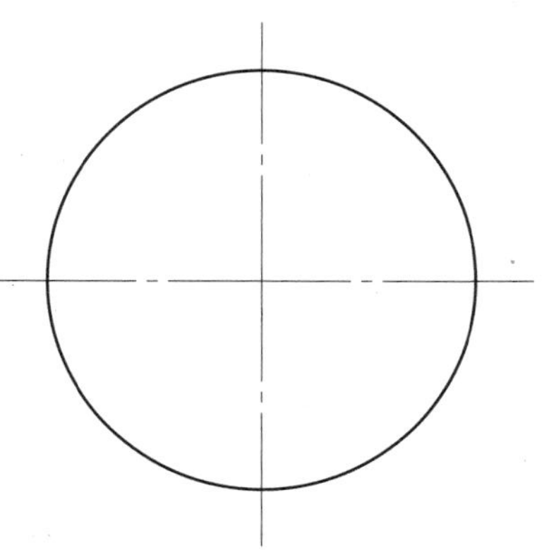

图 3-8 划孔的圆周线

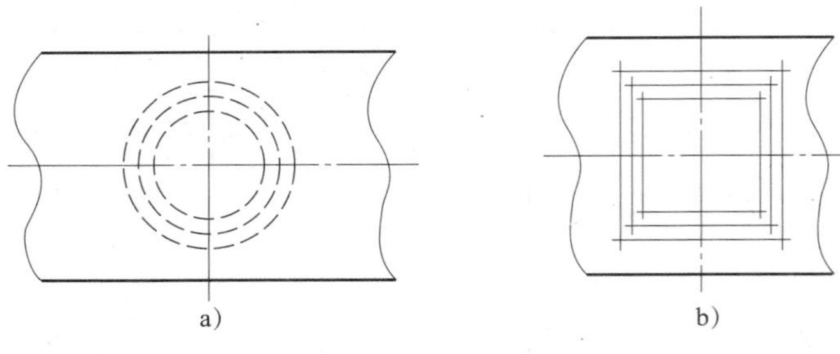

图 3-9　划孔的检查线
a）划同心检查圆　b）划检查方格

（2）工件的装夹

由于工件比较平整，可用机用虎钳装夹，如图 3-10 所示。

图 3-10　用机用虎钳装夹工件
a）工件的装夹　b）用铜棒或木棍敲击工件

把机用虎钳安放在钻床的工作台上，擦净钳口，将工件放入钳口内，使工件的被加工面朝上，按顺时针方向旋转螺杆将工件夹紧，如图 3-10a 所示，然后用铜棒或木棍敲击，听声音检查工件是否放平，如图 3-10b 所示。

装夹时，工件表面应与钻头垂直，钻直径大于 8 mm 的孔时，必须将机用虎钳固定，固定前应用钻头找正，使钻头中心与被钻孔的样冲眼中心重合。

（3）起钻

钻孔时，先使钻头对准钻孔中心，钻出一浅坑，观察钻孔位置是否正确，并不断纠正，直至起钻浅坑与划线圆同心。校正时，如偏位较少，可在起钻的同时用力将工件向偏位的相同方向推移，达到逐步校正的目的。如偏位较多，可在校正方向打几个样冲眼或用油槽錾錾出几条槽，以减小此处的切削阻力，达到校正的目的。无论用何种方法校正，都必须在浅坑外圆小于钻头直径之前完成，如图 3-11 所示。

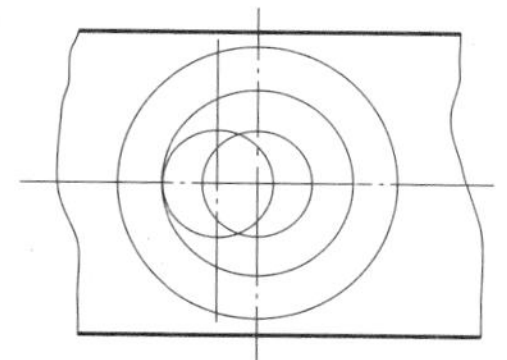 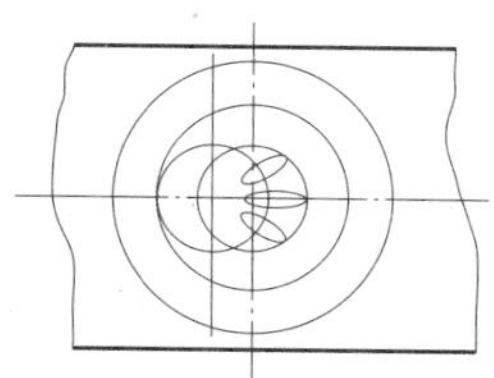 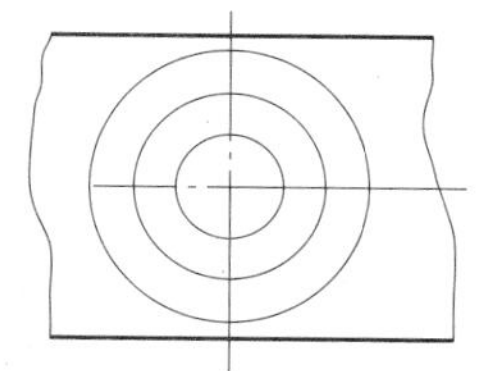

图 3-11 用油槽錾校正起钻偏位的孔

（4）手动进给钻孔

当起钻达到钻孔位置要求后，可夹紧工件完成钻孔，并加注乳化液。手动进给钻孔时，进给力不宜过大，以防止因钻头弯曲而使孔歪斜。即将钻穿时必须减小进给力，以防止钻头折断或使工件随钻头转动造成事故。

（5）钻孔完毕，退出钻头，按上述方法完成其他孔的加工。

（6）换倒角钻头，两边倒角。

（7）关闭钻床电动机，卸下工件，按图样要求检查工件。

3. 注意事项

（1）严格遵守钻床操作规程，钻孔时必须穿工作服、劳保鞋，戴好护目镜，严禁戴手套操作。

（2）工件必须夹紧，特别在小工件上钻较大直径孔时装夹必须牢固，孔将钻穿时，要逐渐减小进给力。

（3）启动钻床前，应检查是否有钻夹头钥匙或楔铁插在钻轴上。

（4）钻孔时切屑必须用毛刷清除，不可用手、棉纱或用嘴吹来清除切屑，钻出长条切屑时，要用钩子将其钩断后除去。

（5）操作者的头部不可与旋转着的主轴靠得太近，停车时应让主轴自然停止，不可用手刹住，也不能用反转制动。

（6）严禁在开车状态下装拆工件。检验工件和变换主轴转速，必须在停车状态下进行。

（7）清洁钻床或加注润滑剂时，必须切断电源。

4. 钻孔质量分析（见表 3-2）

表 3-2　钻孔质量分析

质量问题	产生原因
孔径大于规定尺寸	1. 钻头两切削刃长度不等或高低不一致 2. 钻床主轴径向偏摆或工作台因未锁紧而有松动 3. 钻头本身弯曲或装夹不好，使钻头有过大的径向跳动现象
孔壁粗糙	1. 钻头不锋利 2. 进给量太大 3. 切削液选用不当或供应不足 4. 钻头过短，排屑槽堵塞
孔位偏移	1. 工件划线不正确 2. 钻头横刃太长，导致定心不准 3. 起钻过偏而没有校正
孔歪斜	1. 工件上平面与主轴不垂直或钻床主轴与工作台面不垂直 2. 工件安装接触面上的切屑未清除干净 3. 工件装夹不牢，钻孔时产生歪斜或工件有砂眼 4. 进给量过大使钻头产生弯曲变形
孔呈多角形	1. 钻头后角太大 2. 钻头两主切削刃长短不一，角度不对称
钻头工作部分折断	1. 钻头用钝 2. 钻孔时未经常退钻排屑，使切屑在钻头螺旋槽内阻塞 3. 孔将钻通时没有减小进给量 4. 进给量过大 5. 工件未夹紧，钻孔时产生松动 6. 在钻削黄铜一类软金属时，钻头后角太大，前角又没有修磨小，从而造成“扎刀”现象
切削刃迅速磨损或碎裂	1. 切削速度太高 2. 没有根据工件的硬度来刃磨钻头角度 3. 工件表面或内部有高硬度夹渣或砂眼 4. 进给量过大 5. 切削液不足

课题二
攻 螺 纹

螺纹的加工方法很多，金属构造项目中仅用手工攻螺纹，即使用丝锥在工件孔中切削出内螺纹。

一、攻螺纹用的工具

1. 丝锥

丝锥一般分为手用丝锥和机用丝锥两种。丝锥由工作部分和柄部组成，其中工作部分由切削部分和校准部分组成，如图 3–12 所示。

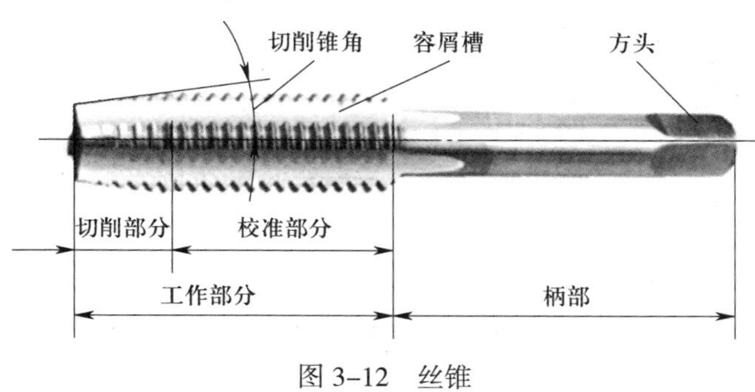

图 3–12　丝锥

切削部分是指丝锥前部的圆锥部分，有锋利的切削刃，起主要切削作用。切削部分合理的导入锥角，不仅使得操作省力，不易产生崩刃，而且引导作用良好并能保证螺孔的表面粗糙度；校准部分具有完整的牙型，用来修光和校准已切出的螺纹，并起导向作用；丝锥柄部为方头，是丝锥的夹持部位，起传递转矩及轴向力的作用。

丝锥有 3 ~ 4 条容屑槽，并形成切削刃和前角。为了制造和刃磨方便，丝锥的容屑槽一般做成直槽。有些专用丝锥为了控制排屑方向，做成螺旋槽。螺旋槽丝锥有左旋和右旋之分。加工不通孔螺纹，为使切屑向上排出，容屑槽做成右旋槽；加工通孔螺纹，为使切屑向下排出，容屑槽做成左旋槽。

每种型号的丝锥一般由两支和三支组成一套，分别称为头锥、二锥和三锥。使用成套丝锥分次切削，能依次分担切削量，以减免每支丝锥单齿切削负荷。成套丝锥中，对每支丝锥切削量的分配有锥形分配和柱形分配两种形式，如图 3-13 所示。成套丝锥可依据以下两种方式选择。

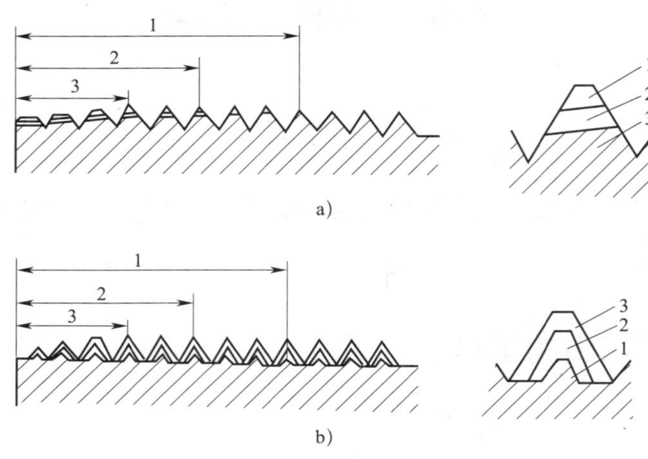

图 3-13　成套丝锥切削用量分布

a）锥形分配　b）柱形分配

1—头锥　2—二锥　3—三锥

（1）根据锥形分配来选择

如图 3-13a 所示，其特点是一组丝锥中，每支丝锥的大径、中径、小径都相等，只是切削部分的锥角和长度不等。切削部分最长的是头锥，依次为二锥和三锥。攻螺纹时，以头锥、二锥、三锥按顺序攻削至标准尺寸。锥形分配的丝锥，由于头锥能一次攻削成形，因而切削厚度大，切削变形严重，加工表面粗糙度值大。

（2）根据柱形分配来选择

如图 3-13b 所示，其特点是头锥和二锥的大、中、小径都比三锥小。头锥和二锥的中径一样大，大径不一样：头锥大径小，二锥大径大。攻螺纹时依次按头锥、二锥、三锥的顺序攻削至标准尺寸。柱形分配的丝锥，切削省力，每支丝锥磨损量小，使用寿命长，加工表面粗糙度值小。

2. 铰杠

铰杠是手工攻螺纹时用来夹丝锥的工具，分普通铰杠和丁字铰杠两类，如图 3-14 所示。

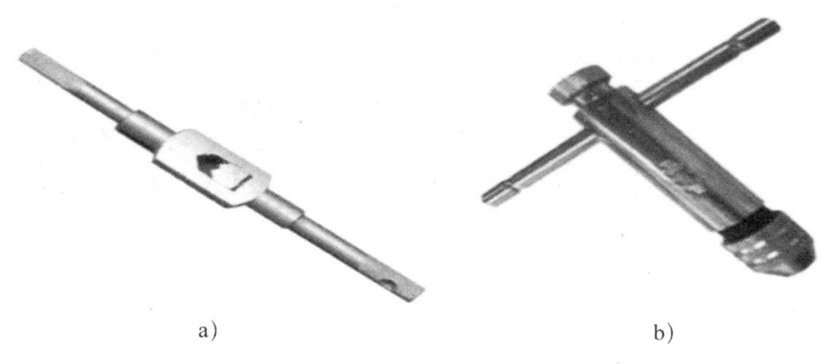

a)　　b)

图 3–14　铰杠

a）普通铰杠　b）丁字铰杠

各类铰杠又分为固定式和可调式两种，其中丁字铰杠适于在高凸旁边或箱体内部攻螺纹，可调式丁字铰杠用于 M6 以下丝锥。铰杠的方孔尺寸和柄的长度都有一定的规格，使用时按丝锥尺寸大小，从表 3–3 中合理选择。

表 3–3　可调铰杠使用范围　mm

铰杠规格	150	225	275	375	475	600
适用丝锥	M5 ~ M8	M8 ~ M12	M12 ~ M14	M14 ~ M16	M16 ~ M22	M24 以上

二、攻螺纹前底孔直径与孔深的确定

1. 攻螺纹前底孔直径的确定

（1）查表法

攻螺纹时有较强的挤压作用，金属产生塑性变形而形成凸起挤向牙尖。因此，攻螺纹前的底孔直径应略大于螺纹小径。螺纹底孔直径的大小应考虑工件材质，其值可查表 3–4。

表 3–4　普通螺纹攻螺纹底孔钻头直径　mm

螺纹直径 D	螺距 P	钻头直径 d		螺纹直径 D	螺距 P	钻头直径 d	
		铸铁、青铜、黄铜	钢、可锻铸铁、纯铜、层压板			铸铁、青铜、黄铜	钢、可锻铸铁、纯铜、层压板
2	0.4 0.25	1.6 1.75	1.6 1.75	4	0.7 0.5	3.3 3.5	3.3 3.5
2.5	0.45 0.35	2.05 2.15	2.05 2.15	5	0.8 0.5	4.1 4.5	4.2 4.5
3	0.5 0.35	2.5 2.65	2.5 2.65	6	1 0.75	4.9 5.2	5 5.2

续表

螺纹直径 D	螺距 P	钻头直径 d	
		铸铁、青铜、黄铜	钢、可锻铸铁、纯铜、层压板
8	1.25	6.6	6.7
	1	6.9	7
	0.75	7.1	7.2
10	1.5	8.4	8.5
	1.25	8.6	8.7
	1	8.9	9
	0.75	9.1	9.2
12	1.75	10.1	10.2
	1.5	10.4	10.5
	1.25	10.6	10.7
	1	10.9	11
14	2	11.8	12
	1.5	12.4	12.5
	1	12.9	13
16	2	13.8	14
	1.5	14.4	14.5
	1	14.9	15

螺纹直径 D	螺距 P	钻头直径 d	
		铸铁、青铜、黄铜	钢、可锻铸铁、纯铜、层压板
18	2.5	15.3	15.5
	2	15.8	16
	1.5	16.4	16.5
	1	16.9	17
20	2.5	17.3	17.5
	2	17.8	18
	1.5	18.4	18.5
	1	18.9	19
22	2.5	19.3	19.5
	2	19.8	20
	1.5	20.4	20.5
	1	20.9	21
24	3	20.7	21
	2	21.8	22
	1.5	22.4	22.5
	1	22.9	23

（2）计算法

除通过查表外，也可按下列经验公式确定螺纹底孔直径：

1）攻制钢件或塑性较大的材料时，底孔直径的计算公式为：

$$D_{孔} = D - P$$

式中 $D_{孔}$——螺纹底孔钻头直径，mm；

D——螺纹公称直径，mm；

P——螺距，mm。

2）加工铸铁或塑性较小的材料时，底孔直径的计算公式为：

$$D_{孔}=D - (1.05 \sim 1.1)P$$

2. 攻螺纹前底孔深度的确定

如图 3-15 所示，为了保证螺纹的有效工作长度，钻螺纹底孔时，螺纹底孔的深度公式为：

$$H_{孔}=h_{有效}+0.7D$$

式中 $H_{孔}$——螺纹底孔深度，mm；

$h_{有效}$——螺纹的有效长度，mm；

D——螺纹公称直径，mm。

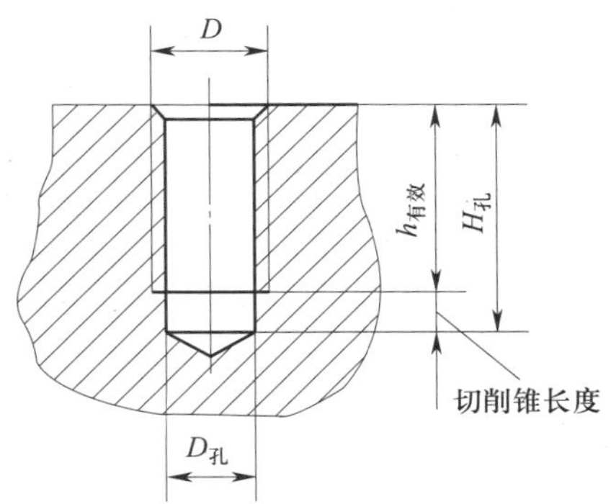

图 3–15　钻孔深度示意图

三、攻螺纹操作步骤与方法

1. 加工底孔：按确定的底孔直径与孔深，选择合适的麻花钻，依据划线加工出底孔，并在孔口倒角。

2. 起攻：一只手用手掌按住铰杠中部沿丝锥轴线用力加压，另一只手配合做顺向旋进；或两手握住铰杠两端均匀施压，并将丝锥顺向旋进，保证丝锥中心线与孔中心线重合。

3. 当丝锥攻入 1 ～ 2 圈时，应及时从不同的方向用 90°角尺仔细检查丝锥与工件表面的垂直度，并逐步校正，使丝锥和底孔保持同心。

4. 当丝锥切入 3 ～ 4 圈螺纹时，只需两手均匀用力转动铰杠，不应再对丝锥加压力，否则螺纹牙型将被损坏。每扳转铰杠 1/2 ～ 1 圈，就应倒转 1/4 ～ 1/2 圈，使切屑碎断后容易排出，并可减少切削刃因粘屑而使丝锥轧住现象。

5. 用成组丝锥攻螺纹时，必须以头锥、二锥、三锥的顺序攻削至标准尺寸。在较硬材料的工件上攻螺纹时，可用各丝锥轮换交替进行，以减小切削刃部的负荷，防止丝锥折断。

6. 攻不通孔螺纹时，可在丝锥上做好深度标记，并经常退出丝锥清除留在孔内的切屑，否则会因切屑堵塞而使丝锥折断或攻螺纹达不到深度要求。当工件不便倒向进行清屑时，可用弯曲的小管子吹出切屑，或用磁性针棒吸出切屑。

四、攻螺纹实例

用手用丝锥在如图 3–16 所示工件上攻螺纹，达到图样要求，工件材料为 45 钢。

1. 准备工作

（1）规格及材料：尺寸为 30 mm × 30 mm × 15 mm 的 45 钢板材一件。

（2）量具：90°角尺、游标卡尺。

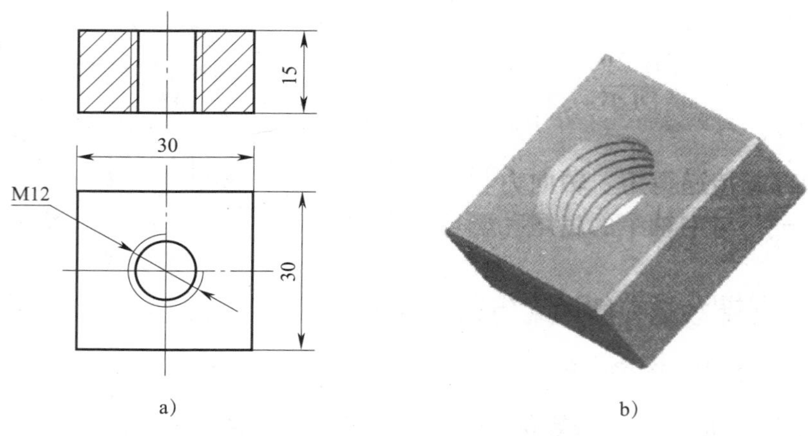

图 3–16　方螺母

a）零件图　b）实物图

（3）工具、设备：ϕ 10.2 mm、ϕ 20 mm 的钻头各一支，机用虎钳、M12 的手用头攻和二攻丝锥、铰杠、M12 的标准螺钉等。

（4）划线工具：游标高度卡尺、V 形靠铁、样冲、划规、平台。

2. 操作步骤

（1）划钻孔加工线

用游标高度卡尺划出图样中 30 mm 尺寸方向的两条中心线，其交点即底孔的中心。用样冲在中心处冲点，并用圆规划出 ϕ 10 mm 的圆和半径小于 R5 mm 的两个不同的同心圆，如图 3–17 所示。

（2）工件的装夹

将划好线的工件用木垫垫好，使其上表面处于水平面内，夹紧在立钻工作台的平口钳上，如图 3–18 所示。

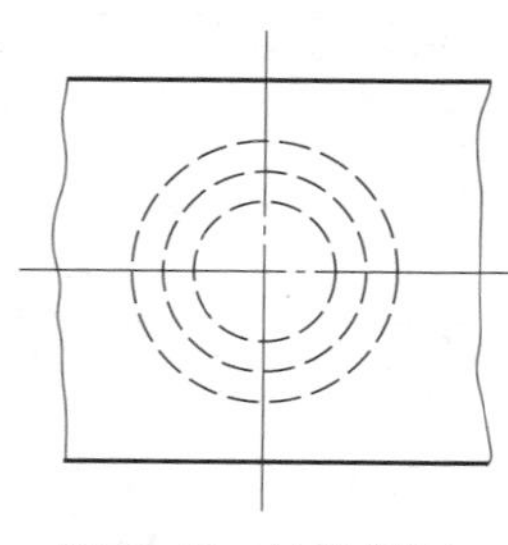

图 3–17　钻孔划线

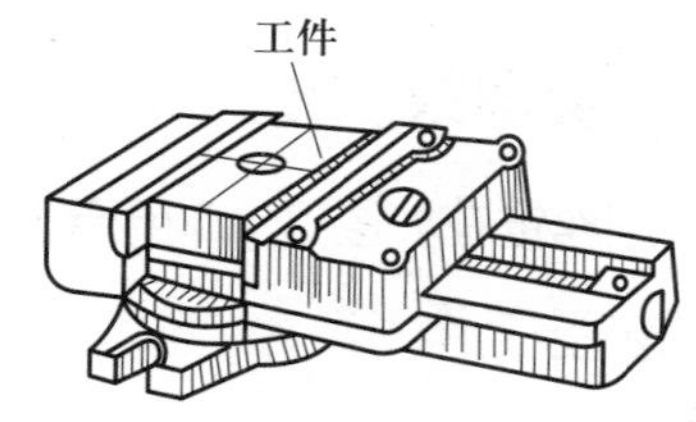

图 3–18　装夹方法

（3）钻底孔并倒角

M12 螺纹底孔直径是 ϕ 10.2 mm。将刃磨好的 ϕ 10.2 mm 钻头装夹在钻夹头上，起钻后边钻孔边调整位置，用划好的同心圆限定边界，直到位置正确后钻出底孔。钻通后，换 ϕ 20 mm 钻头对两面孔口进行倒角。用游标卡尺检查孔的尺寸。

（4）加工螺纹

将钻好孔的工件夹紧在台虎钳上，使工件上表面处于水平。选 225 mm 的可调铰杠，将头锥装紧在铰杠上。将丝锥垂直放入孔中，一手施加压力，一手转动铰杠，如图 3-19 所示。当丝锥进入工件 1 ~ 2 牙时，用 90°角尺在两个相互垂直的平面内检查和矫正，如图 3-20 所示。当丝锥进入 3 ~ 4 牙时，丝锥的位置要正确无误。之后转动铰杠，使丝锥自然旋入工件，并不断反转断屑，直至攻通。然后，自然反转，退出丝锥。再用二锥对螺孔进行一次清理。最后用 M12 的标准螺钉检查螺孔，以自然顺畅旋入螺孔为宜。

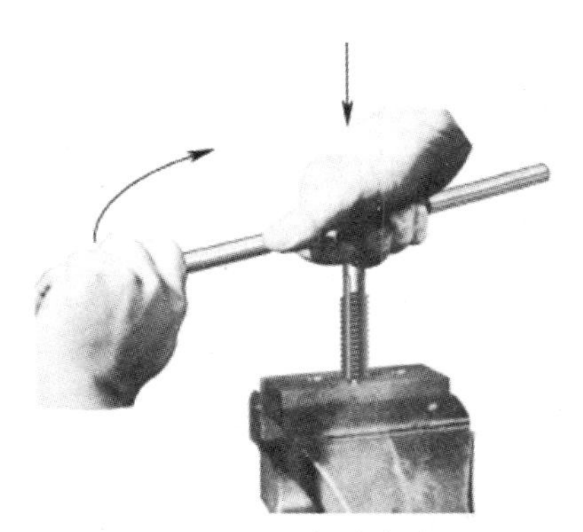

图 3-19　起攻方法

图 3-20　检查方法

3. 注意事项

（1）选择合适的铰杠长度，以免转矩过大，折断丝锥。

（2）正常攻螺纹阶段，双手作用在铰杠上的力要平衡。切忌用力过猛或左右晃动，造成孔口烂牙。每正转 1/2 ~ 1 圈时，应将丝锥反转 1/4 ~ 1/2 圈，将切屑切断排出。加工盲孔时更要如此。

（3）转动铰杠感觉吃力时，不能强行转动，应退出头锥，换用二锥，如此交替进行。

（4）攻不通螺孔时，可在丝锥上做好深度标记，并要经常退出丝锥，清除留在孔内的切屑。当工件不便倒向清屑时，可用磁性针棒吸出切屑或用弯的管子吹去切屑。

（5）攻钢料等韧性材料工件时，加润滑油润滑可使螺纹光洁，并能延长丝锥寿命；对铸铁件，通常不加润滑油，也可加煤油润滑。

4. 攻螺纹质量分析（见表 3-5）

表 3-5　攻螺纹质量分析

质量问题	产生原因	解决方法
螺纹乱牙	1. 底孔直径太小，丝锥不易切入，造成孔口乱牙	1. 根据加工材料，选择合适的底孔直径
	2. 攻二锥时，未先用手把丝锥旋入孔内，直接用铰杠施力攻削	2. 先用手旋入二锥，再用铰杠攻入
	3. 丝锥磨钝，不锋利	3. 刃磨丝锥
	4. 螺纹歪斜过多，用丝锥强行纠正	4. 开始攻入时，两手用力要均匀，注意检查丝锥与螺孔端面的垂直度
	5. 攻螺纹时，丝锥未经常倒转	5. 多倒转丝锥，使切屑碎断
螺纹歪斜	1. 丝锥与螺纹端面不垂直	1. 丝锥开始切入时，注意丝锥与螺孔端面保持垂直
	2. 攻螺纹时，两手用力不均匀	2. 两手用力要均匀
螺纹牙深不够	1. 底孔直径太大	1. 正确选择底孔直径
	2. 丝锥磨损	2. 刃磨丝锥
螺纹表面粗糙	1. 丝锥前、后面及容屑槽粗糙	1. 刃磨丝锥
	2. 丝锥不锋利，磨钝	2. 刃磨丝锥
	3. 攻螺纹时丝锥未经常倒转	3. 多倒转丝锥，改善排屑
	4. 未用合适的切削液	4. 选择合适的切削液
	5. 丝锥前、后角太小	5. 磨大前、后角

第四单元

成形

课题一 钢板折弯

一、折弯

折弯成形是指用通用折弯模具在压力工作台上使板料折弯成形，适用于宽幅度及弯曲线较长的折弯工件。

1. 折弯设备

折弯设备主要有液压折弯机，如图 4-1 所示。折弯机型号表示折弯机特性及基本技术参数，具体含义见表 4-1。

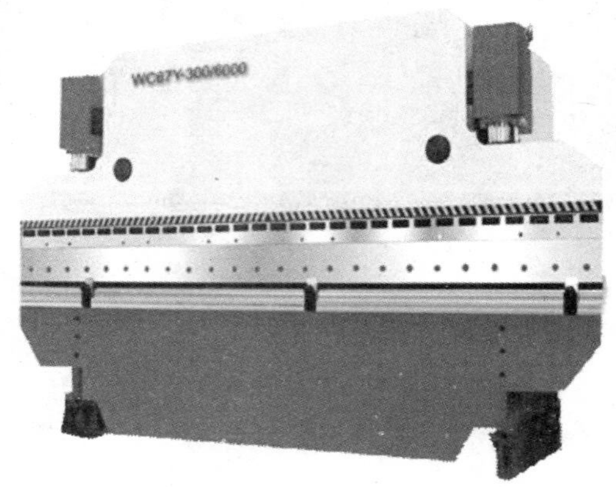

图 4-1　液压折弯机

表 4-1　液压折弯机型号含义

折弯机型号（以 WC67Y—300/6000 为例）	含义
W	代表折弯机，属于弯曲校正机组
C	区别同类型在产品重大结构和主要结构的变化
67	折弯机在该组里的系列号，手动折边机 06，普通折弯机 67
Y	液压传动代号
300/6000	最大公称力（吨）/ 可折最大板宽（mm）

2. 板料折弯时的变形过程

（1）折弯过程

图 4-2 为钢板在 V 形弯曲模上的变形过程。材料折弯成形的过程分为自由弯曲、接触弯曲和校正弯曲三个阶段。

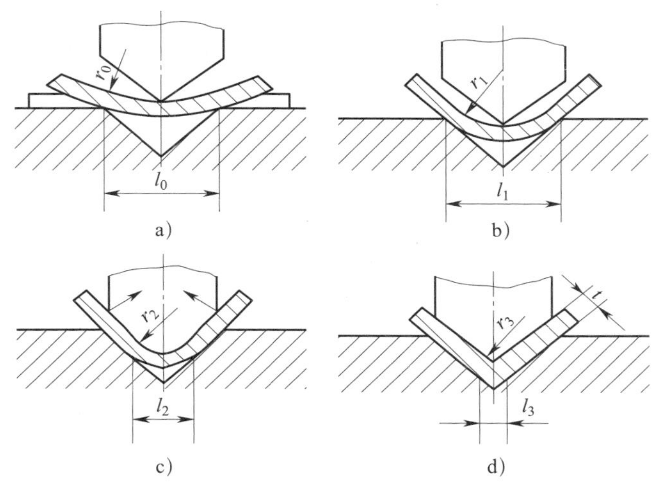

图 4-2 钢板折弯过程

a）自由弯曲阶段 b）自由弯曲向接触弯曲过渡 c）接触弯曲阶段 d）校正弯曲阶段

1）自由弯曲。开始压弯时，材料处于弹性变形阶段，当外力消除后，材料会恢复到原来形状，此时处于自由弯曲阶段（见图 4-2a）。随着凸模的下压，材料开始塑性变形，此时材料的弯曲半径较大，与凸模的半径无关。

2）接触弯曲。当凸模继续下压，弯曲半径 r_0 和材料与凸模的水平接触距离 i_0 逐步减小，材料与凸模表面逐渐靠近（见图 4-2b），弯曲区不断减小，直到与凸模三点接触（见图 4-2c），这种弯曲状态称为接触弯曲。

3）校正弯曲。当凸模再继续下压时，材料的直边部分开始向相反的方向弯曲，紧贴模具（见图 4-2d）。此时弯曲半径等于凸模的半径，达到预定的要求，这种弯曲状态称为校正弯曲。

（2）弯曲回弹

压弯成形时，材料由弹性变形过渡到塑性变形，所以当弯曲压力去除后，其弯曲角度和弯曲半径与模具形状及尺寸并不能一致，这种现象称为弯曲回弹。如图 4-3 所示，制件在弯曲终了时的角度为模具的弯曲角 α，而实际回弹后弯曲角为 α_0（$\alpha<\alpha_0$），弯曲半径由 r 变为 r_0。弯曲回弹会影响制件的弯曲质量，使制件达

不到预定的形状和尺寸精度。

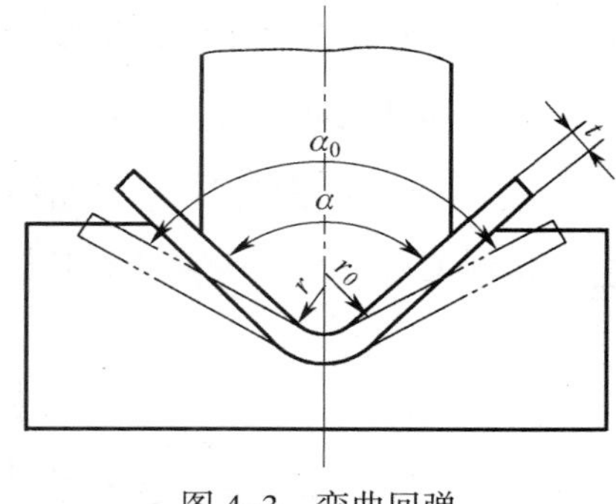

图 4–3　弯曲回弹

影响回弹的因素主要有材料的力学性能、材料的相对弯曲半径、弯曲角和模具间隙四个方面。

1）材料的力学性能。材料的屈服强度越高，弹性模量越小，弯曲回弹越大。

2）材料相对弯曲半径。相对弯曲半径是指弯曲半径 r 与材料厚度 t 之比，相对弯曲半径越大，则回弹越大。

3）弯曲角 α。弯曲半径一定时，弯曲角越小，则回弹角越大。

4）模具间隙。在弯曲 U 形类工件时，凹、凸模的间隙对回弹影响较大，间隙越大，回弹越大。

消除回弹的常见方法一般采取预留回弹余量法。即在板料折弯过程中，一般折弯力度稍大一些，或将凸模的角度减小一个回弹角，弯曲后制件回弹，恰好达到预定的要求。

（3）最小弯曲半径

材料弯曲时，其外层纤维受拉力作用，当拉应力超过材料的抗拉强度，就会出现破裂现象，造成弯曲工件的报废。拉应力的大小取决于弯曲件的弯曲半径，弯曲半径越小，则外层纤维所受的拉应力越大。为防止弯曲件破裂，必须对弯曲半径进行限制。弯曲时，材料在不发生破坏的情况下所能弯曲的最小半径，称为最小弯曲半径。

最小弯曲半径的影响因素主要有以下几点：

1）材料的力学性能。材料的塑性越好，其允许变形的程度越大，则最小弯曲半径就越小。材料加热到一定温度后，塑性将大大提高，弯曲半径可更小。

2）弯曲角。在相对弯曲半径（r/t）相同的条件下，弯曲角越大，材料外层受拉力的程度越小，最小弯曲半径可以小一些；反之，最小弯曲半径也相应增大。

3）弯曲方向。当弯曲线方向与纤维方向垂直时，材料具有较大的抗拉强度，可获得较小的弯曲半径；当弯曲线方向与纤维方向平行时，材料的抗拉强度较差，最小弯曲半径就会加大。

4）材料表面质量与断面质量。如果板材的表面质量和断面质量较差，弯曲时就易于造成应力集中，板材弯曲易于破裂，此时应增大最小弯曲半径。

3. 折弯工艺

利用折弯机或压力机配合压弯模压弯，可以弯曲各种几何截面形状的金属板箱、柜等薄板制件。折弯基本方法主要有以下三种：

（1）自由折弯

自由折弯是最常用的一种折弯方法。如图 4-4a 所示，其 V 形下模固定在压力机工作台上，楔形上模随着压力机的滑块作上下往复运动。将板料放置于下模上，上模下行压弯板料，控制上模楔入下模的深度（滑块运动的下止点），就能获得具有不同弯曲度的工件。

它的优点是用一套简单的 V 形模，可得到一系列不同的弯曲角。缺点是压力机的垂直变形、板材性能的差异和微小变化，都会使弯曲角度发生明显的改变（一般来说，滑块行程变化 0.04 mm，就会使弯曲角改变 1°），因此要求精确控制滑块的下止点。

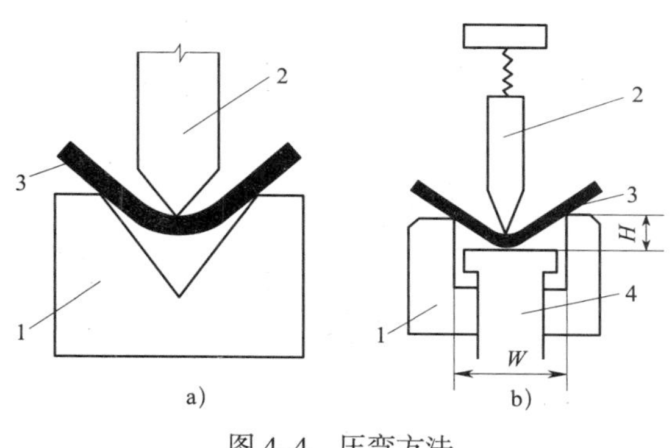

图 4-4　压弯方法

1—下模　2—上模　3—板料　4—垫块

（2）三点式折弯

如图 4-4b 所示，它除了下模有两处与板料接触外，底部活动垫块的上平面处也和板料接触，故称为三点式。其滑块上设有液压垫，因此压力机的运动精度和变形以及板料的性能变化，都不会影响工件的弯曲角。它仅取决于下模凹槽的深度 H（由下模内腔与活动垫块构成）和宽度 W，且带有强制折弯的性质，所以可获得回弹小、精度高的工件。显然，调节并控制活动垫块的上下位置，同样也可以在一套模具上获得不同的弯曲角。

（3）热压弯和多次弯曲法

通常，工件的弯曲半径应当大于该材料的最小弯曲半径。如果由于结构要求等原因，工件的弯曲半径必须小于最小弯曲半径，可以采用热弯曲或多次弯曲方法进行弯曲加工。

热弯法是将材料加热到高温塑性体状态，再进行折弯。由于材料在高温塑性体状态时塑性很好，可以获得更小的弯曲半径。

多次弯曲法是先将材料进行较大半径的弯曲，扩大并行区域，然后再逐步弯成所要求的圆角半径。这样弯曲，可减小弯曲件外层纤维的变形程度，以得到较小的弯曲半径。

二、折弯工艺及训练

1. 折弯设备及工具

（1）折弯设备：WC67Y—125/2500。

（2）辅助工具：钢直尺、圆规、游标卡尺、游标高度卡尺、划针、90°角尺、手电筒。

2. 折弯材料

4 mm 厚碳钢或不锈钢板折弯，要求尺寸偏差为 ±0.5 mm，角度偏差为 ±0.5°，折弯工件如图 4-5 所示。

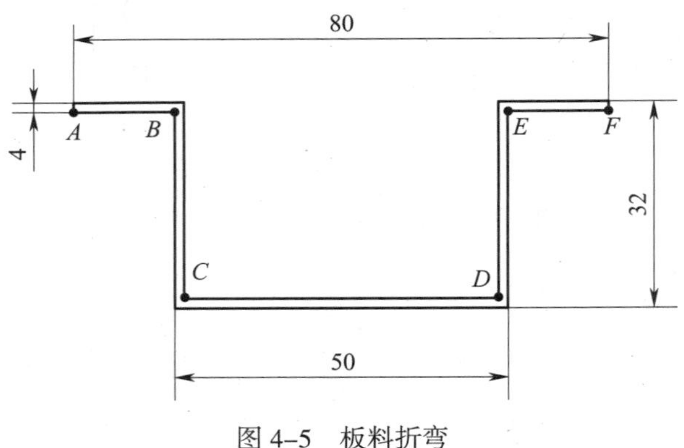

图 4-5　板料折弯

3. 训练要素

计算展开长—划线—切割—折弯—测量。

4. 折弯步骤与方法

（1）计算展开长

根据断面形状为折线时的板厚处理原则：板料在角点处发生急剧弯折，这时里皮长度变化不大，板厚中心和外皮都发生了较大的长度变化，所以矩形断面的展开长度以里皮的展开长度为准。选择不同设备折弯，展开料长有所不同，可以通过试折后确定变化范围，如图 4-6 所示。

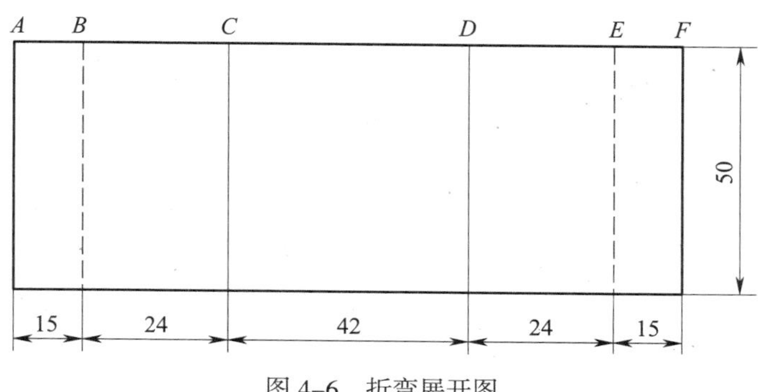

图 4-6　折弯展开图

（2）在板料上用游标高度卡尺划出折弯件的外部轮廓线和折弯线。

（3）选择模具。

1）下模 V 槽的选择：见表 4-2。

表 4-2　V 槽的选择

板厚 /mm	V 槽宽度 /mm
0.6 ~ 4.0	（6 ~ 8）*t*
4.5 ~ 8	（8 ~ 10）*t*
9 ~ 25	（10 ~ 12）*t*

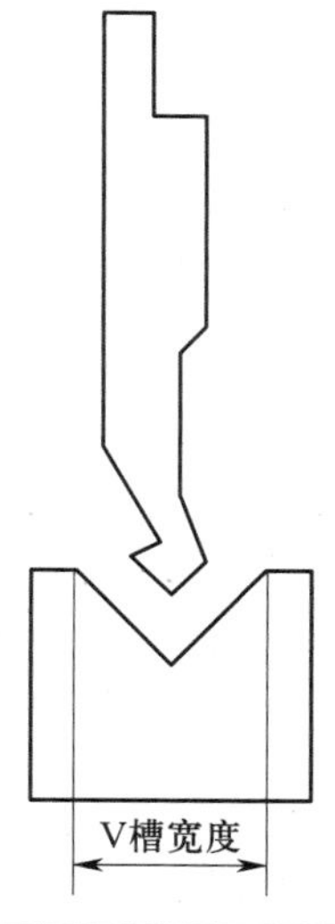

2）下模安装。选择好合适的V槽宽度后，把下模置于机床的底座上，缓慢下降上模，利用下模两侧顶紧螺栓，使下模中心与上模刀尖中心重合。

3）用相同规格的材料试折，调整上模与下模的间隙，直到折出合格的角度。

4）如图4-7所示，确定折弯顺序，先将上模降到下模上方，使上模暂时停止，然后插入材料，采用目测观察，使上模刃部对准弯曲线即可。

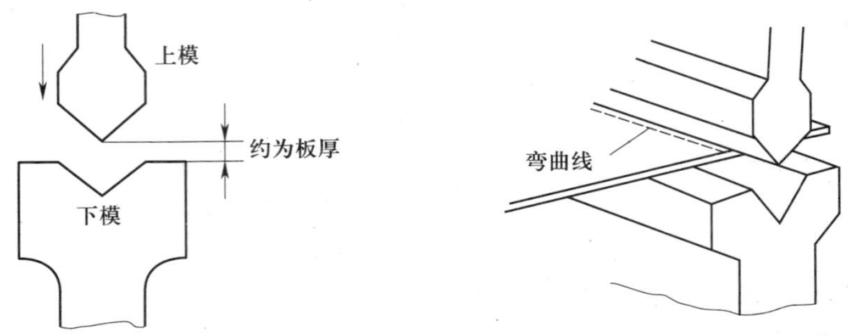

图4-7　折弯对线

5）如图4-8所示，操作时插入与取出材料的动作要熟练，在上模降下即将弯曲的瞬间，按住板材并在被弯曲的同时，准确判断板的运动方向，不可逆向扯动工件，否则手会被板击伤或手指被夹住。

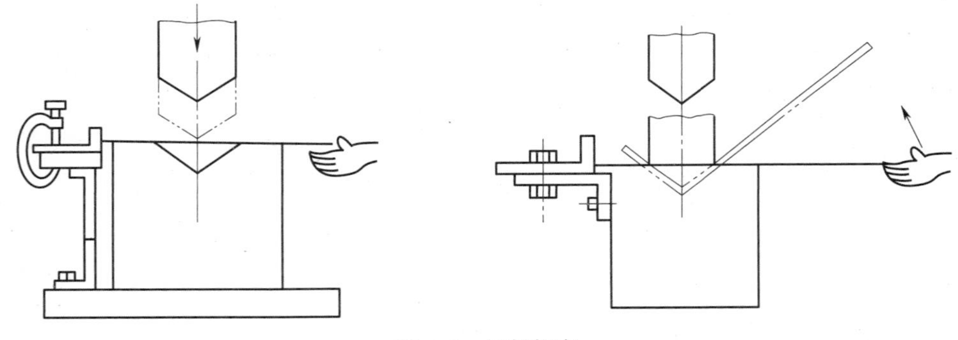

图4-8　板料折弯

5. 质量要求

（1）板面不允许有明显压痕及变形。

（2）棱边要去除毛刺，使用锉刀或电动砂轮机倒角，两边倒角尺寸不大于0.5 mm。

6. 安全操作注意事项

（1）严格遵守安全操作规程，操作前必须穿戴好防护用品，包括护目镜、劳保鞋、工作服等。

（2）启动折弯机前检查各部位有无异常，紧固螺钉（帽）不得有松动。各操纵部位、按钮、开关应正常可靠。

（3）检查上下模的重合度和坚固性；检查各定位装置是否符合被加工的要求；

（4）板料折弯时必须压实，以防在折弯时板料翘起伤人。

（5）调整板料压模时必须切断电源，待机床停止运转后进行。

（6）机床工作时，机床后部不允许站人。

（7）折弯时板料应放于模具中间，严禁单独在一端处压折板料。

（8）运转时发现工件或模具不正，应停车校正，严禁运转中用手校正。

（9）按照板厚合理选择下模 V 槽的宽度，禁止弯折超厚的铁板或经过淬火的钢板、高强合金钢、方钢和超过板料折弯机性能的板料，以免损坏机床和压模。

（10）经常检查上、下模具的重合度，检查压力表的指示是否符合规定。

（11）发生异常应立即停机，检查原因并及时排除。

7. 板料折弯练习（见图 4-9）

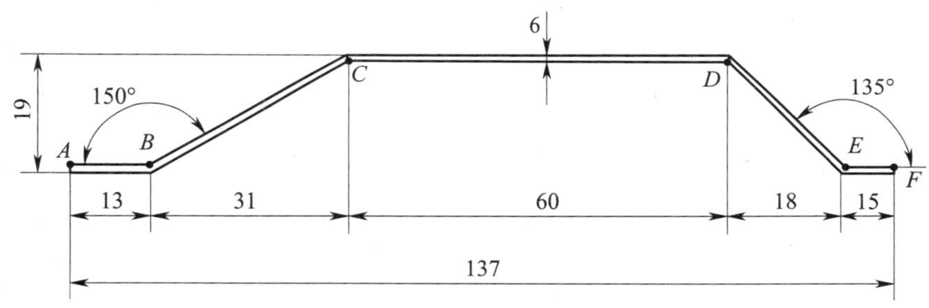

图 4-9 板料折弯练习（板料为宽 150 mm、厚 5 mm 的钢板）

三、钢板折弯实例

用折弯机对图 4-10 所示零件进行折弯操作。

1. 准备工作

（1）设备：液压折弯机、剪板机。

（2）工量具：游标高度卡尺、划针、钢直尺、90°角尺、锤子、其余相关辅助用品若干。

（3）材料：2 mm 厚钢板。

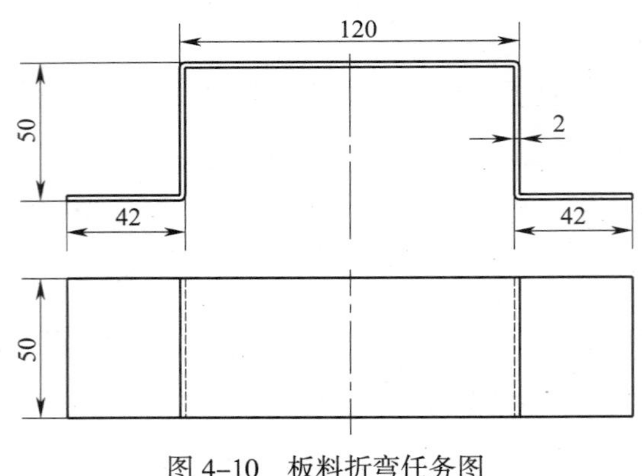

图 4–10　板料折弯任务图

2. 操作步骤

（1）根据图样进行展开放样，计算出所需的材料大小。

材料长度计算：L=（42 － 2）×2+（50 － 2×2）×2+（120 － 2×2）=288 mm

（2）剪板下料：用剪板机剪切 288×50 mm 钢板一块，锐边倒钝，去除毛刺。

（3）划线：根据图样划出折弯线 1、2、3、4（见图 4–11），其中 3、4 在板料另一面划线。

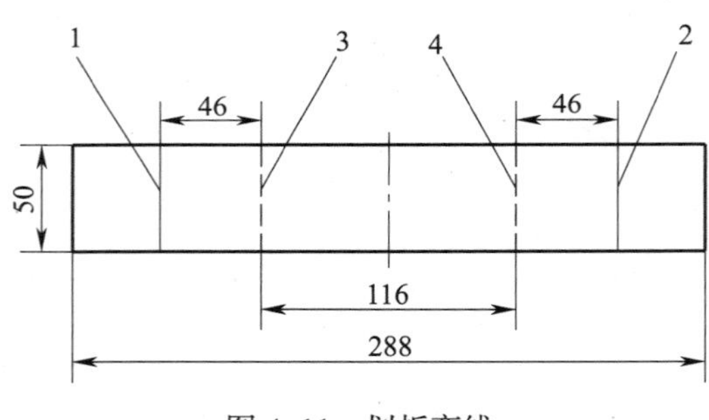

图 4–11　划折弯线

3. 折弯顺序

若板料上有两个以上的折弯线需要弯曲时，就必然存在着折弯的顺序问题，如果折弯的顺序不合理，将会造成后面的折弯无法进行。一般来说，多角折弯的顺序应是由外向内依次弯曲。图 4–12 中的数字 1、2、3、4 即为本工件的折弯顺序。

4. 折弯操作

（1）选择下模具槽宽：根据表 4–2，选择 16 mm 的槽宽。

（2）启动设备，检查压力。

（3）调整上模具高度：折弯前先用一块 2 mm 下脚料进行试折，用 90° 角尺检测试折板的角度，计算出 90° 时上模具的位置，并调至正确的数值。

（4）折弯：调整板料位置，对正压折线，踩下脚踏开关即可下压上模具，实现折弯成形。折弯过程如图 4-12 所示。

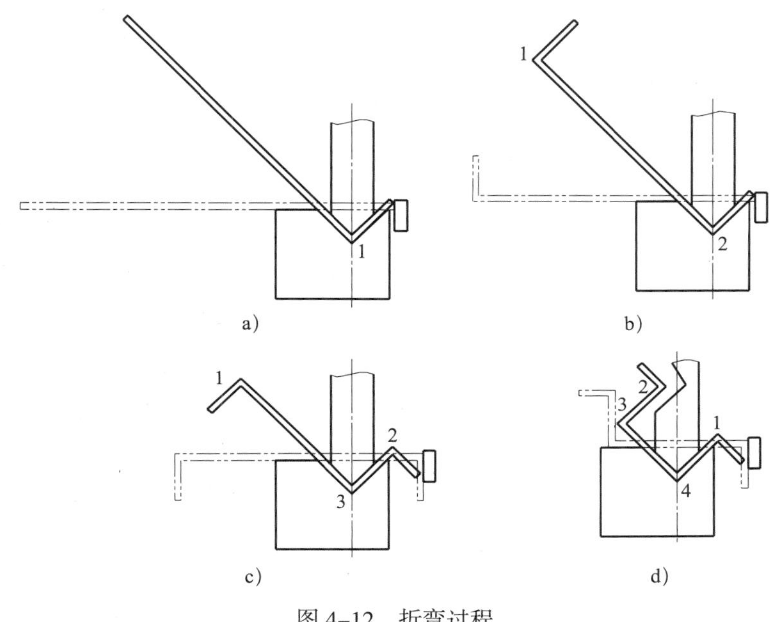

图 4-12　折弯过程

课题二
钢 棒 热 弯

一、热弯成形

1. 定义

把钢材加热到一定温度后进行弯曲成形的加工方法，称为热弯成形。

2. 热弯成形的加热方法

钢棒热弯成形主要采用火焰加热方法。

3. 变形过程

（1）初始阶段

如图 4–13 所示，在弯曲力矩作用下，坯料发生弯曲。其内层材料受压应力作用缩短，外层材料受拉应力作用而伸长。初始阶段应力较小，坯料只发生弹性变形。

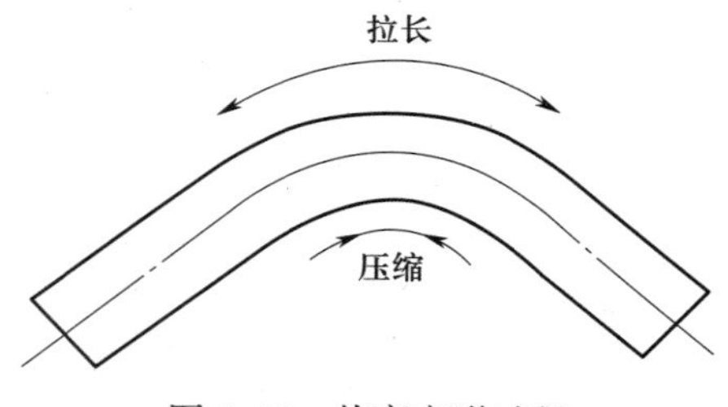

图 4–13　热弯变形过程

（2）塑性变形阶段

弯曲力矩足够大时，应力达到材料屈服强度后开始产生塑性变形。坯料的内、外表面首先由弹性变形状态过渡到塑性变形状态，而后塑性变形由内、外表面向中心扩展。

(3)断裂阶段

随弯曲力矩增大，当坯料弯曲半径小到一定程度时，将因变形超过自身变形能力的限度，而在坯料受拉伸的外表面首先出现裂纹，并向内伸展，致使材料发生断裂破坏。

由此可知，在弯形过程中，材料表面变形最大，且材料塑性越好，允许的最小弯曲半径也越小。同种材料，相同的厚度，外层材料变形的大小取决于弯形半径的大小，弯形半径越小，外层材料变形就越大。为此，必须限制材料的弯形半径。通常，材料的弯形半径应大于 2 倍材料厚度（等于 2 倍材料厚度时的半径称为临界半径）。否则，应进行两次或多次弯形才能达到要求，其间还应进行退火。材料弯曲变形的过程中，内缘受压缩短，外缘受拉伸长，在内缘和外缘之间必然存在弯曲时既不伸长也不缩短的一层，该层称为中性层，如图 4-14 所示。

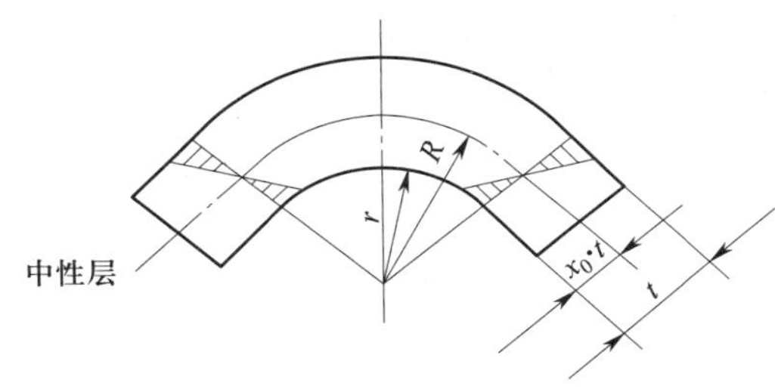

图 4-14　中性层

4. 热弯成形的应用

当钢材的强度、硬度、刚度较高，常温下成形有困难或要求弯曲成形半径较小时，可应用热弯成形工艺。

5. 热弯成形的加热温度控制

热弯成形需要在材料的再结晶温度之上进行，钢材的化学成分对确定加热温度影响很大。不同化学成分的钢材，其再结晶温度也不同，特别当钢中含有微量的合金元素时，会使其再结晶温度显著提高。

不同的金属材料，对加热温度范围还往往有其特殊的要求。例如，普通碳钢在 250 ~ 350 ℃和 500 ~ 600 ℃，韧性明显下降，不利于弯曲成形；奥氏体不锈钢在 450 ~ 800 ℃加热会产生晶间腐蚀敏感性。因此，在确定钢材的热弯成形工艺时，必须充分考虑加热对金属材料力学性能的不利影响。

常用材料的热成形温度见表 4-3。

表 4-3 常用材料的热弯成形温度 ℃

材料	加热温度	终止温度
普通低碳钢（如 Q235、20）	900 ~ 1 050	700
低合金高强度钢（如 Q355、Q390）	950 ~ 1 050	750
奥氏体不锈钢（如 304、316）	950 ~ 1 100	850
黄铜（如 H62、H68）	600 ~ 700	400
铝及其合金（如 1060、5A02、3A21）	350 ~ 450	250
钛	420 ~ 560	350
钛合金	600 ~ 840	500

二、钢棒热弯实例

用热弯成形法将 ϕ10 mm 钢棒加工成如图 4-15 所示零件。

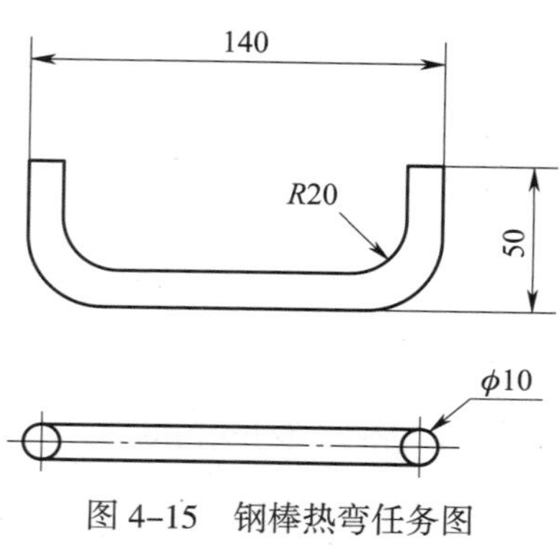

图 4-15 钢棒热弯任务图

1. 准备工作

（1）设备及工具：台虎钳、大力钳、软钳口、游标高度卡尺、划针、样冲、钢直尺、90°样板、锤子、氧乙炔加热设备、电子打火器、其余相关辅助用品若干。

（2）材料：ϕ10 mm 碳钢圆棒。

（3）计算料长并划线：因采用火焰手工煨弯，在火焰加热中并不能精确加热圆弧的起点，所以圆钢圆角的展开长 e 近似与圆钢直径相同，e 即为圆钢加热区域。圆钢展开料长 $L=A+B+C+2e$，如图 4-16 所示。

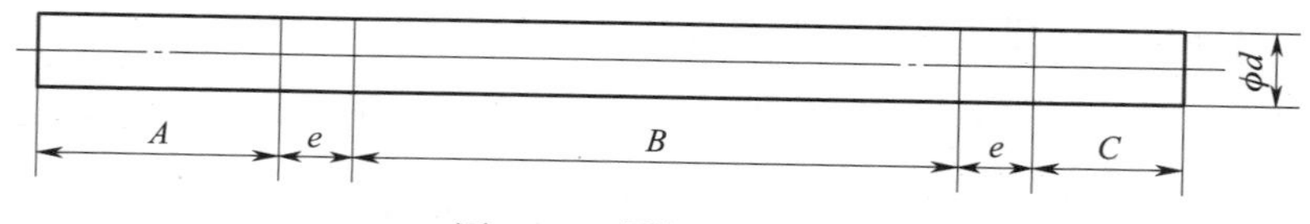

图 4-16 圆钢展开计算

2. 热弯步骤

（1）如图 4-17 所示，将圆钢固定在台虎钳上，用角钢保护钳口和工件，用

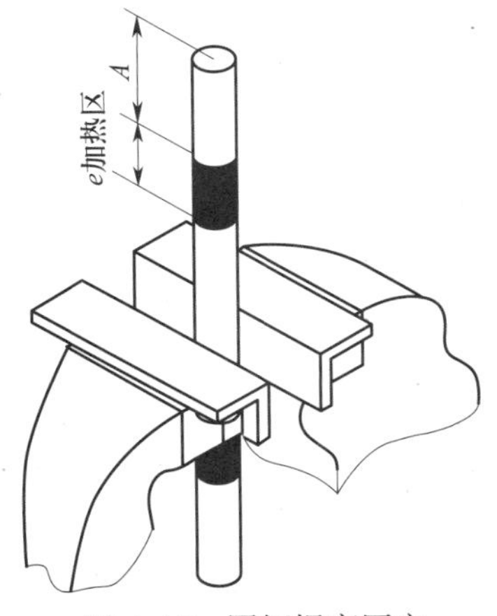

图 4–17　圆钢煨弯固定

火焰加热设备由下到上加热圆弧区域，并沿钢棒轴心线的垂直方向不断移动火焰，使零件弯曲部位受热均匀，避免局部温度过热造成变形。当零件颜色加热到橘黄色时，关闭火焰，煨弯，目测至规定角度。

（2）两端成形后，放在平台上矫正，先矫正平面度，再矫正角度。

（3）用 90° 样板测量煨弯角度，二次划线切割，达到图样尺寸要求。

课题三
钢 板 滚 弯

金属构造项目常采用对称式三辊卷板机将板材弯曲成圆柱面，并达到规定的几何尺寸和曲率。

一、卷板机

1. 规格型号

卷板机（见图 4-18）的主要规格以弯曲材料的最大厚度与长度表示。卷板机型号及基本技术参数的含义见表 4-4。

图 4-18　板料卷板机

表 4-4　卷板机型号及其含义

卷板机型号（以 3WBJ-S6 × 2000 为例）	含义
3	三辊
W	弯曲
B	板材
J	机械式
S	上调
6 × 2000	板厚（mm）× 板宽（mm）

2. 类型

卷板机目前普遍采用的是三辊卷板机，基本类型有对称式三辊卷板机、不对称式三辊卷板机。这两种类型卷板机的轴辊布置形式和运动方向如图 4-19 所示。

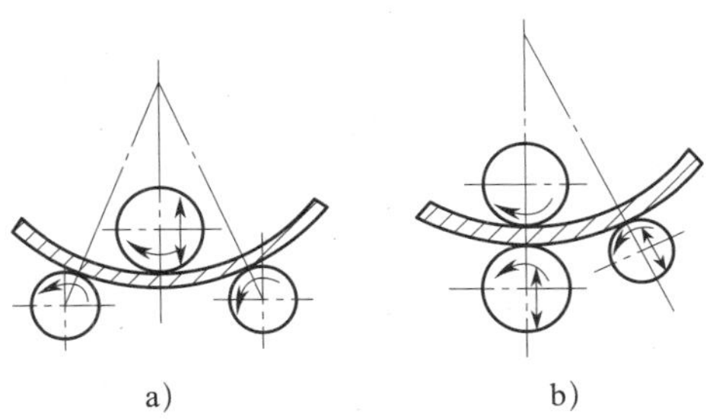

a)　　b)

图 4-19　卷板机轴辊的布置形式和运动方向

a）对称式三辊卷板机　b）不对称式三辊卷板机

（1）对称式三辊卷板机

特点是中间的上轴辊位于两个下轴辊的中线上（见图 4-19a），上轴辊是被动的，能在垂直方向上作上下调节，对坯料施加压力，以得到不同的弯曲度。下轴辊呈水平分布，安装在固定的轴承内，由电动机通过齿轮减速器作同方向、同速转动。工作时坯料放在上下轴辊之间，上轴辊下压，下轴辊旋转。在压力和摩擦力的作用下，坯料发生连续三点的均匀弯曲，从而完成卷弯成形。坯料的弯曲半径由上辊的下压量来决定，下压量越大，弯曲半径越小，反之越大。其优点是结构简单，维修方便，所以应用普遍。它的主要缺点是弯形件两端有较长剩余直边，因此，为使板料全部弯曲，需要采取特殊的工艺措施。

（2）不对称式三辊卷板机

上轴辊位于一下轴辊的上面，另一辊在侧面，称为侧轴辊（见图 4-19b）。上下两轴辊由同一电动机旋转，下轴辊能上下调节，调节的最大距离约等于能卷弯坯料的最大厚度。侧轴辊是被动的，能沿倾斜方向调节。弯曲时将坯料送于上下轴辊之间，调节下轴辊压紧坯料，产生一定的摩擦力，再调节侧辊加压。当上下轴辊旋转时，坯料即发生弯曲。若在卷制完一端后，将板料从卷板机上取出掉头，再放入进行弯形，就可使板料接近全部得到弯曲。不对称三辊卷板机结构较简单，剩余直边小，但由于支点距离不相等，轴辊受力大，相对卷弯能力较小，操作不方便，一般用于较薄材料的弯曲。

3. 对称式三辊卷板机的基本结构和传动分析

对称式三辊卷板机是金属构造中最常用的卷弯机床（见图 4-20）。其基本结构由上下轴辊、机架、减速机、电动机和调整手柄等组成。上轴辊安装在固定轴承中，伸出的圆锥杆与压紧丝杠组成卸料装置，卸料时该装置施加了反力矩，压住工件。工作时，上轴辊作上下调节，下轴辊是主动的，由电动机经减速箱中的齿轮带动，通过控制系统控制两上下轴辊作相同方向旋转。

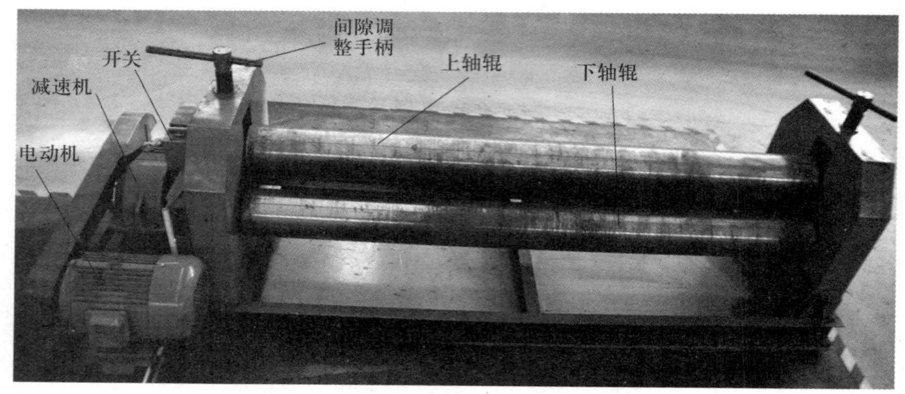

图 4-20　对称式三辊卷板机

为使封闭的筒形工件卷弯后能从卷板机上卸下，在上轴辊的右端设有开口装置。只要旋下平衡螺杆，使上轴辊保持平衡，拔出插销（见图 4-21），即可将翻倒架和活动轴承放倒，使工件能沿轴辊的轴线方向向右移动，从轴辊间取出，如图 4-22 所示。

图 4-21　拔出插销

图 4-22　从轴辊间取出工件

二、卷弯工艺

钢板的卷弯分为预弯（压头）、对中和卷弯三个步骤。

1. 预弯

不同类型的卷板机，剩余直边的长度不同。从理论上看，对称式三辊卷板机剩余直边长度为两下轴辊中心距的 1/2，不对称式卷板机的剩余直边为板厚的 2 倍，而实际的剩余直边长度要比理论值大。由于剩余直边在卷弯时得不到弯曲，所以要进行预弯，且预弯的长度要大于理论剩余直边的长度。预弯的常见方法有手工预弯、压力机预弯和卷板机上预弯等。

（1）手工预弯如图 4–23a 所示，将坯料放在圆钢上，锤击弯曲剩余直边。此方法适用于较薄的材料。

（2）压力机预弯如图 4–23b 所示，在压力机上用模具一次压弯，或利用通用压弯模多次压弯成形。压制时注意应让坯料处于自由弯曲状态，防止弯曲过度出现压痕。

（3）在三辊卷板机上用模板预弯如图 4–23c 所示，当坯料厚度小于 24 mm 时，可用预先弯好的弯曲模板预弯。模板厚度要比工件厚度大 2 倍，曲率半径应略小于工件的弯曲半径以克服坯料弯曲回弹。如模板曲率半径大于弯曲工件的弯曲半径，可在模板上加一块楔形垫块进行预弯，以减小弯曲半径。

（4）在三辊卷板机上用基板和垫块预弯如图 4–23d 所示，在无弯曲模板的情况下，可以取一平板，其厚度要比弯曲件厚度大 2 倍，在平板上置一楔形垫块，坯料边置于垫块上，压下上轴辊，便可进行预弯。

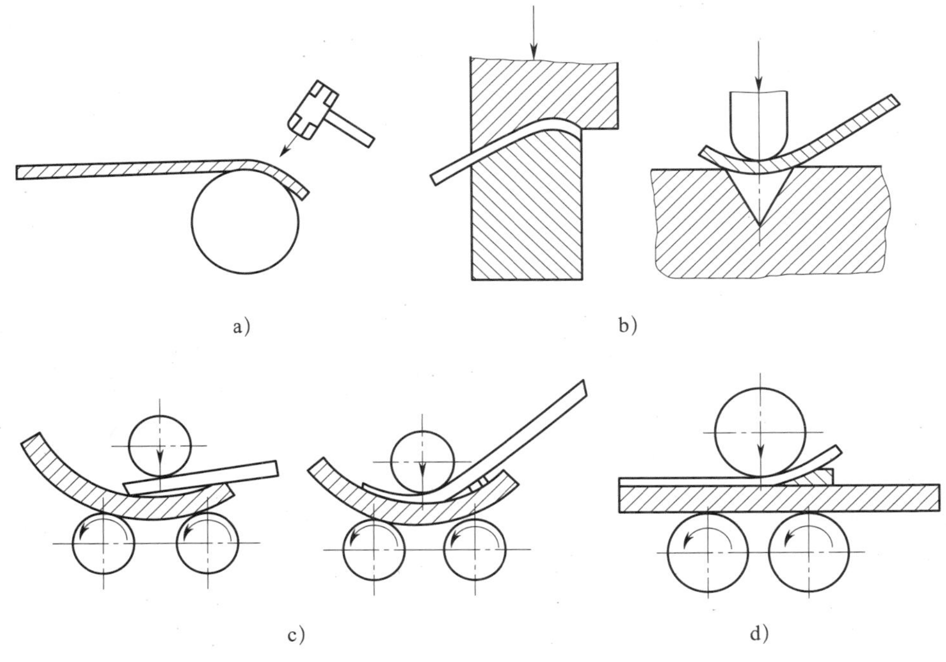

图 4–23　预弯

2. 对中

对中的目的是使工件的弯曲线与轴辊线平行，保证卷弯后工件形状的准确。

对中一般采用目测法，即用眼睛观察上轴辊或下轴辊的外形是否平行于坯料的边缘来对中。也可以利用卷板机上的挡板或下辊筒上的对中槽来对中。还可以采用倾斜进料，用另一下轴辊定位来对中。对中方法如图 4–24 所示。

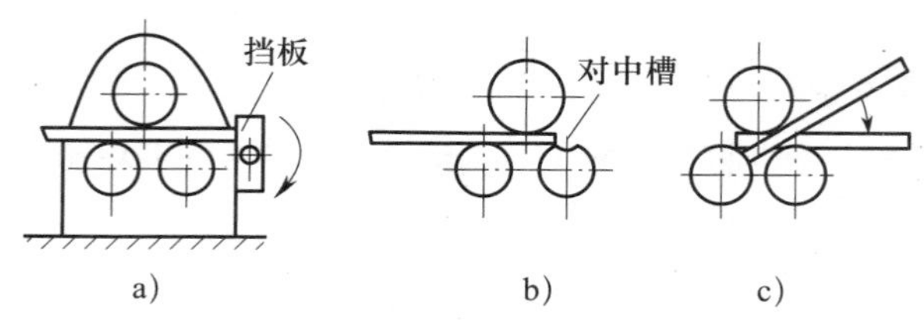

图 4–24　对中方法

a）挡板对中　b）对中槽对中　c）倾斜进料对中

3. 卷弯

根据卷弯对象的不同，卷弯大体可分为等曲率、变曲率和锥形三种类型。

（1）等曲率工件的卷弯

等曲率工件就是圆柱形或半圆形工件，是卷弯成形中最基本最常见的一种。在卷弯过程中，只要保持上轴辊上下不动，三根轴辊互相平行就可以实现。当然，曲率需要经过几次由小到大的试卷，才能最后达到要求。操作时，坯料一定要放正，对中后再开始卷弯。这一点对于大型厚坯料尤为重要，因为这样的零件，后续修整量大而且较为困难。

（2）变曲率工件的卷弯

变曲率工件包括双曲面和多曲面。在卷弯过程中，三根轴辊要保持互相平行，并随时改变上轴辊的上下位置，就可以卷出变曲率工件。

上轴辊随时改变的位置量，虽然有指示器显示，但还是不易于控制，因此有的卷板机上装有靠模装置。在卷弯时，上轴辊按靠模上下移动，只要靠模制造准确，就能卷出符合要求的曲率。

由于靠模制造和传动机构的误差，在实际操作中很难消除，特别是在小批量变曲率卷板生产当中，调整靠模的时间过长，工效较低；另外在同一批工件中，由于坯料的厚度和材料硬度上的差异，使卷板的曲度大小不一。

不按靠模卷弯变曲率工件，一般采用的方法是把工件近似地看作由几个不同

半径 R 组成，然后按半径 R 分段、分次弯曲，即变曲率由小到大逐步卷成，如图 4-25 所示。卷弯时，首先按 R_1 调整下轴辊的位置，坯料从 A 端卷弯至 F 端，使 EF 段的曲率符合要求；然后以 R_2 调整上轴辊，从 A 端辊到 E 处，使 AE 段的曲率符合要求；当上轴辊接近 E 点时，缓慢适量地上升，使曲线圆滑过渡，以防 R_1 和 R_2 间出现棱角。再依次从 A 到 D、A 到 C、A 到 B 来完成全部卷弯工序Ⅰ、Ⅱ、Ⅲ、Ⅳ、Ⅴ。各道工序中，最好每次都进行检查，检查时采用样本或模胎。

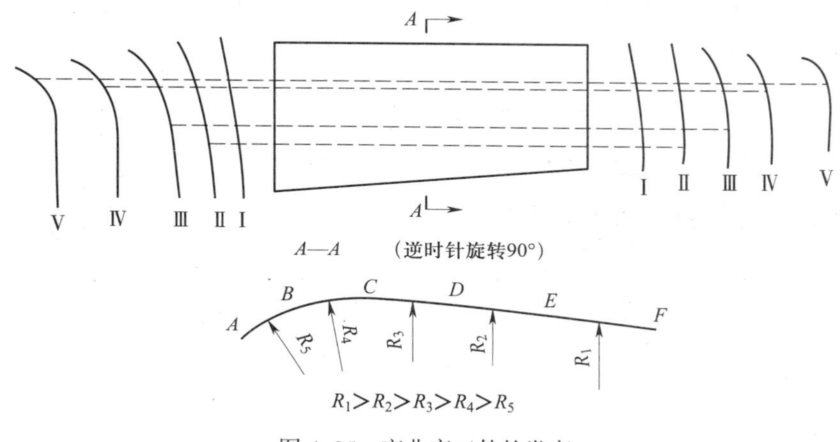

图 4-25　变曲率工件的卷弯

（3）锥形工件的卷弯

从理论上讲，在弯曲过程中，两根下轴辊保持平行，上轴辊倾斜不上下移动，就可绕弯卷出等曲率的锥形工件；两根下轴辊保持平行，上轴辊倾斜并上下移动，就可以弯卷出变曲率的锥形工件。实际上还必须使坯料两端在轴辊间进给的速度不同，才能卷出符合要求的等锥度或变曲率的锥形工件。

因为这种工件两端的曲率不同，展开长度也不同，因此在弯曲时，要求两端有不同的卷弯速度。曲率大的一端速度要慢一些，曲率小的一端速度要快一些。而在实际操作时，设备并不能实现这种状态。为解决这个问题，要求坯料上沿卷弯方向分几个区域，进行分段卷弯，如图 4-26 所示。卷弯时

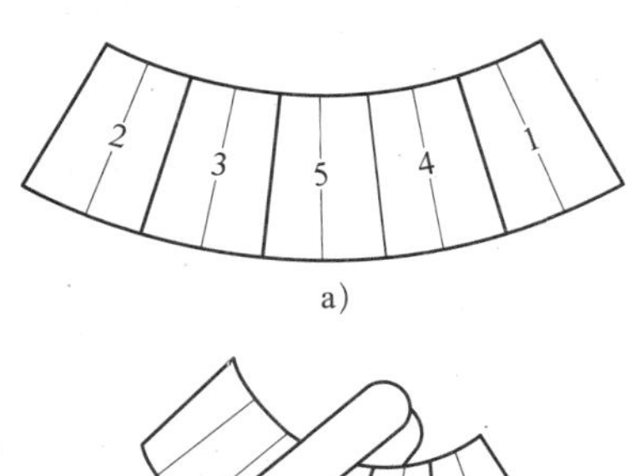

a）

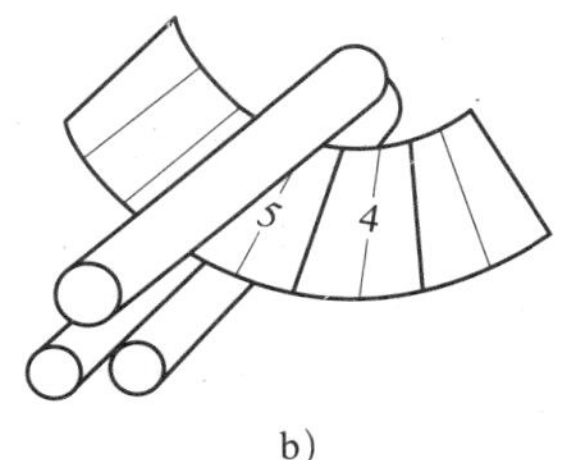

b）

图 4-26　锥形工件的卷弯

a）分区域　b）分段卷弯

将上轴辊与小段的中位素线对正压下，在小段范围内来回滚压。卷弯完一段后，随即移动板料，按上述方法再滚压下一段。通过分段挪动板料，补偿锥面两口进给速度差的不足。分段越多，则锥面成形越好。

锥面卷弯，也要先卷弯板料两端部分，再卷弯中间部分。卷弯过程中要经常用样板检查工件大、小口的曲率，以控制卷弯过程。

三、卷弯工艺及训练

1. 卷弯设备及工具

（1）卷弯设备：3WBJ-S6×2000。

（2）辅助工具：钢直尺、圆规、游标卡尺、高度游标卡尺、划针、游标万能角度尺、手电筒。

图 4-27　卷弯工件

2. 折弯材料

折弯材料：3 mm、4 mm、6 mm 厚的碳钢、不锈钢或铝合金等板材，卷弯工件如图 4-27 所示。

3. 训练要素

计算展开长—划线—切割—折弯—卷弯—测量（尺寸偏差：±0.5 mm，角度偏差：±0.5°）。

4. 步骤与方法

（1）计算展开长。根据断面形状，折点以里皮长度计算，圆弧以圆弧中性层半径计算，展开尺寸如图 4-28 所示。

（2）在板料上画出外部轮廓线、折弯线，画出圆弧的起点和终点 P'、P''。

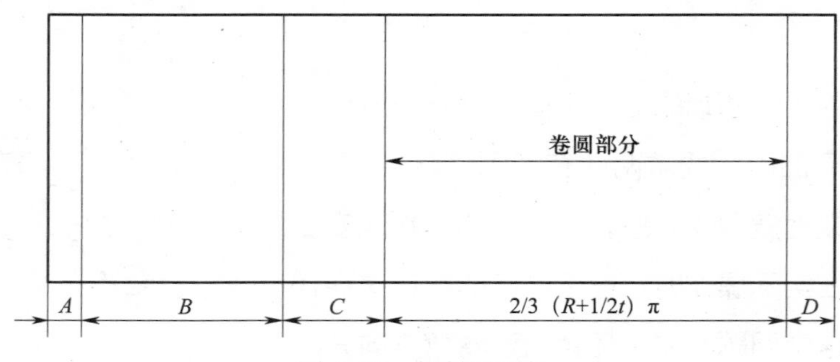

图 4-28　板料展开长

（3）选择折弯模具，先折 90°角，再折 120°角。

（4）圆弧滚弯：通常冷滚压成形的允许弯形半径 $R \geqslant 20t$（t 为板厚），当 $R<20t$ 时，应进行热滚弯。

（5）预弯、对中和卷制。

1）预弯：构件两端有直段，故不需要预弯。

2）对中：将板料置于卷板机上，使点 P'' 与上轴辊某点重合，目测上轴辊侧面与板料端口平行，如图 4-29 所示。

3）卷制：板料位置对中后，凭经验初步调节上轴辊压下量，然后再滚压，并用样板测量。逐步压下上轴辊并来回滚动，直至达到所要求的曲率半径。

（6）质量检查。

1）用圆弧样板沿曲面内表面左、右边检查整个工件的曲率，若有不合格处，应及时修整，圆弧样板如图 4-30 所示。

2）将工件竖立，若与平台贴合，说明工件不存在歪扭现象。

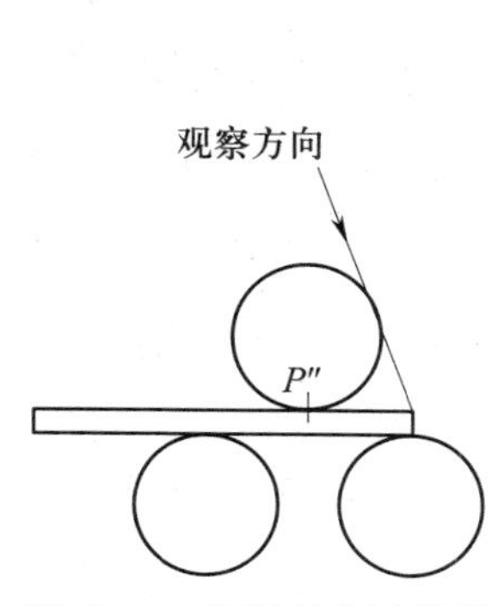

图 4-29　板料对中示意图

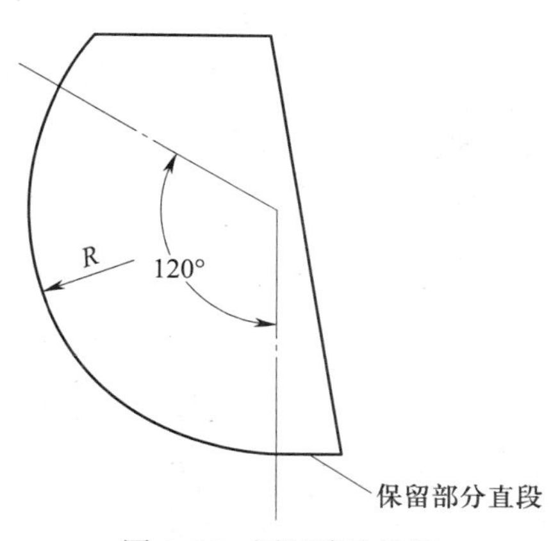

图 4-30　圆弧检验样板

四、钢板卷弯实例

在卷板机上完成如图 4-31 所示零件的卷弯工作，用量具进行检测并做好评价和总结。

1. 准备工作

（1）设备

对称式三辊卷板机、折弯机、剪板机。

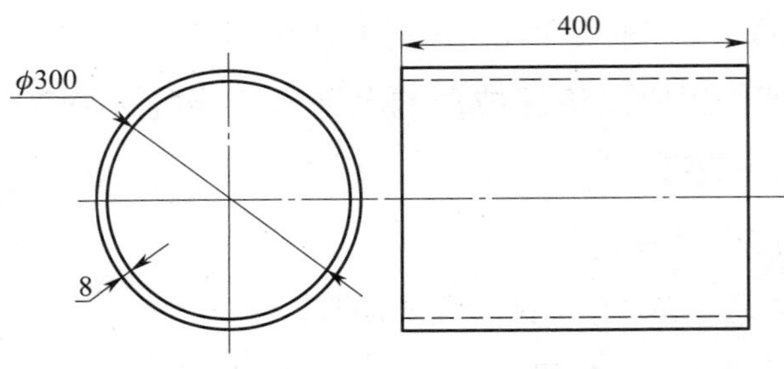

图 4–31　柱面卷弯工件图

（2）工量具

高度游标卡尺、划针、钢直尺、样板、锤子、90°角尺、压弧板、锥面槽胎具、其余相关辅助用品若干。

2. 操作步骤

（1）根据图样进行展开放样，计算出所需的材料大小。

（2）剪板下料，锐边倒钝，去除毛刺。

（3）根据材料大小和设备情况，制定卷弯流程。因为对称式三辊卷板机剩余直边长度为两下轴辊中心距的 1/2，而实际的剩余直边长度要比理论值大。经测量，卷板机下辊轴中心距为 180 mm，所以直边长度定位 100 mm，采用预弯—卷弯的顺序进行，即先在钢板上两端划上直边长度 100 mm 线，在折弯机上将直边区域预弯出一定圆弧，然后放在卷板机上将中间区域卷出圆弧。

3. 安全操作注意事项

（1）操作前必须穿戴好防护用品，包括护目镜、劳保鞋、工作服。

（2）卷板机启动前检查各部位有无异常，紧固螺钉（帽）不得有松动。开关应正常可靠。

（3）严格按板材厚度调整卷筒距离，不得超负荷作业。不能卷压超出力学性能规定范围的工件。

（4）必须将工件放平稳，位置正确且确认上面未放有任何异物后才能开车运转操作。

（5）手不得放在被卷压的钢板上，卷板过程中不得用样板进行圆度检查。

（6）卷弯不够整圆的工件时，卷弯到钢板末端时，要预留一定余量，以防工件掉下伤人。

（7）卷弯过程中工件上严禁站人。

（8）卷弯较厚、直径较大的筒体或材料强度较大的工件时，应少量下降动轴辊并经多次滚卷成形。

（9）卷弯较窄的筒体时，应放在轧辊中间滚卷。

（10）工件进入轧辊后，应防止手及衣服被卷入轧辊内。

课题四
角 钢 煨 弯

一、角钢内煨弯

1．设备及工具：台虎钳、钳口护板（角钢）、大力钳、尺规、划针、电子点火器、角磨机、高度游标卡尺、样冲、钢直尺、90°样板、锤子、氧乙炔加热设备、其余相关辅助用品若干。

2．煨弯工件：材料为等边角钢。工件如图 4-32 所示。

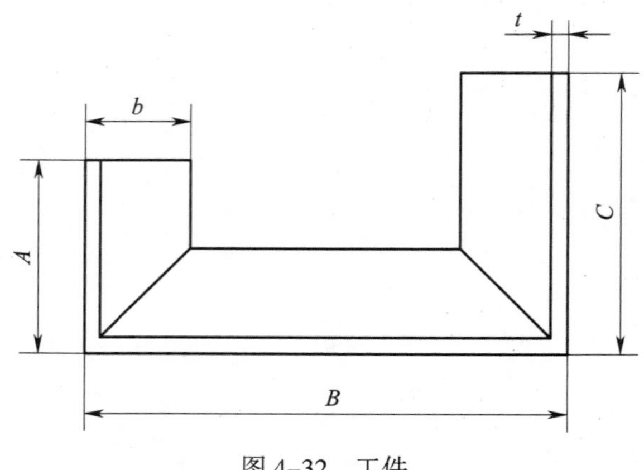

图 4-32　工件

3．训练要素：计算料长、下料、倒角、去毛刺、固定、热弯、测量。

4．计算料长并在角钢上划出切割线：角钢热弯 90°，拐角为折点，以里皮计算展开料长，如图 4-33 所示。

5．用火焰切割或用手动砂轮切割。

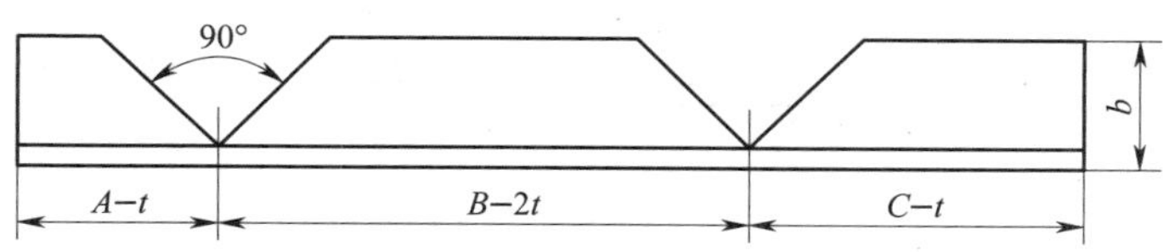

图 4–33　角钢展开长计算

6. 将角钢中间段用压紧装置固定，用气割火焰采用直线加热的方式加热切口处立边，角钢加热至橘红时，开始轻煨角钢；继续加热至红色后停止加热，热煨角钢使切口处闭合。

7. 两端成形后，放在平台上矫正使三段角钢在同一平面。

8. 测量煨弯角度和尺寸 *A*、*B*、*C*。

9. 角钢内煨弯拓展练习，工件如图 4–34 所示。

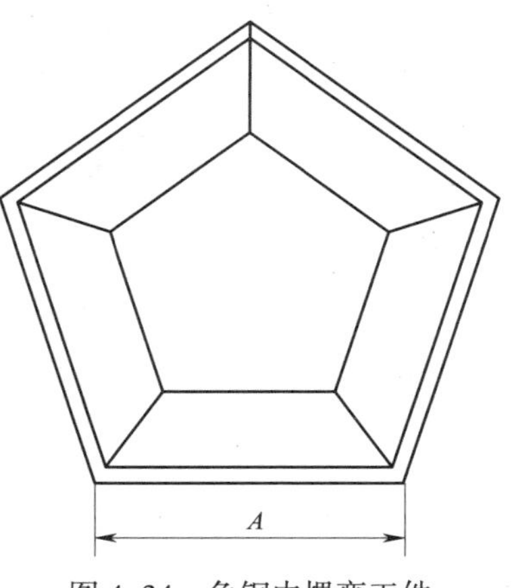

图 4–34　角钢内煨弯工件

二、角钢圆角内煨弯

1. 煨弯工件：材料为等边角钢，工件如图 4–35 所示。

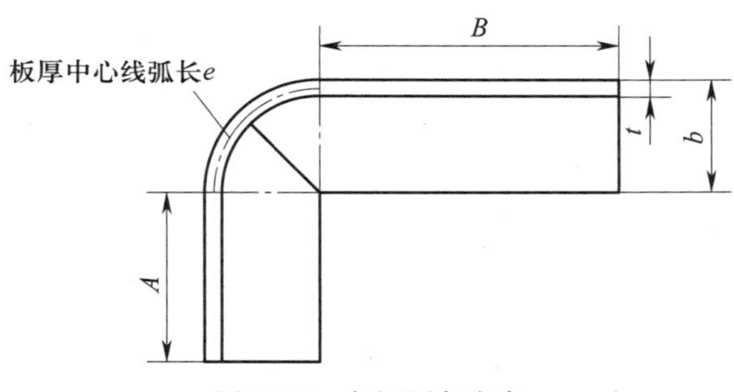

图 4–35　角钢圆角内弯

2. 计算料长并在角钢上划出切割线：角钢热弯 90°，拐角为圆角，圆弧半径 $r=b-1/2\ t$，以圆弧半径 r 计算出圆角展开长度 $e=\pi r/2$，角钢展开料长 $L=A+e+B$。

划线：在角钢上依次截取尺寸 *A*、*e*、*B*，并在截线上以（$b-t$）为半径画弧与 45°斜线相交，如图 4–36 所示。

3. 用火焰切割切除多余部分，并打磨干净。

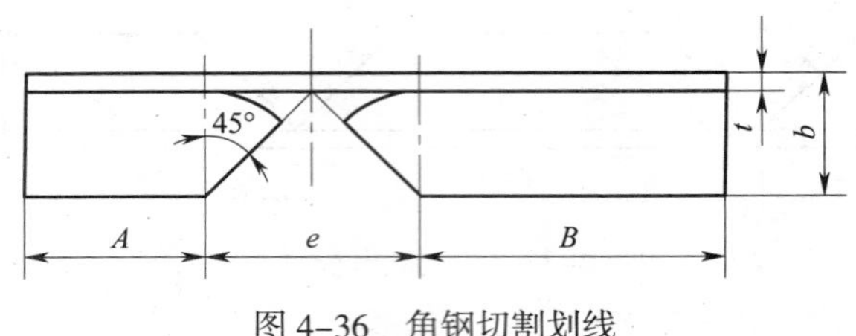

图 4-36　角钢切割划线

4. 将角钢一端固定，用气割火焰采用 S 形加热的方式加热角钢圆弧区 e。待加热至橘红时，开始轻煨角钢，到中心位置后停止；再固定另一端加热煨弯使切口处闭合。

5. 成形后，放在平台上矫正使角钢在同一平面。

6. 测量煨弯角度和外形尺寸，检查是否符合要求。

第五单元
焊接

课题一
焊 接 准 备

金属构造项目涉及焊条电弧焊（SMAW、111）、熔化极活性气体保护焊（GMAW、MAG、135）和钨极气体保护焊（GTAW、TIG、141）三种焊接方法。

一、金属构造项目常见的焊接接头形式及符号标注

图 5-1 为金属构造项目中常用的焊接接头形式及焊接符号（图中材料可采用碳钢、不锈钢或铝合金，焊接方法可变换为 111、141）。

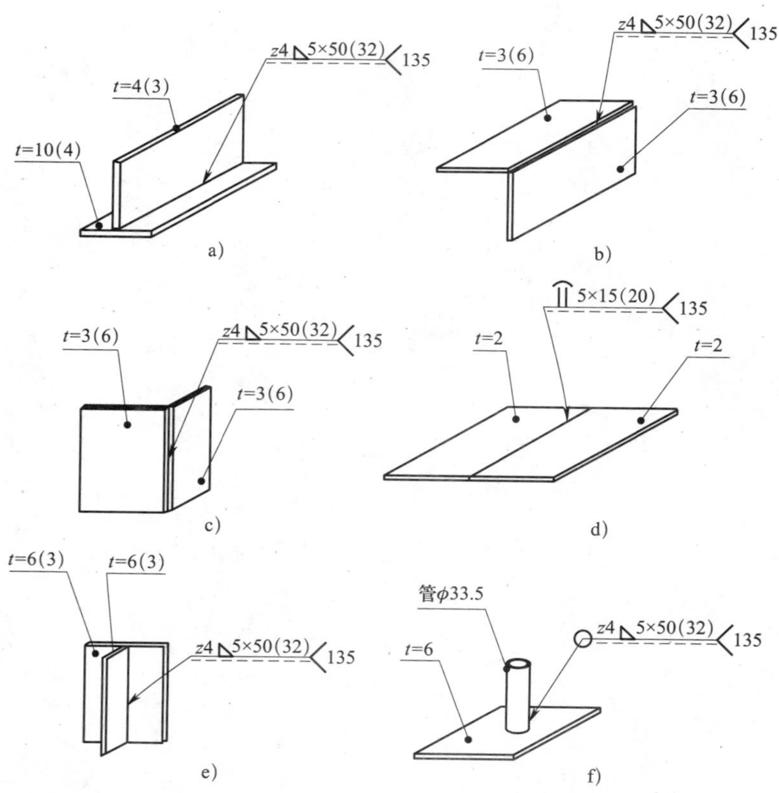

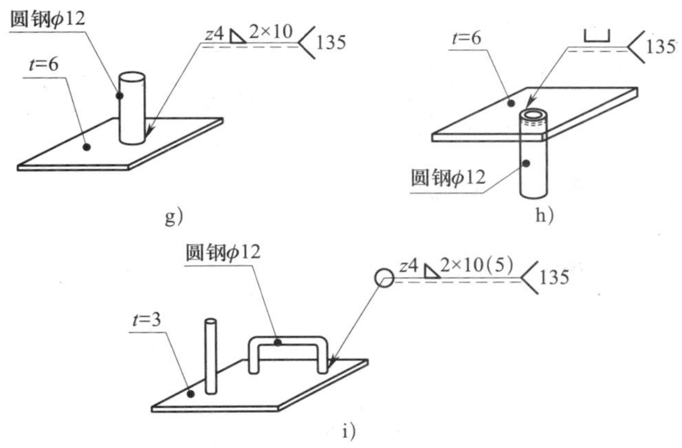

图 5–1　金属构造项目中常用的焊接接头形式及焊接符号

a）板平角焊　b）板平转角焊　c）板立转角焊　d）板平对接焊　e）板立角焊　f）管板平角焊

g）圆钢与板端部平角焊　h）圆钢与板端部塞焊　i）钢与板端部围焊

二、焊接缺陷

焊接接头中的不连续、不均匀性以及其他不健全性等的欠缺，统称为焊接缺欠。使得焊接产品不能符合相关标准所提出的使用性能要求的焊接缺欠，称为焊接缺陷，存在焊接缺陷的产品应判废或必须返修。

焊接缺陷包括以下几种：

（1）焊缝外观尺寸偏差，如余高过大、焊脚尺寸不合适等。

（2）金属不连续缺陷，如裂纹、气孔、夹渣、未熔合等。

（3）冶金不均匀性缺陷，如焊缝化学成分和焊缝或热影响区的组织不符合规定。

（4）焊接变形。

常见焊接缺陷及产生原因见表 5–1。

表 5–1　常见焊接缺陷及产生原因

序号	名称	图示	产生原因
1	裂纹	横裂纹　焊跟裂纹　焊趾裂纹　焊道下裂纹	结构和接头设计不合理，导致焊接接头区域应力过大；制造工艺存在问题，包括工艺设计不当（如焊接顺序不正确），构件端面装配间隙不合适，管理不善（如预热温度、道间温度控制不严，操作中断等）；材料问题，包括钢材 S、P 等杂质含量高，母材碳当量大，焊接材料扩散氢含量高等

续表

序号	名称	图示	产生原因
2	气孔	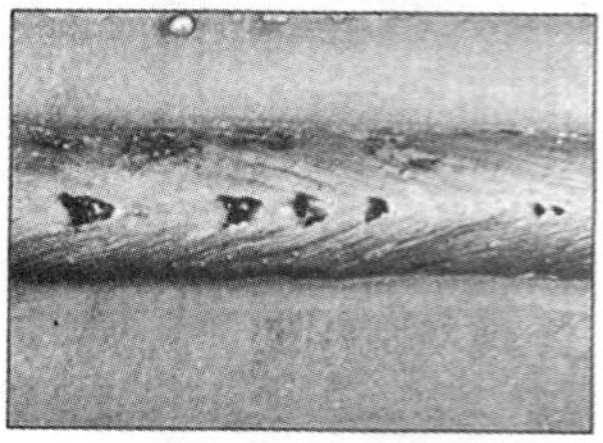	焊材受潮，药皮或药芯损坏；坡口面受到水、锈、油、漆等污染；焊接电流偏低；焊接时电弧过长；环境风速过大；气体保护不足
3	弧坑缩孔	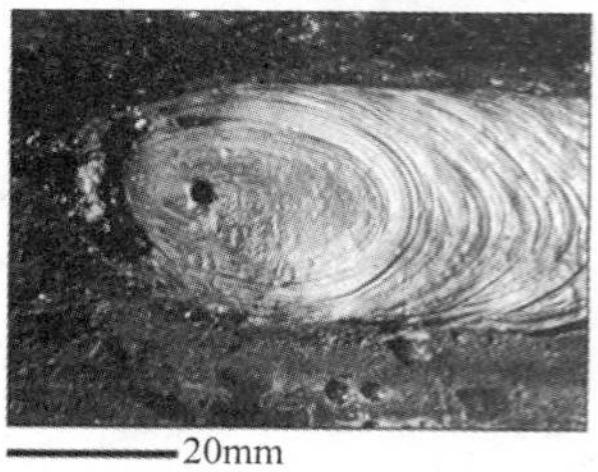 20mm	焊接收弧时焊条（焊丝）停留时间短，填充金属不够，焊缝金属冷却收缩导致
4	未熔合	 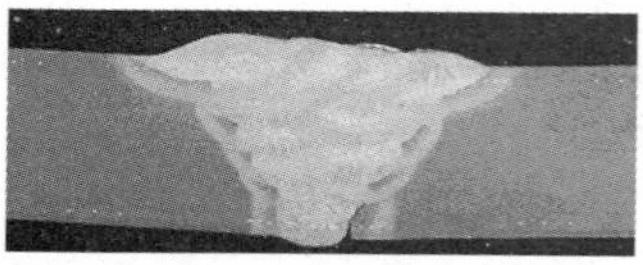	接头根部间隙过窄；焊接电弧过长；磁偏吹；使用错误的电流极性；焊条直径过大，焊接角度不合适；焊接电流偏小，焊接速度过快；母材表面有污物或氧化物影响熔敷金属与母材间的熔合等；焊接处于下坡焊位置，母材未熔化时已被铁液覆盖
5	未焊透	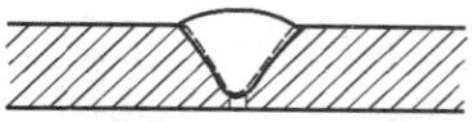 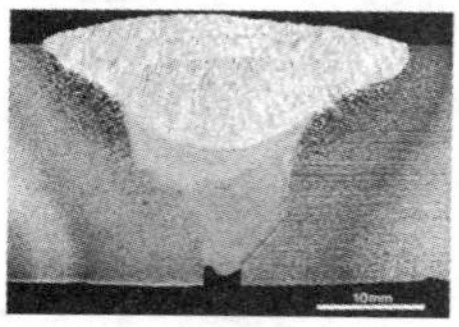 10mm	坡口间隙过小，钝边过大；焊接电弧过长；磁偏吹；使用错误的电流极性；焊条直径过大，焊接角度不合适；焊接电流小，焊接速度过快
6	夹渣	 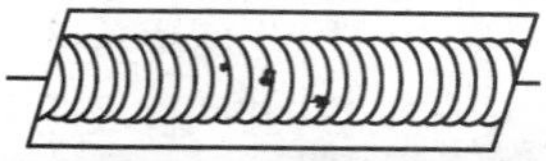 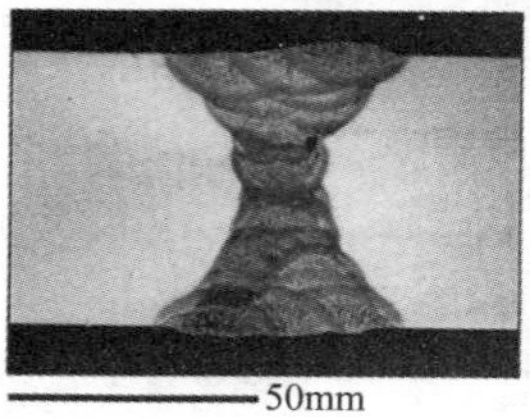 50mm	坡口清理不干净；层间之间清渣不彻底；不良的焊缝形状导致清渣困难；电弧过长，焊接热输入小，焊接速度快，焊缝散热快，液态金属凝固过快；焊条药皮、焊剂化学成分不合理，熔点过高；焊条电弧焊时，焊条摆动不合适，不利于熔渣上浮

续表

序号	名称	图示	产生原因
7	夹钨	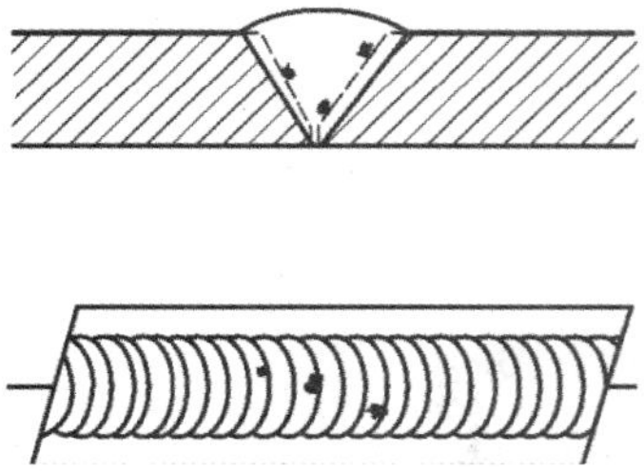	TIG焊过程中由于电源极性不当，电流密度大，钨极熔化脱落于熔池中产生的钨夹杂
8	咬边	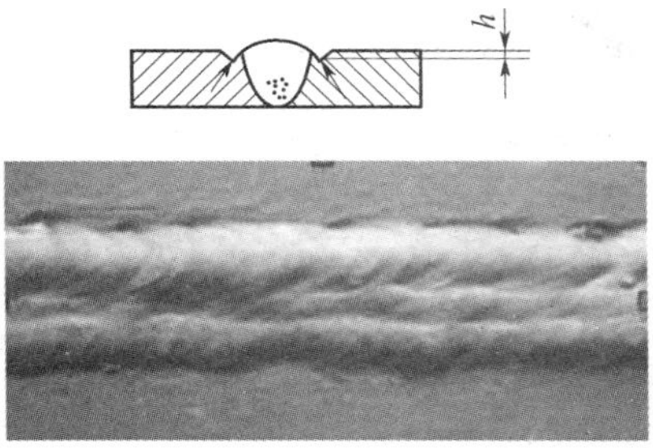 h	焊接电流过大；焊接速度太快；焊接角度不合适 焊接过程中，焊极摆动过大；焊材直径过大；根部间隙过大；根部没有钝边或钝边过小
9	下塌	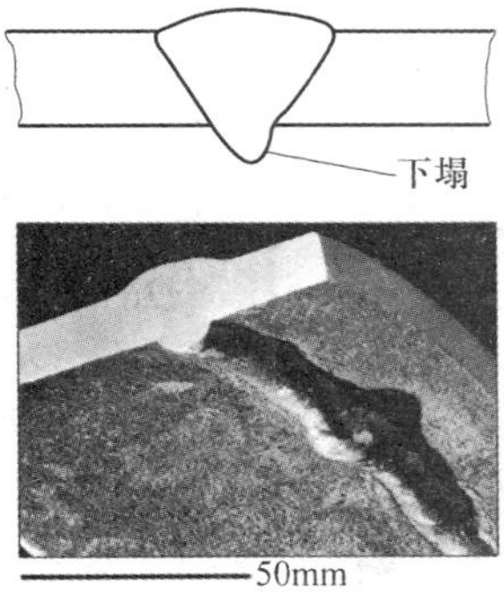 下塌 50mm	打底焊时焊接电流过大；接头根部间隙过大；不适当的焊接工艺
10	焊瘤	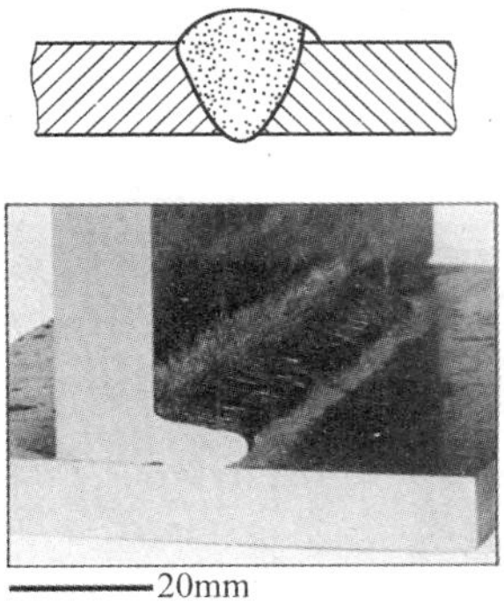 20mm	焊接参数选择不当，熔化的焊缝金属流淌到未熔化的母材上所形成的局部未熔合

续表

序号	名称	图示	产生原因
11	未焊满	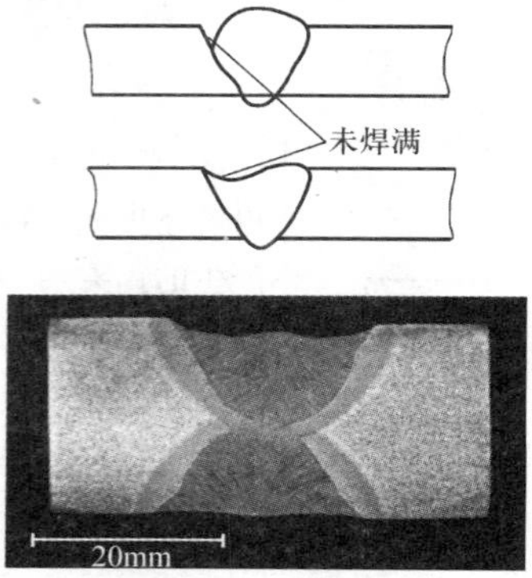 未焊满 20mm	焊缝金属填充不够；焊接工艺不当
12	根部收缩	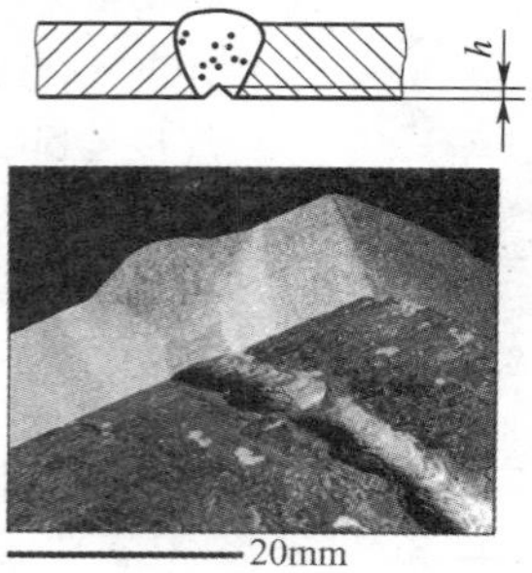 h 20mm	根部间隙过大；电弧能量不足；TIG焊中，背面保护气体压力过大（不锈钢焊接）
13	层状撕裂	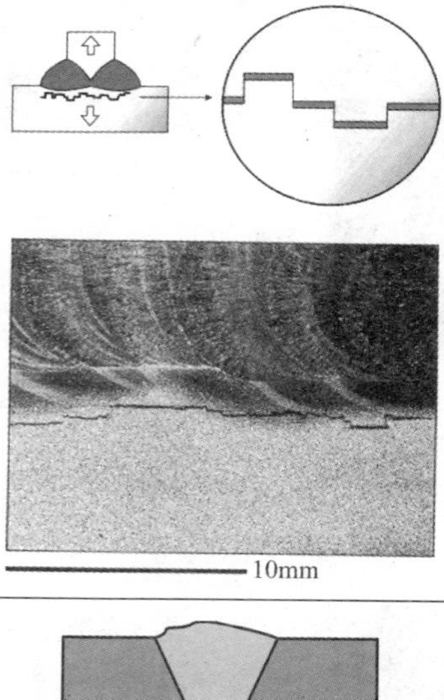 10mm	接头设计不合理，导致母材厚度方向收缩应力变大；母材质量差，杂质含量高，S含量高；母材厚度方向的延展性低；焊件受到的拘束大；焊缝体积大，收缩量大
14	烧穿	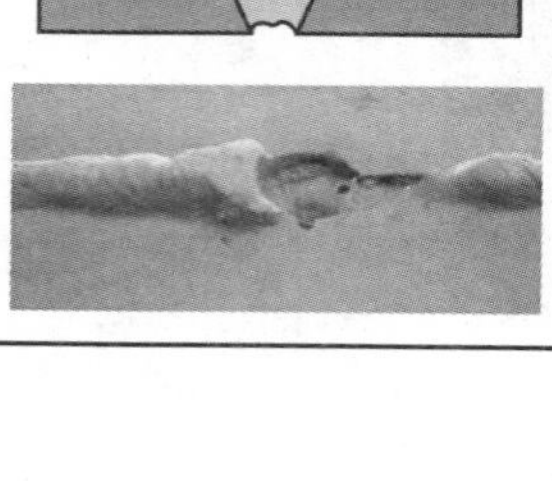	打底焊接时焊接电流过大；根部打磨过多；焊接工艺不当

续表

序号	名称	图示	产生原因
15	电弧擦伤	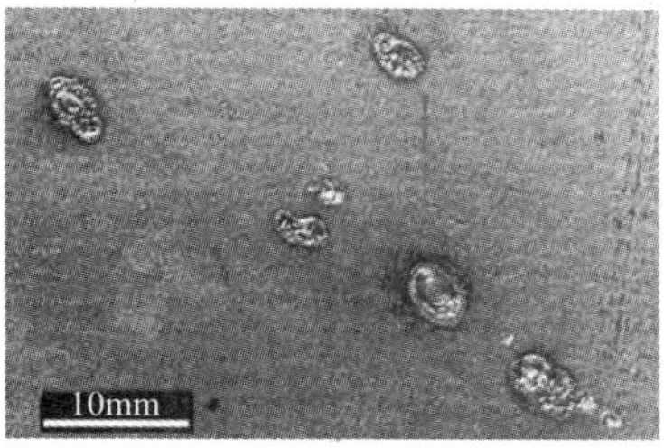 10mm	焊枪偏离到母材上；焊接线破损，未与母材搭好；母材与接地夹头接触不良
16	飞溅		焊接热输入过大；电弧过长；焊条潮湿；磁偏吹
17	余高过高	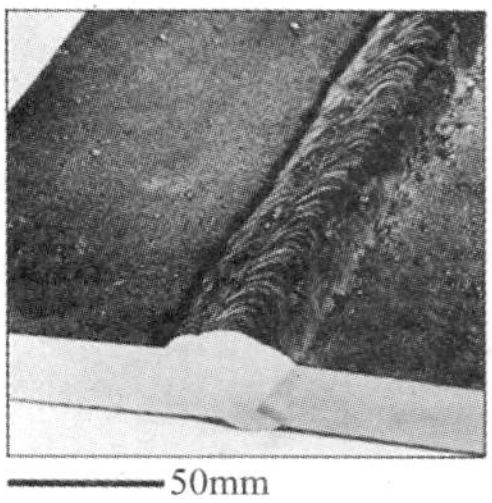 50mm	焊缝余高是指在角焊缝中产生的多余的凸起的焊缝金属或在对接焊缝中高于母材厚度部分的焊缝金属。这些多余部分只有在其尺寸超出规定尺寸的范围时才被视为缺陷
18	错边	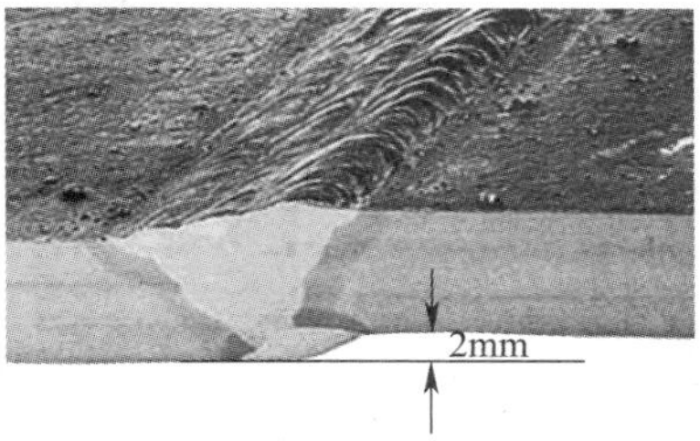 2mm	对接焊时，两个焊件表面应平行对齐，未达到规定的平行对齐要求而产生的偏差为错边（两块板的平面平行，但不在同一平面）
19	角变形	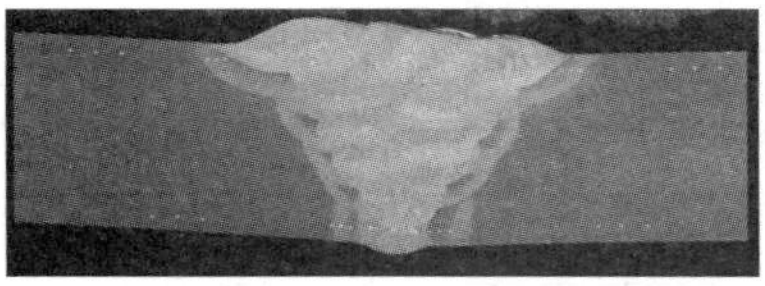	焊接时，由于焊接区沿板材厚度方向不均匀的横向收缩而引起的回转变形为焊缝角变形，即焊缝两侧板的中心线（在厚度方向）不平行，存在一定的角度，其产生原因与错边相同
20	焊缝宽度波动过大	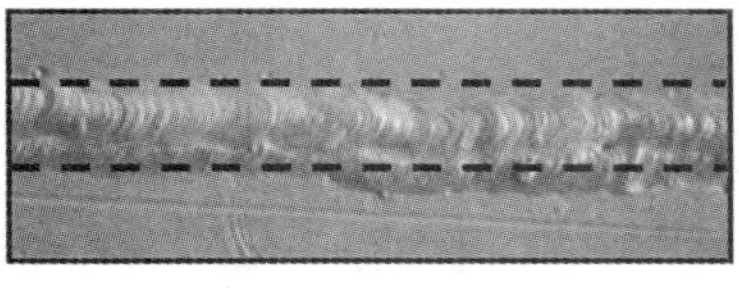	焊接操作空间过于狭窄，焊工不能自由施焊；焊接参数选择不当，焊接过程难以控制；焊工技能不熟练，操作不当
21	其他缺陷	包括焊趾过渡不良、磨痕（打磨过量）、凿痕以及定位焊缺陷等	焊接工艺不当；焊工技术欠佳；未按焊接工艺规程操作

三、焊缝专用量规及测量规定

1. 专用量规

专用量规可以用来测量各种焊接制造中需要测量的项目。这些量规包括：

（1）高低规，用于测量错位和根部间隙，如图 5-2 所示。

（2）角焊规，用于测量角焊缝表面轮廓和尺寸。

（3）万用焊接量规，用于各种坡口、焊缝外观尺寸、错边量等的测量。

国内外常用焊接专用量规及功能见表 5-2，国产常用万用焊接量规外观见表 5-3，国产 HJC60 型万用焊接量规的使用见表 5-4，欧洲万用焊接量规的使用见表 5-5。

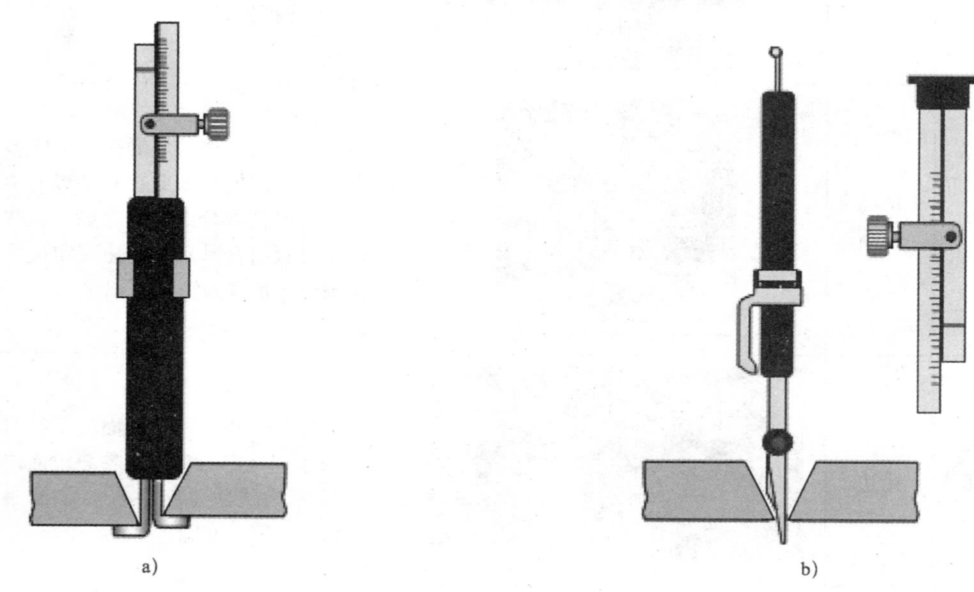

a)　　b)

图 5-2　高低规示意图

a）测量错边　b）测量根部间隙

表 5-2　国内外常用焊接专用量规及功能

专用量规	图示	功能
可调整角焊规		测量范围为 3 ~ 25 mm，精度为 ±0.8 mm。角焊规利用一可滑动偏移臂进行角焊缝长度测量，该偏移臂成 45°。该量规可以测量的焊缝厚度可达 1.5 mm

续表

专用量规	图示	功能
角焊规		可以测量的焊缝尺寸范围为 3 ～ 25 mm
万用焊接量规		该量规形状不规则，由不锈钢制成，可以测量焊接坡口以及对接焊缝和角焊缝的外观尺寸。该量规适用于一般制造任务，可以以公制和英制为单位快速测量焊接坡口、焊缝余高、角焊缝焊脚长度、焊缝尺寸以及错边量
万用数字焊接量规		该数字量规用于测量焊接坡口以及对接焊缝和角焊缝的外观尺寸。该量规适用于一般制造任务，可以以公制和英制为单位快速测量焊接坡口、焊缝余高、角焊缝焊脚长度、焊缝尺寸以及错边量

表 5-3　国产常用万用焊接量规外观

正面	反面
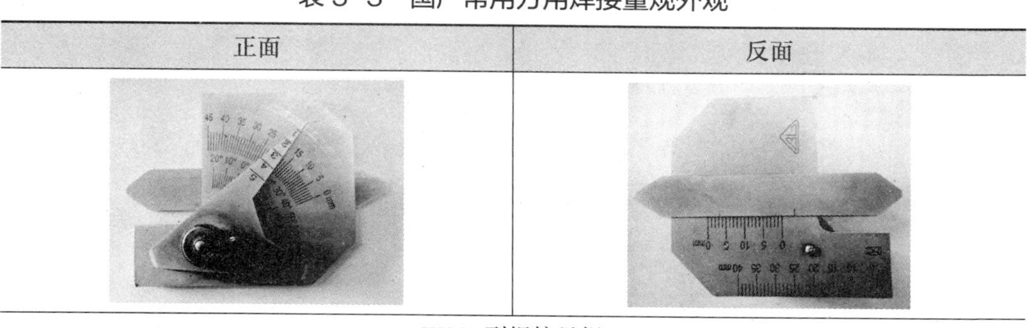	
KH45 型焊接量规	
	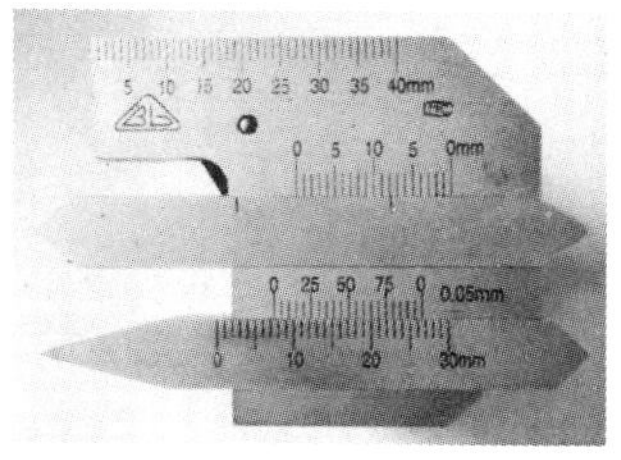
KH45B 型焊接量规	

续表

正面	反面
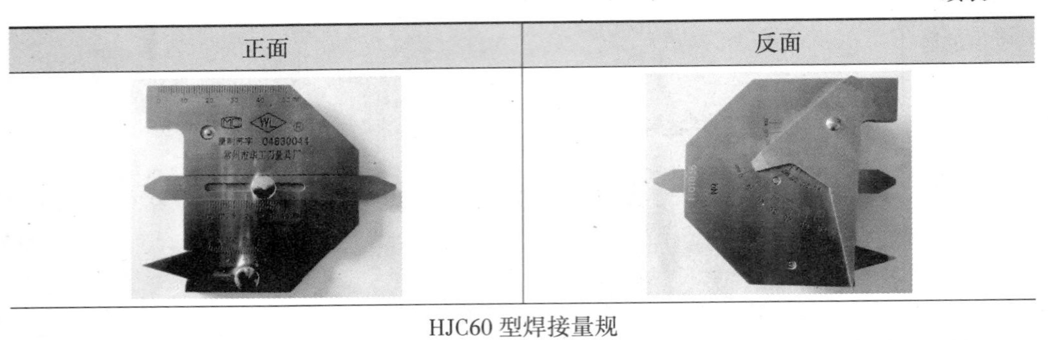	
HJC60 型焊接量规	

表 5-4　国产 HJC60 型万用焊接量规的使用

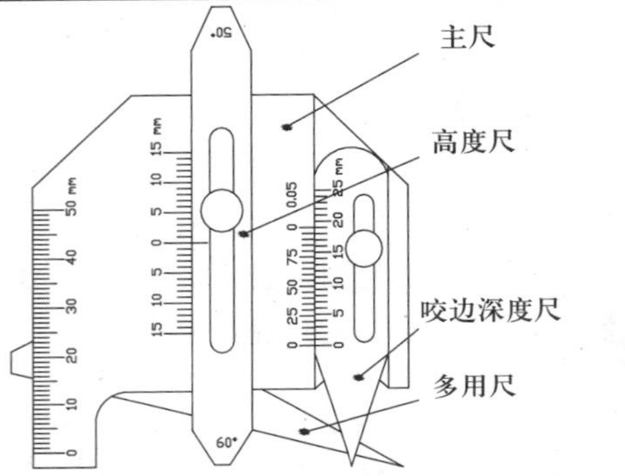

主尺　高度尺　咬边深度尺　多用尺 HJC60 型万用焊接量规	测量对接焊缝高度（错边）
测量角焊缝焊脚尺寸	测量角焊缝焊喉尺寸
测量焊缝宽度	测量焊件坡口角度

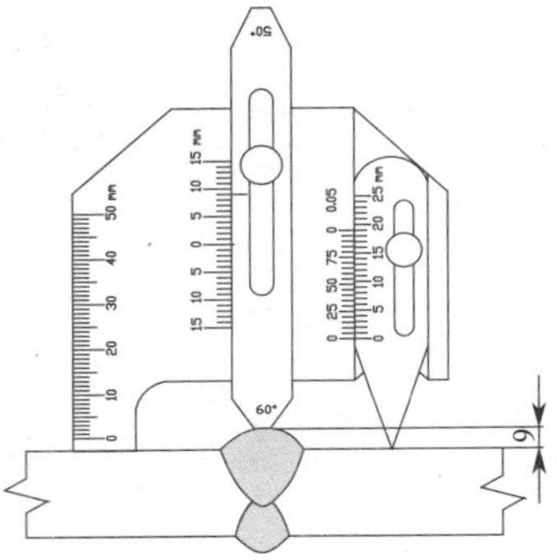

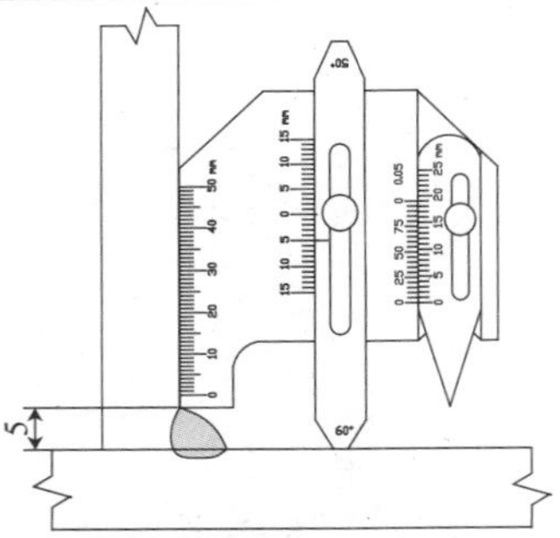

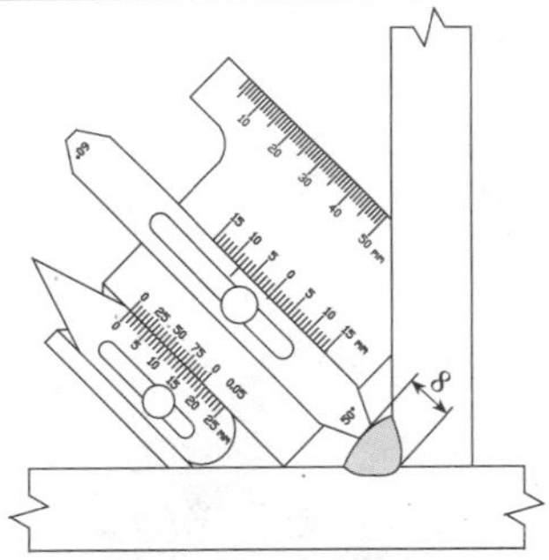

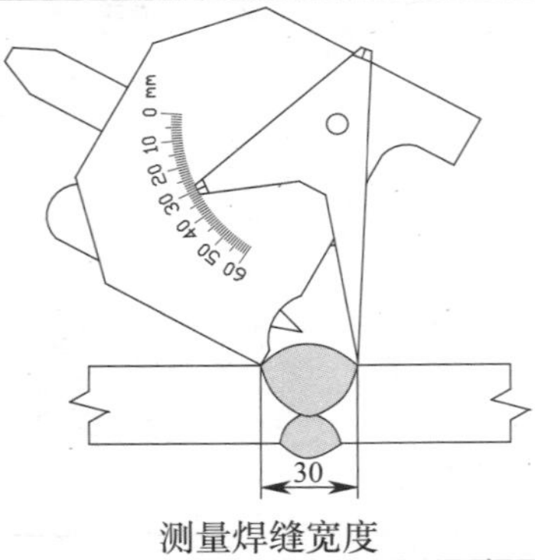

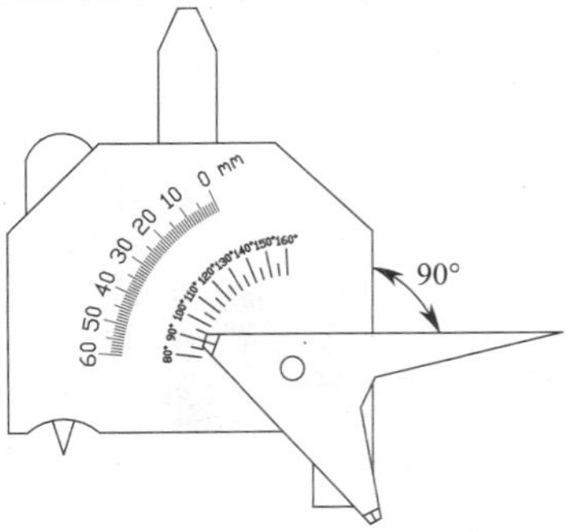

续表

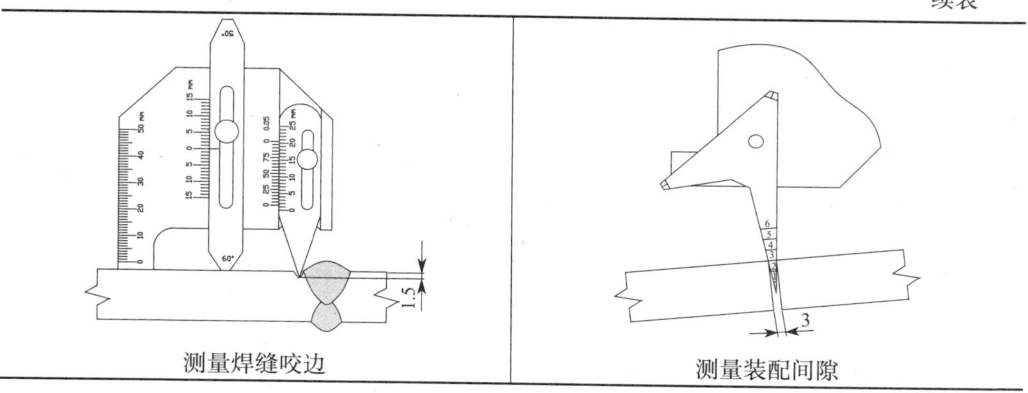

测量焊缝咬边	测量装配间隙

表 5-5　欧洲万用焊接量规的使用

测量内容	测量示意	说明
焊接坡口角度		该量规读数范围为 0° ~ 60°，每 5° 一大格。从板材或管材切口边缘读出角度读数
错边		该量规可以用来测量焊件的错边量，使用时将量规的边缘置于较低的一侧，转动扇形块直至指针接触到较高一侧为止
焊缝表面 / 根部余高		该量规用于测量对接焊的焊缝表面或根部余高，使用时将量规垂直放置于焊缝一侧的母材上
蚀损 / 机械损伤等		该量规可以用来测量缺陷点的深度，使用时将量规的边缘置于板材上，转动扇形量块直至指针接触到最低点为止 通过 0 刻度线左侧的刻度读出读数，单位为 mm 或英寸
角焊缝实际焊喉尺寸		读数可达 20 mm 或 0.75 英寸
角焊缝焊脚高度		该量规可以用来测量角焊缝焊脚高度，最大可达 25 mm

2. 焊件存在错边时的测量规定（见图 5-3）

（1）焊缝表面余高

焊缝表面余高是从较低侧焊接母材平面到焊缝金属最高点所测的高度。

（2）焊缝熔透深度（根部余高 / 下塌）

焊缝熔透深度是从较高侧焊接母材测量的。

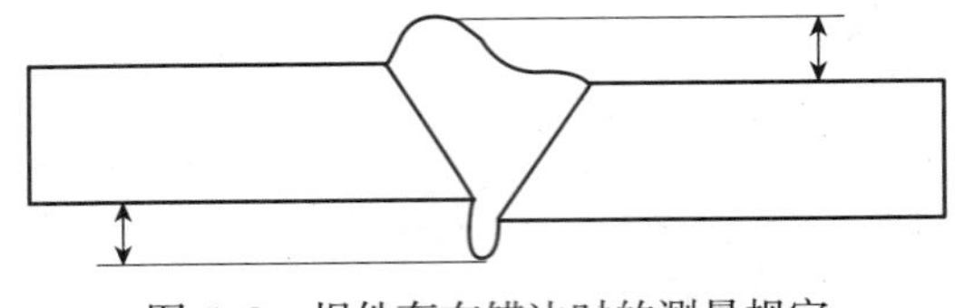

图 5-3　焊件存在错边时的测量规定

四、焊接安全

1. 预防火灾和爆炸的安全技术

（1）焊接前要认真检查工作场地周围是否有易燃易爆物品，如有易燃易爆物品，应将这些物品移至距离焊接工作场地 10 m 以外。

（2）在焊接作业时，应注意防止金属火花飞溅而引起火灾。

（3）严禁设备在带压时焊接或切割，带压设备一定要先解除压力（卸压），并且焊割前必须打开所有孔盖。

（4）凡被化学物质或油脂污染的设备都应清洗后再进行焊接或切割。

（5）在进入容器内工作时，焊接或切割工具应随焊工同时进出，严禁将焊接或切割工具放在容器内而焊工擅自离去，以防混合气体燃烧或爆炸。

（6）焊条头及焊后的焊件不能随便乱扔，要妥善管理，更不能扔在易燃、易爆物品的附近，以免发生火灾。

（7）离开施焊现场时，应关闭气源、电源，并将火种熄灭。

2. 预防有害气体和烟尘中毒的安全技术

（1）焊接场地应有良好的通风

1）焊接工作量较大，空气污染严重时需要全面机械通风。

2）仅在场地内的局部区域进行焊接工作，可采用局部机械通风。

3）如果焊接工作量较小，烟尘能自然消散，可充分利用自然通风。

（2）合理组织劳动布局，避免多名焊工拥挤在一起操作。

（3）尽量扩大埋弧焊的使用范围，以代替焊条电弧焊。

（4）做好个人防护工作，减少烟尘等对人体的侵害，目前多采用静电防尘口罩。

3. 预防弧光辐射的安全技术

（1）焊工必须使用有电焊防护玻璃的面罩。

（2）面罩应该轻便、成形合适、耐热、不导电、不导热、不漏光。

（3）焊工工作时，应穿白色帆布工作服，以防止弧光灼伤皮肤。

（4）焊工操作引弧时，应该注意周围是否有人，以免强烈弧光伤害他人眼睛。

（5）在厂房内和人多的区域进行焊接时，尽可能地使用防护屏，避免周围的人受弧光伤害。

（6）重力焊或装配定位焊时，要特别注意避免弧光的伤害，要求焊工或装配工佩戴防光眼镜。

4. 焊接劳动保护

（1）应采用安全、卫生、性能好的焊接技术。

（2）加强焊工的个人防护，详见附录 A。

课题二 焊条电弧焊

焊条电弧焊是用手工操作焊条进行焊接的方法，它是利用焊条与焊件之间产生的焊接电弧来加热并熔化焊条与局部焊件以形成焊缝的，是熔焊中最基本的一种焊接方法。

一、焊条电弧焊基础知识

1. 焊条电弧焊特点

使用焊条电弧焊时，焊接电源输出端的两根电缆应分别与焊条、焊件连接，组成包括电源、焊接电缆、焊钳、地线夹头、焊件和焊条在内的闭合回路，如图 5-4 所示。

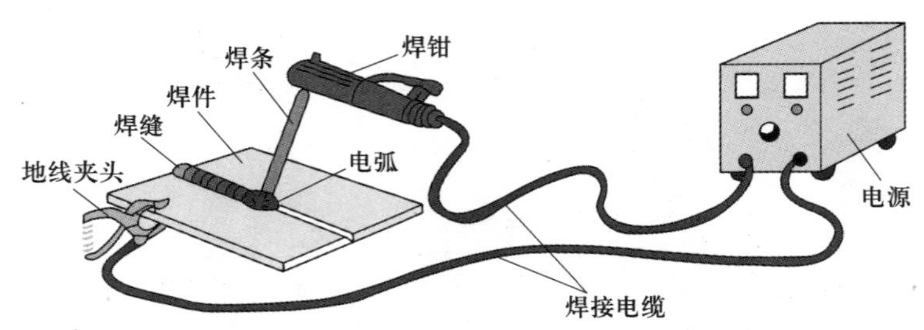

图 5-4　焊条电弧焊的焊接回路

由于采用手工操作，焊缝质量主要靠焊工的操作技能和职业素养来保证，甚至焊工的身体和精神状态也会影响焊缝质量。

2. 焊条

焊条是焊条电弧焊用的焊接材料。焊条电弧焊时，焊条既作电极，又作填充金属，熔化后与母材熔合形成焊缝。因此，焊条的性能将直接影响到电弧的稳定性、焊缝金属的化学成分、力学性能和焊接生产率等。

（1）焊条分类

焊条可分为酸性焊条和碱性焊条两大类。焊条药皮熔化后的熔渣主要以酸性氧化物组成的焊条称为酸性焊条，钛铁矿型、钛钙型、纤维素型（如高纤维素钾型）、氧化钛型（如高钛钠型）及氧化铁型药皮类型的焊条为酸性焊条。焊条药皮熔化后的熔渣主要以碱性氧化物组成的焊条称为碱性焊条，低氢钠型和低氢钾型药皮类型的焊条为碱性焊条。碱性焊条的力学性能、抗裂纹性能优于酸性焊条，而酸性焊条的工艺性能优于碱性焊条。酸性焊条和碱性焊条的性能对比见表 5-6。

表 5-6　酸性焊条和碱性焊条的性能对比

序号	酸性焊条	碱性焊条
1	对水、铁锈的敏感性不大，使用前须经 75 ~ 150 ℃烘干，保温 1 ~ 2 h	对水、铁锈的敏感性较大，使用前须经 350 ~ 400 ℃烘干，保温 1 ~ 2 h
2	电弧稳定，可用交流或直流焊机施焊	须用直流反接施焊，当药皮中加稳弧剂后，可交、直流两用
3	焊接电流较大	焊接电流比同规格的酸性焊条小 10% ~ 15%
4	可长弧操作	须短弧操作，否则易引起气孔
5	焊缝的抗裂性较差	焊缝的抗裂性好
6	焊接时烟尘较少	焊接时烟尘较多
7	熔渣呈玻璃状，脱渣较方便	熔渣呈结晶状，脱渣不及酸性焊条方便

（2）焊条型号

焊条型号是焊条的代号，碳钢焊条和低合金钢焊条型号表示熔敷金属的力学性能、药皮类型、焊接位置和电流种类（见图 5-5），详见国家标准《非合金钢及细晶粒钢焊条》（GB/T 5117—2012）和《热强钢焊条》（GB/T 5118—2012）。

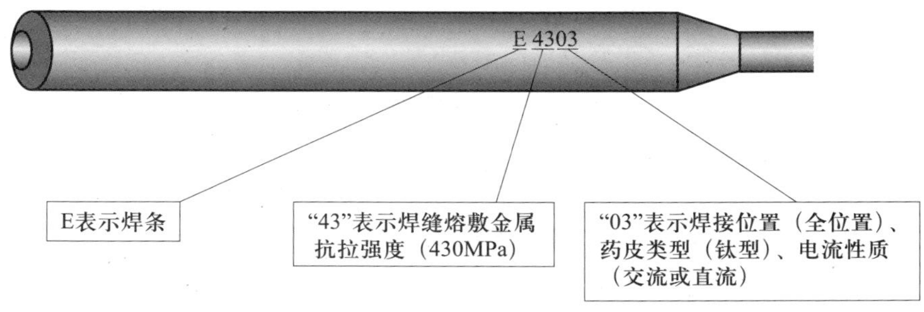

图 5-5　碳钢焊条型号示例

不锈钢焊条型号表示熔敷金属的化学成分、药皮类型、焊接位置和电流种类，详见国家标准《不锈钢焊条》(GB/T 983—2012)。

(3)焊条的选用

1)低碳钢、中碳钢及低合金钢按焊件的抗拉强度来选用相应强度的焊条，使熔敷金属的抗拉强度与焊件的抗拉强度相等或相近，该原则称为“等强原则”。

2)对于不锈钢、耐热钢、堆焊等焊件选用焊条时，应从保证焊接接头的特殊性能出发，要求焊缝金属化学成分与母材相同或相近。

3)对于强度不同的低碳钢之间、低合金高强钢之间及它们之间的异种钢焊接，要求焊缝或接头的强度、塑性和韧性都不能低于母材中的最低值，故一般根据强度等级较低的钢材来选用相应的焊条。

4)重要焊缝选用碱性焊条。使用前需在烘烤箱经 350 ~ 400 ℃烘干 1 ~ 2 h。

5)在满足性能的前提下尽量选用酸性焊条。使用前需在烘烤箱经 75 ~ 150 ℃烘干 1 ~ 2 h。

(4)选用焊条时应检查的内容

1)规格：查看焊芯直径和长度是否符合要求(见图 5-6)。

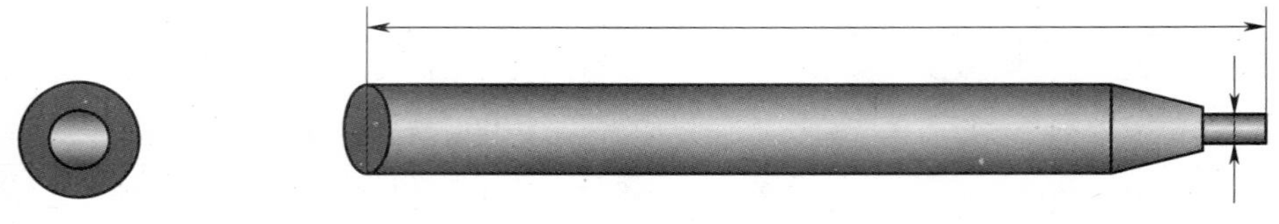

图 5-6　焊条规格

2)外观质量：检查焊条是否有裂纹、脱落以及焊条与焊芯是否同心(见图 5-7)。

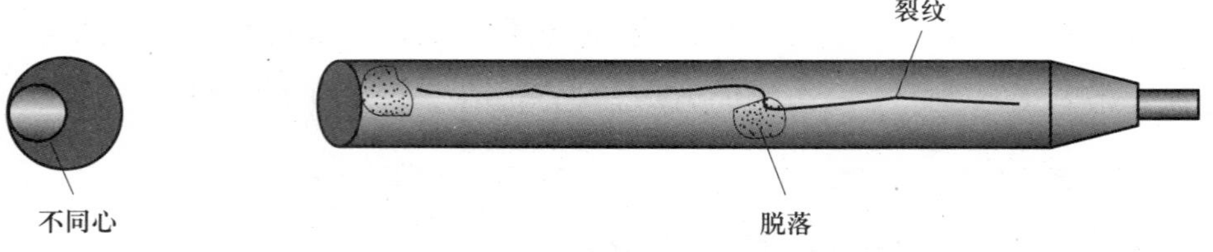

图 5-7　焊条外观质量

3)确认焊条类型：正确的型号 / 牌号(见图 5-8)。

图 5-8　焊条型号

3. 焊条电弧焊工艺

焊接参数是指焊接时为保证焊接质量而选定的各物理量的总称。焊条电弧焊的焊接参数主要包括：焊条直径、焊接电流、焊接速度、焊接层数以及预热、后热措施等。焊接参数选择合适与否，直接影响到焊缝的形状、尺寸、焊接质量和生产率。因此，选择合适的焊接参数是焊接生产中十分重要的环节。

（1）焊条直径的选择

焊条直径的选择主要取决于焊件的厚度，厚度越大，则焊缝需要填充的金属也越多，因此应选用较大直径的焊条。焊件厚度与焊条直径的关系见表 5-7。

表 5-7　焊条直径的选择　　mm

焊件厚度	≤ 1.5	2	3	4 ~ 7	8 ~ 12	≥ 13
焊条直径	1.6	1.6 ~ 2	2.5 ~ 3.2	3.2 ~ 4	4 ~ 5	5 ~ 5.8

（2）焊接电流

焊接电流主要取决于焊条类型、焊条直径和焊缝的位置。对于一定直径的焊条，有一个合理的与之对应的电流使用范围。表 5-8 所列的为酸性焊条平角焊时焊接电流的选择范围。

表 5-8　酸性焊条平角焊时焊接电流的选择范围

焊条直径 /mm	1.6	2.0	2.5	3.2	4
焊接电流 /A	25 ~ 40	40 ~ 70	50 ~ 80	90 ~ 130	160 ~ 210

（3）电源种类和极性

焊条电弧焊电源有交流、直流两种形式，其中直流又分为直流反接和直流正接两种极性，如图 5-9 所示。应根据选用的焊条药皮类型确定电源的种类和极性，见表 5-9。

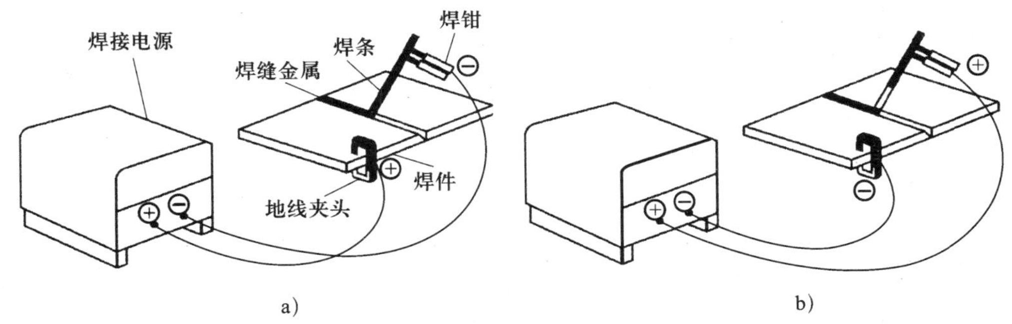

图 5-9　直流正接与反接

a）直流正接　b）直流反接

表 5-9　焊条药皮类型及电源种类和极性的选择

代号	药皮类型	焊接位置	电源类型
03	钛型	全位置	交流或直流正、反接
10	纤维素	全位置	直流反接
11	纤维素	全位置	交流或直流反接
13	金红石	全位置	交流或直流正接
15	碱性	全位置	直流反接
16	碱性	全位置	交流或直流反接

（4）焊接速度

单位时间内完成的焊缝长度称为焊接速度，焊接速度应该均匀、适当，既要保证焊透又要保证不烧穿，同时还要使焊缝宽度和高度符合图样设计要求。

焊接速度直接影响焊接生产率，所以，应该在保证焊缝质量的基础上，采用较大的焊条直径和焊接电流，同时根据具体情况适当加快焊接速度，以保证在获得焊缝的高低和宽窄一致的条件下，提高焊接生产率。

二、焊条电弧焊设备

1. 交流电焊机（见图 5-10a）

交流电焊机采用交流弧焊电源，具有结构简单、易造易修、成本低、效率高、磁偏吹小、噪声小等优点，但电弧稳定性较差，功率因数较低。

2. 直流电焊机（见图 5-10b）

直流电焊机采用直流弧焊电源，有直流弧焊发电机和整流电焊机两种。

3. 逆变电焊机（见图 5-10c）

逆变电焊机采用弧焊逆变器。弧焊逆变器把单向或三相交流电经整流后，由逆变器转变为几百至几万赫兹的中频交流电，经降压后输出交流电或直流电。它具有高效、节能、质量轻、焊接性能好等优点。

a)

b)

c)

图 5-10　焊条电弧焊设备

a）交流电焊机　b）整流电焊机　c）逆变电焊机

三、焊条电弧焊安全操作规程

1. 焊工的工作服、手套、绝缘鞋应保持干燥，每天工作前应检查护目镜是否夹紧和漏光。

2. 工作前要认真检查焊接电缆是否完好，有无破损、裸露，无问题才能使用，不可将电缆放置在焊接电弧附近或炽热的金属上，避免高温烧坏绝缘层，同时，也应避免碰撞磨损。

3. 焊钳应有可靠的绝缘，中断工作时，焊钳要放在安全的地方，防止焊钳与焊体之间产生短路而烧坏电焊机。

4. 更换焊条时，不仅应戴好手套，而且应避免身体与焊件接触。

5. 电弧焊设备的修理和检查应由电工进行，焊工不得私自随便拆修。

6. 电弧焊设备的外壳必须接零或接地，而且接线应牢靠，以免由于漏电造成触电事故，接地线不得裸露。

7. 推拉电源刀开关时，应戴好干燥的手套，面部不要面对刀开关，以免推拉时，可能发生电火花而灼伤脸部。

8. 在潮湿的地方工作时，应用干燥的木板或橡胶片等绝缘物作垫板。

9. 工作地周围应放置遮光屏，以免扰乱及损伤周围其他工作人员。

10. 焊接区 10 m 内不得堆放易燃、易爆物，注意红热焊条头的堆放，不得随意丢弃。

11. 焊接完毕后应关闭电焊机电源，如电焊机温度过高时，应开风扇冷却，但

下班前必须关闭电焊机及各级电源。

12. 在下雨、下雪时，不得进行露天施焊。

13. 在高处作业时，不准将焊接电缆放在电焊机上，横跨道路的电焊线必须有防压措施。施焊前应先检查周围不得有易燃易爆品，并系好安全带。

14. 二次线不宜过长，一般应根据工作时的具体情况而定。

15. 在施焊过程中，当电焊机发生故障而需要检查时，须切断电源，禁止在通电情况下用手触及电焊机的任何部位，以免发生事故。

16. 严禁将焊接电缆与气焊或火焰切割的胶管混在一起。

17. 在容器内焊接时，应使用绝缘防护用具，通风、照明应良好。

四、技能训练

1. 平敷焊技能训练

平敷焊是在水平放置平板上堆焊焊道的一种操作方法。它是焊条电弧焊其他位置焊接操作的基础，如图 5-11 所示。

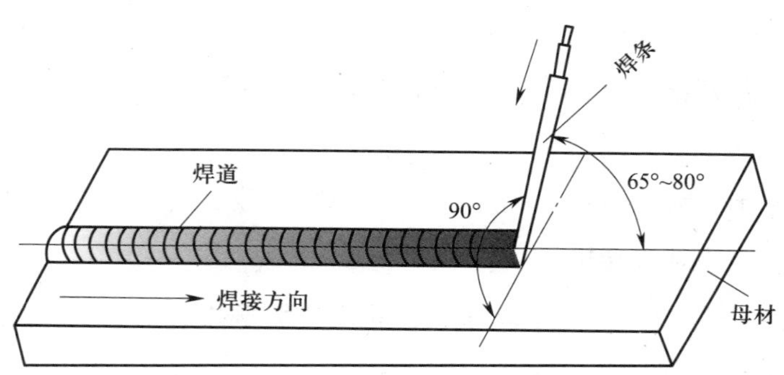

图 5-11　平敷焊操作图

平敷焊试件如图 5-12 所示。

（1）焊前准备

1）试件材料：Q235。

2）试件尺寸：300 mm × 200 mm × 6 mm。

3）焊接材料：E4303 型焊条，直径为 2.5 mm 或 3.2 mm。

（2）确定焊接参数

平敷焊焊接参数见表 5-10。

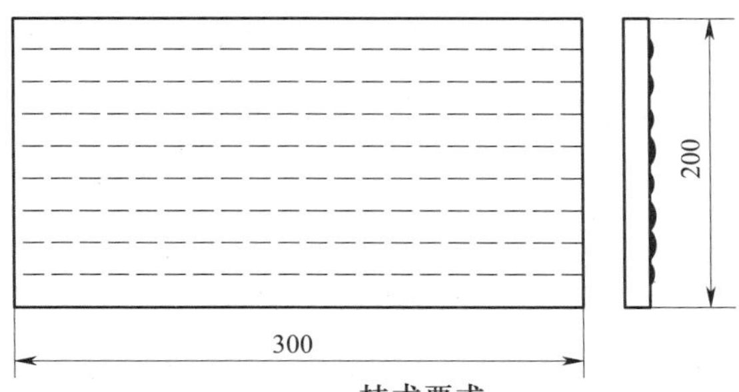

技术要求

1. 焊缝宽度$c=6^{+2}_{0}$mm，焊缝余高$h=3^{0}_{-1}$mm。
2. 材料厚度t=6mm，要求焊缝平直。

图 5–12　平敷焊试件

表 5–10　平敷焊焊接参数

板厚 /mm	焊条直径 /mm	焊接电流 /A	运条方法
3 ~ 6	ϕ 3.2	90 ~ 115	直线运条法
	ϕ 2.5	75 ~ 95	
8 ~ 10	ϕ 3.2	110 ~ 125	
	ϕ 2.5	90 ~ 110	

（3）焊接操作要点

1）操作姿势。平焊时，一般采用蹲姿、坐姿或站姿操作，如图 5–13 所示。蹲姿要自然，两脚夹角为 70° ~ 85°，两脚距离为 240 ~ 260 mm。持电焊钳的胳膊半伸开，要悬空无依托地操作。

a）

b）

c）

图 5–13　焊接操作姿势

a）蹲姿　b）坐姿　c）站姿

2）引弧

①划擦法引弧。先将焊条前端对准焊件，将手腕顺时针扭转，然后将焊条在焊

件表面轻微划擦一下，使焊条末端与焊件表面的距离维持在 2 ~ 4 mm，即引燃了电弧。引弧后，应保持电弧长度不超过所用焊条直径，如图 5-14a 所示。这种引弧方法与划火柴方法相似，比较容易掌握。但是在狭小工作面上或不允许烧伤焊件表面时，此方法不太适用。

②直击法引弧。先将焊条前端对准焊件，将手腕下压，然后使焊条在焊件表面上轻微碰一下，再迅速提起，与焊件保持 2 ~ 4 mm 的距离，即在空气中产生电弧。引弧后，要把手腕放平，使电弧长度保持在一定距离（一般不超过焊条直径）。这种引弧方法要求操作时必须掌握好手腕上下动作的时间和高度，对初学者较难掌握，一般容易发生电弧熄灭或造成短路现象，这是没有掌握好焊条提起的时间和高度的原因。如果操作时焊条上拉太快或提得太高，都不能引燃电弧或电弧只燃烧一瞬间就熄灭。相反，动作太慢则可能使焊条与焊件粘在一起，造成焊接回路短路，如图 5-14b 所示。

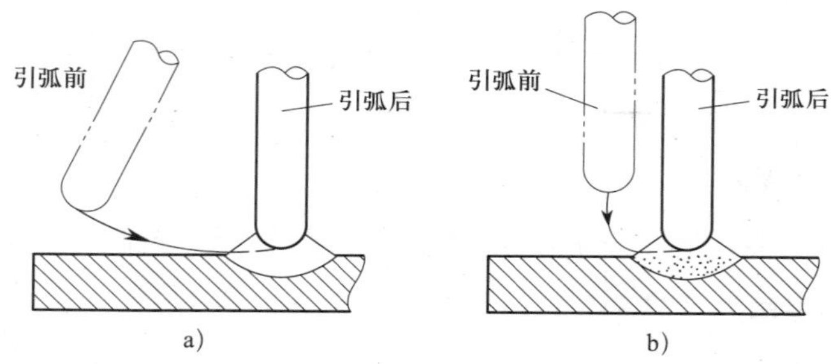

图 5-14　引弧的方法
a）划擦法引弧　b）直击法引弧

引弧时需注意：引弧处应无油污、水锈，以免产生气孔和夹渣；焊条在与焊件接触后提升速度要适当，太快时难以引弧，太慢时焊条和焊件易粘在一起造成短路。

3）运条。运条是焊接过程中最重要的环节，它直接影响焊缝的外表成形和内在质量。电弧引燃后，一般情况下焊条有三个基本运动：沿焊条中心线向熔池送进、沿焊接方向移动、横向摆动，如图 5-15 所示。

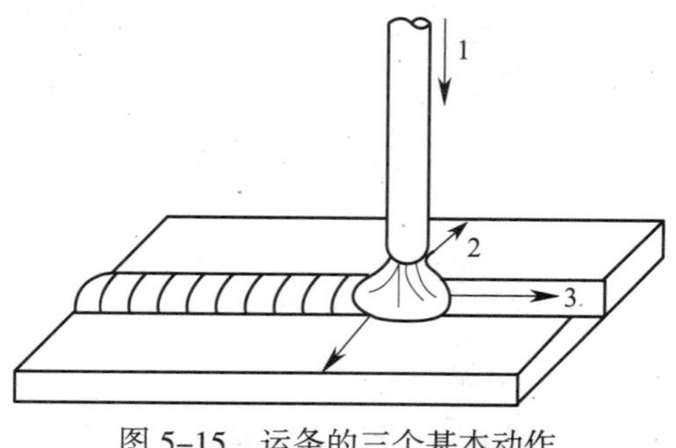

图 5-15　运条的三个基本动作

焊条朝熔池方向逐渐送进——既是为

了向熔池添加金属，也为了在焊条熔化后继续保持一定的电弧长度，因此焊条送进的速度应与焊条熔化的速度相同。否则，会发生断弧或焊条与焊件粘连现象。

焊条沿焊接方向移动——随着焊条的不断熔化，逐渐形成一条焊道。若焊条移动速度太慢，则焊道会过高、过宽、外形不整齐，焊接薄板时会发生烧穿现象；若焊条的移动速度太快，则焊条与焊件会熔化不均匀，焊道较窄，甚至发生未焊透现象。焊条移动时应与前进方向成 70° ~ 80°的夹角，以使熔化金属和熔渣推向后方，否则熔渣流向电弧的前方，会造成夹渣等缺陷。

焊条的横向摆动——为了对焊件输入足够的热量以便于排气、排渣，并获得一定宽度的焊缝或焊道。焊条摆动的幅度根据焊件的厚度、坡口形式、焊缝层次和焊条直径等来决定。

常用的运条方法及适用范围见表 5-11。

表 5-11　常用的运条方法及适用范围

运条方法	运条示意图	适用范围
直线形运条法		薄板对接平焊 多层焊的第一层焊道及多层多道焊
直线往复运条法		薄板焊 对接平焊（间隙较大）
锯齿形运条法		对接接头平、立、仰焊 角接接头立焊
月牙形运条法		管的焊接 对接接头平、立、仰焊 角接接头立焊

4）焊缝的起头、接头和收尾

①焊缝的起头。焊道的起头是指刚开始焊接的阶段，在一般情况下这部分焊道略高些，质量也难以保证。因为焊件未焊接之前温度较低，而引弧后又不能迅速使焊件温度升高，所以起点部分的熔深较浅。因此，引弧后稍拉长电弧对焊件预热，然后压低电弧进行焊接。

②焊缝的接头。在操作时，由于受焊条长度的限制或操作姿势的变换，一根焊条往往不可能完成一条焊道，因此，出现了焊道前后两段的连接问题。焊道的连接

一般有以下几种方式。

第一种接头方式（见图 5-16a）使用最多。接头时在先焊焊道弧坑稍前处（约 10 mm）引弧。电弧长度比正常焊接略微长些，然后将电弧移到原弧坑的 2/3 处，填满弧坑后，即向前进入正常焊接。如果电弧后移太多，则可能造成接头过高，后移太少，将造成接头脱节，产生弧坑未填满的缺陷。焊接接头时，更换焊条的动作越快越好，因为在熔池尚未冷却时进行接头，不仅能保证质量，而且焊道外表面成形美观。

图 5-16　焊缝的接头方式

第二种接头方式（见图 5-16b）要求先焊焊道的起头处要略低些。接头时，在先焊焊道的起头略前端引弧，并稍微拉长电弧，将电弧引向先焊焊道的起头处，并覆盖它的端头，待起头处焊道焊平后，再向先焊焊道相反的方向移动。

第三种接头方式（见图 5-16c）是后焊道从接口的另一端引弧，焊接到前焊道的结尾处，焊接速度略慢些，以填满焊道的弧坑，然后以较快的焊接速度再向前焊一小段，熄弧。

第四种接头方式（见图 5-16d）是后焊的焊道结尾与先焊的焊道起头相连接，要利用结尾时的高温重复熔化先焊焊道的起头处，将焊道焊平后快速收弧。

③焊道的收尾。焊道的收尾是指一条焊道结束时如何收尾。如果无操作经验，收尾时即拉断电弧则会形成低于焊件表面的弧坑，过深的弧坑使焊道收尾处强度减弱，并容易造成压力集中而产生弧坑裂纹，所以，收尾动作不仅是熄弧，还要填满弧坑。一般收尾动作有以下几种，如图 5-17 所示。

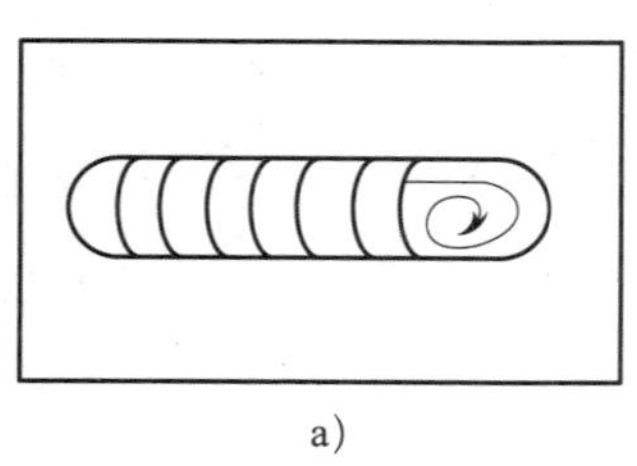
a)

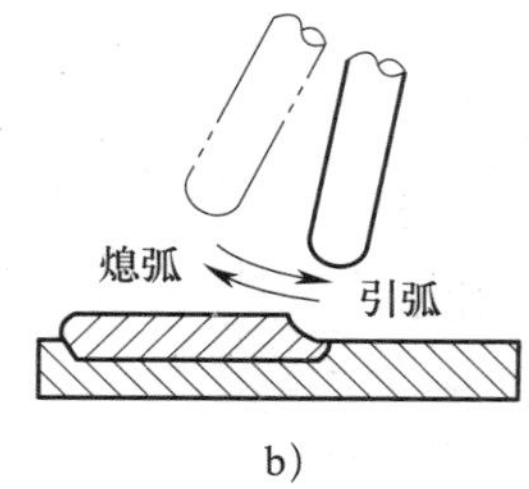

b)

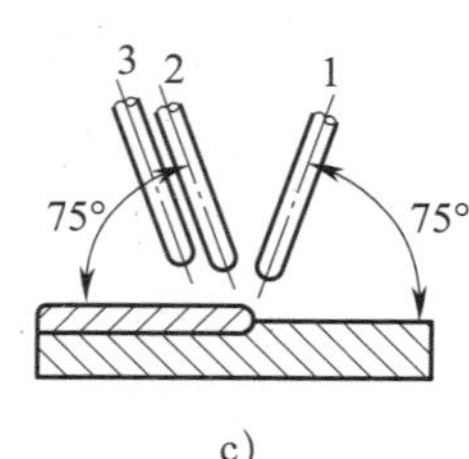

c)

图 5-17　常用的焊缝收尾方法

a）划圈收尾法　b）反复断弧收尾法　c）回焊收尾法

划圈收尾法（见图 5-17a）：焊条移至焊道终点时，作划圈运动，直到填满弧坑再拉断电弧。此法适用于厚板焊接，对于薄板则有烧穿的危险。

反复断弧收尾法（见图 5-17b）：焊条移至焊道终点时，在弧坑上需作数次反复的熄弧引弧，直到填满弧坑为止。此法适用于薄板焊接。但碱性焊条不宜用此法，因为容易产生气孔。

回焊收尾法（见图 5-17c）：焊条移至焊道收尾处即停止，但未熄弧，此时适当改变焊条角度。焊条由位置 1 转到位置 2，待填满弧坑后再转到位置 3，然后慢慢拉断电弧。碱性焊条宜用此法。

2. 平角焊技能训练

T 形接头平角焊试件图如图 5-18 所示。

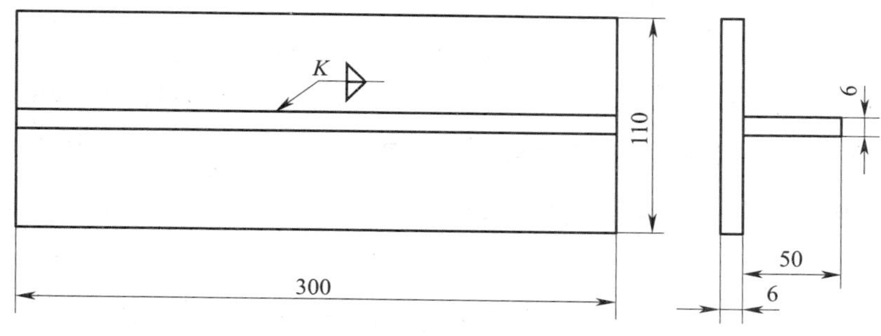

图 5-18　T 形接头平角焊试件图

（1）技术要求

1）T 形接头焊后保持相互垂直。

2）焊脚尺寸 *K* 可按技能训练需要来选定。

（2）焊前准备

1）试件材料：Q235。

2）试件尺寸：300 mm×110 mm×6 mm 一块，300 mm×50 mm×6 mm 一块。

3）焊接材料：E4303 型焊条，直径为 2.5 mm 或 3.2 mm。

（3）试件清理与装配

1）焊前清理：清理试件表面的油污、锈蚀、水分及其他污物。

2）定位焊：定位焊采用与焊接试件相同牌号的焊条，定位焊的位置应在试件两端的对称处，将试件组焊成 T 形接头，四条定位焊缝长度均为 10 ～ 15 mm。定位完毕矫正焊件，保证立板与平板间的垂直度。

（4）确定焊接参数

T 形接头平角焊或端接接头转角焊焊接参数见表 5-12。

表 5-12　T 形接头平角焊或端接接头转角焊焊接参数

板厚 /mm	焊条直径 /mm	焊接电流 /A	运条方法
3 ~ 6	ϕ 3.2	90 ~ 115	直线运条法
	ϕ 2.5	75 ~ 95	
8 ~ 10	ϕ 3.2	110 ~ 125	锯齿形运条
	ϕ 2.5	90 ~ 110	月牙形运条

（5）焊接操作要点

焊接时，从距起焊点后 10 mm 处引弧，然后拉长电弧移至起焊点，如图 5-19 所示。由于电弧对焊点有预热作用，可减少焊接缺陷，也可清除引弧的痕迹。操作时，焊条的位置应按焊件厚度不同来调节。若两焊件厚度不同，电弧应偏向厚板，使两焊件受热较均匀。对相同厚度的焊件，焊脚尺寸小于 5 mm 时，保持焊条角度与水平焊件成 45°，与焊接方向成 60° ~ 80°的夹角。如果角度太小，会造成根部熔深不足；角度过大，熔渣容易跑到熔池前面而造成夹渣。运条时，采用直线形短弧焊接。

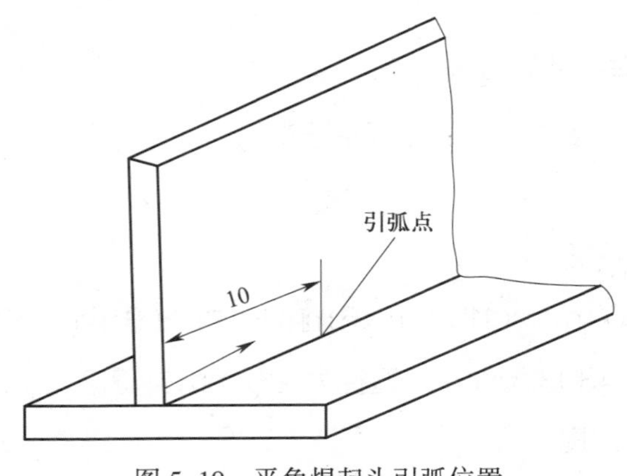

图 5-19　平角焊起头引弧位置

3. 转角焊技能训练

端接接头转角焊试件图如图 5-20 所示。

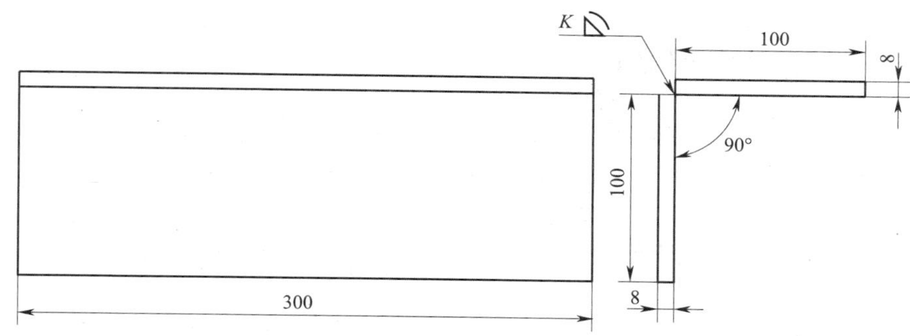

图 5-20　端接接头转角焊试件图

（1）技术要求

1）要求焊缝圆滑过渡。

2）焊脚尺寸 K 可按技能训练需要来选定。

（2）焊前准备

1）试件材料：Q235。

2）试件尺寸：300 mm×100 mm×8 mm 两块。

3）焊接材料：E4303 型焊条，直径为 2.5 mm 或 3.2 mm。

（3）试件清理与装配

1）焊前清理。清理试件表面的油污、锈蚀、水分及其他污物。

2）定位焊。定位焊采用与焊接试件相同牌号的焊条，定位焊的位置应在试件焊缝背面两端，将试件组焊成端接接头，两条定位焊缝长度均为 10 ~ 15 mm。定位完毕矫正焊件，保证两平板间的垂直度。

（4）确定焊接参数

端接接头转角焊焊接参数选择见表 5-12。

（5）焊接操作要点

焊接时，从距起焊点后 10 mm 处引弧，然后拉长电弧移至起焊点，由于电弧对焊点有预热作用，可减少焊接缺陷，也可清除引弧的痕迹。操作时，焊条的位置应按焊接位置不同来调节。采用锯齿形运条法，保持焊条角度与水平焊件成 35° ~ 45°、与焊接方向成 60° ~ 80°的夹角，当焊条电弧运至焊缝上侧时应稍作停顿，防止产生咬边。然后将焊接电弧缓慢运到焊缝方向的斜下方，电弧不作停留，防止熔池下坠。直接顺势将焊接电弧运至焊缝上侧，稍作停留。焊接过程中要注意观察熔池形状，保持焊缝圆滑过渡。如此反复，直至焊接完成。

五、焊条电弧焊实例

对图 5-21 所示支架进行焊接。支架材料见表 5-13。

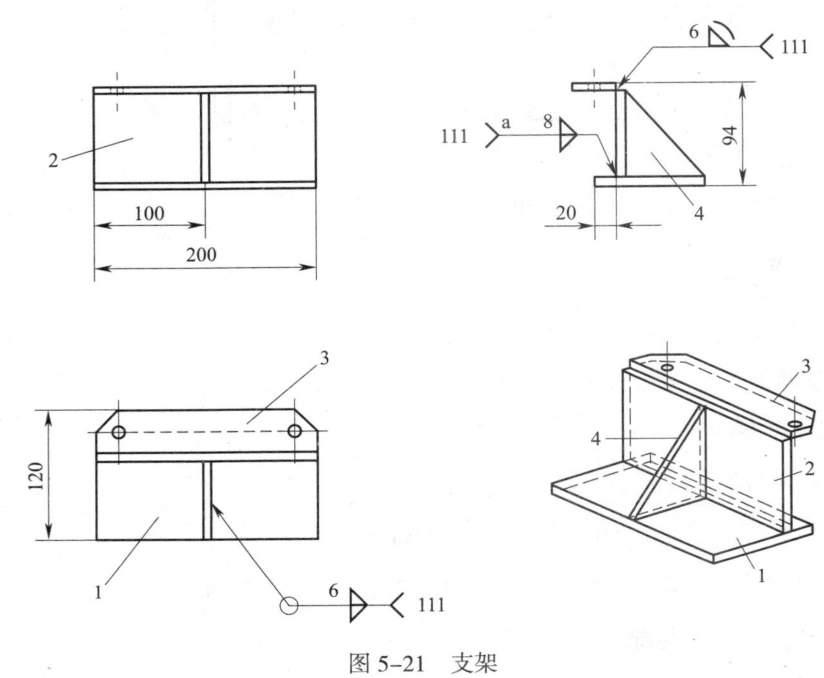

图 5-21 支架

1—底板 2—立板 3—托板 4—筋板

表 5-13 支架材料表

序号	名称	尺寸及数量
1	底板	200 mm × 100 mm × 8 mm，1 件
2	立板	200 mm × 80 mm × 8 mm，1 件
3	托板	200 mm × 40 mm × 6 mm，1 件
4	筋板	80 mm × 72 mm × 6 mm，1 件

1. 图样的识读

读懂图样中支架的组成和焊接符号，明确零件的厚度、外形尺寸及各零件之间的装配关系并制定合理的装配焊接顺序。

2. 焊接设备

（1）焊条电弧焊设备（见图 5-22）

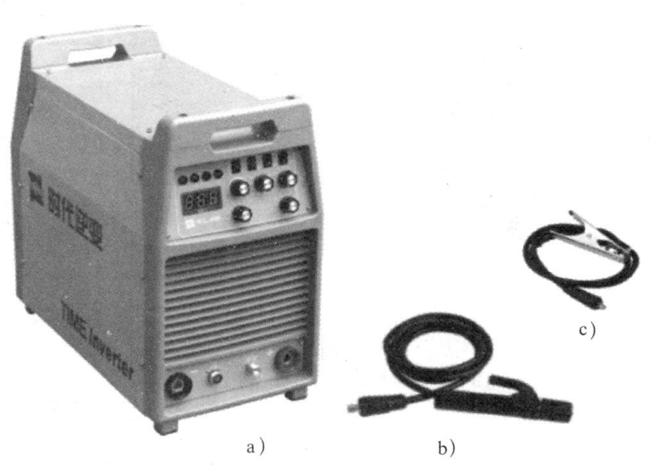

图 5-22　焊条电弧焊设备

a）焊接电源（两用）　b）焊条电弧焊电缆　c）焊接地线

（2）焊条电弧焊焊接设备安装及使用（见表 5-14）

表 5-14　焊条电弧焊焊接设备安装及使用

焊接设备图示	使用说明
	1. 焊接功能选择 将黑色按键依次打到“手工”“本机”位置，处于焊条电弧焊功能
	2. 焊接参数选择 焊接电流：根据板厚、焊条直径选择 推力：主要是控制电弧的挺度 引弧电流：根据焊条性质、工艺需求选择
	3. 焊钳电缆及地线的安装 将焊钳电缆与地线分别插入快速接头并拧紧。可根据焊接工艺要求选择直流正接或者直流反接

3. 辅助工具（见表 5-15）

表 5-15 焊接辅助工具

名称	图示	名称	图示
焊接面罩		焊条保温筒	
钢丝刷		錾子	
敲渣锤		锉刀	
焊缝检测尺		角磨机	
开口钳		直磨机	

4. 支架的装配顺序

（1）以底板 1 为基准，在板的一侧划出 20 mm 的定位线，如图 5-23a 所示。

（2）将立板 2 沿定位线装配到底板上，在两端进行定位焊，并保证两板件垂直，如图 5-23b 所示。

（3）找出底板 1 中心线，将筋板 4 装配在底板的中心线上，如图 5-23c 所示。

（4）将托板 3 按要求装配在立板的上端，并在背面两端进行定位焊，如图 5-23d 所示。

最后，对照图样检查，确认无误后，对支架进行加固焊接。

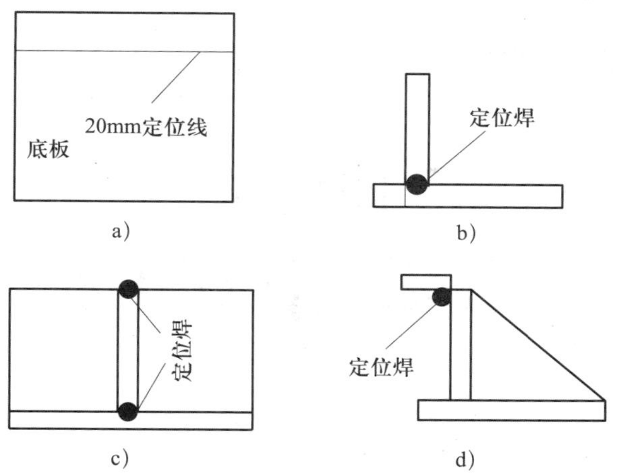

图 5-23　支架装配图

5. 支架的焊接顺序

施焊时应综合考虑焊件约束情况、焊件板厚、焊缝长度以及焊接位置、环境条件等因素，遵循“先强后弱、先主后次；先长后短、先大后小；先内后外、先密后疏；先难后易、先平后仰”的原则来确定构件每条焊缝的先后顺序。根据此原则，可确定支架焊接顺序，如图 5-24 所示。

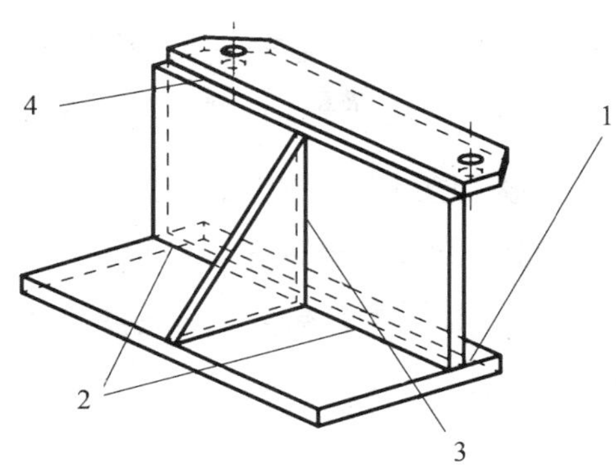

图 5-24　支架焊接顺序

6. 注意事项

（1）焊接时应注意保持一定的电弧长度，采用短弧焊接。

（2）焊缝焊完时不应立即拉断电弧，应将弧坑填满。

（3）焊缝焊完之后应进行外观检查，如发现有气孔、夹渣、焊瘤等缺陷时，应及时进行补焊。

（4）焊接完成后，焊件要摆放整齐，并按照 6S 标准清理好工作现场。

课题三 熔化极气体保护焊

熔化极气体保护焊是采用熔化电极，利用外加气体作为电弧介质，并保护金属熔滴、焊接熔池和焊接区高温金属的电弧焊方法。本课题主要介绍金属构造项目中常用的 CO_2 气体保护焊。

一、熔化极气体保护焊基础知识

1. 熔化极气体保护焊的原理

熔化极气体保护焊（MIG/MAG）在美国被称为 Gas Metal Arc Welding（GMAW）。它是一种适用范围广泛的焊接方法，可用于大多数金属材料的薄板或厚截面构件的焊接。焊接时，在焊丝尖端和焊件之间引燃电弧，使二者都发生熔化，形成熔池。焊丝既是热源（通过焊丝尖端的电弧），也是接头的填充金属。导电嘴在将焊接电流导入的同时，也将焊丝送进。环绕焊丝的喷嘴将保护气体输入，保护焊接熔池免受周围大气的污染。保护气的选择与被焊材料及使用有关。焊丝通过电动机驱动的焊丝盘送进，由焊工或机械使焊枪沿连接缝移动。因为焊丝连续送进，该工艺生产率高、经济性好。熔化极气体保护焊示意图如图 5-25 所示。

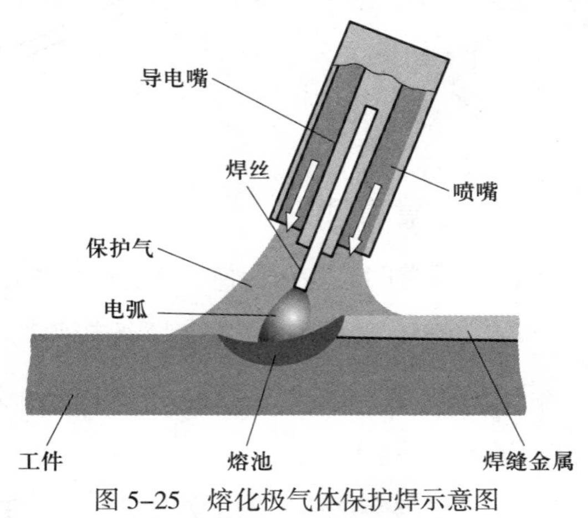

图 5–25　熔化极气体保护焊示意图

熔化极气体保护焊有半自动、机械化和全自动焊接设备。在半自动焊接中，送丝速度和弧长自动控制，而焊接速度和焊丝位置由人工控制。在机械化焊接中，所有的参数都是自动控制的，但在焊接过程中可以人工改变，如操纵焊接机头、调整送丝速度和电弧电压。使用全自动设备时，焊接过程中没有人工干预。图 5-26 给出了熔化极气体保护焊所需设备。

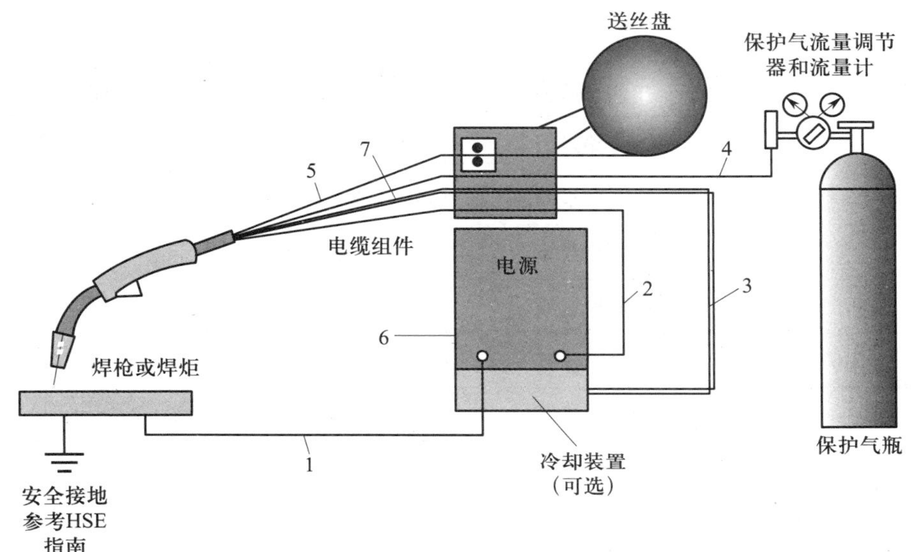

图 5-26　熔化极气体保护焊所需设备示意图

1—回路电缆　2—供电电缆　3—冷却水输入输出

4—来自气瓶的保护气　5—衬管中的焊丝　6—电源初级输入　7—焊枪开关电路

2. 熔化极气体保护焊的特点

熔化极气体保护焊的特点见表 5-16。

表 5-16　熔化极气体保护焊的特点

优点	缺点
连续送丝 弧长自动调节 熔敷速度高，起停位置少 耗材利用率高 实心焊丝可实现低氢焊接 焊工可很好地观察熔池和接缝 很少或不需焊后清理 可用于全位置焊（短路过渡） 过程控制性好 应用范围广	焊丝添送没有独立控制 飞溅较大 厚板焊接采用短路过渡方式时可能出现未熔合 设备维护要求高 热输入较低时可能导致硬度高 设备比焊条电弧焊昂贵 工地焊接时需特别注意防风 可达性不如焊条电弧焊和钨极氩弧焊 对母材表面清洁度要求高（有熔渣的焊接方法对表面清洁的要求可适当降低）

3. CO_2 气体保护焊的焊接参数

（1）焊丝直径

焊丝直径的选择见表 5-17。

表 5-17　焊丝直径的选择　mm

焊丝直径	熔滴过渡形式	焊件厚度	焊接位置
0.5 ~ 0.8	短路过渡	1.0 ~ 2.5	全位置
	颗粒过渡	2.5 ~ 4.0	平焊
1.0 ~ 1.4	短路过渡	2.0 ~ 8.0	全位置
	颗粒过渡	2.0 ~ 12.0	平焊
1.6	短路过渡	3.0 ~ 12.0	全位置
≥ 1.6	颗粒过渡	>6.0	平焊

（2）焊接电流

焊接电流的选择见表 5-18。

表 5-18　焊接电流的选择

焊丝直径 /mm	焊接电流 /A	
	颗粒过渡	短路过渡
0.8	150 ~ 250	60 ~ 160
1.0	180 ~ 260	80 ~ 140
1.2	200 ~ 300	100 ~ 175
1.6	350 ~ 500	100 ~ 180

（3）电弧电压

电弧电压必须与焊接电流配合恰当，否则会影响到焊缝成形及焊接过程的稳定性，电弧电压随着焊接电流的增大而增大。短路过渡焊接时，通常电弧电压为 16 ~ 24 V；细滴过渡焊接时，对于直径 1.2 ~ 3.0 mm 的焊丝，电弧电压为 25 ~ 36 V。

（4）焊接速度

在一定的焊丝直径、焊接电流和电弧电压条件下，随着焊接速度增加，焊缝宽度与焊缝厚度减小。焊接速度过快，不仅气体保护效果变差，可能出现气孔，而且还易产生咬边及未熔合等缺陷；焊接速度过慢，则焊接生产率降低，焊接变形增大。一般 CO_2 半自动焊的焊接速度在 25 ～ 50 cm/min。

（5）焊丝伸出长度（干伸长）

焊丝干伸长取决于焊丝直径，一般约等于焊丝直径的 10 倍，且不超过 15 mm。干伸长过大，焊丝会成段熔断，飞溅严重，气体保护效果差；干伸长过小，不但易造成飞溅物堵塞喷嘴，影响保护效果，也影响焊工视线。

（6）CO_2 气体流量

CO_2 气体流量应根据焊接电流、焊接速度、焊丝干伸长及喷嘴直径等选择，过大或过小的气体流量都会影响气体保护效果。通常在细丝 CO_2 气体保护焊时，CO_2 气体流量为 8 ～ 15 L/min，粗丝 CO_2 气体保护焊时，CO_2 气体流量为 15 ～ 25 L/min。

（7）电源极性与回路电感

为了减少飞溅，保证焊接电弧的稳定性，CO_2 焊应选用直流反接。焊接回路的电感值应根据焊丝直径和电弧电压来选择。

4. CO_2 气体保护焊安全操作规程

（1）操作前，焊接时应按规定穿戴好个人防护用品，戴好工作服和手套，防止弧光伤害，防止烫伤。

（2）焊接前应仔细检查气瓶送气管道有无损坏、堵塞，连接是否严密。

（3）检查焊件与地线、焊枪、送丝机、气瓶、气压表、气管等的连接是否正确。

（4）CO_2 气体易分解，焊接时要求通风，以免 CO 中毒。

（5）焊接场地不得有易燃易爆品，如汽油、柴油等。

（6）严禁用湿手开、关及用湿布擦拭电焊机。

（7）工作完毕后要关闭电源、气源，清理场地，保持工作环境清洁。

（8）非专业人员不得擅自打开气源及焊接电源等设备。

（9）定期对 CO_2 气体保护焊焊接设备进行保养。

二、技能训练

1. 平敷焊技能训练

平敷焊试件如图 5-27 所示。

（1）焊前准备

1）试件材料：Q235。

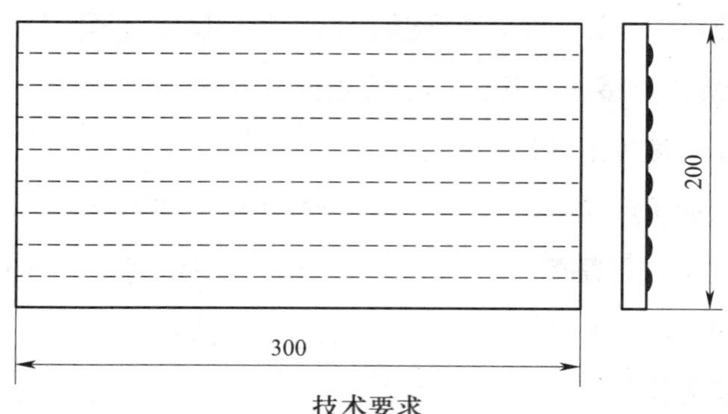

技术要求

1. 焊缝宽度$c=6^{+2}_{0}$，焊缝余高$h=3^{0}_{-1}$mm。
2. 材料厚度t =6mm，要求焊缝平直。

图 5-27　平敷焊试件图

2）试件尺寸：300 mm × 200 mm × 4 mm。

3）焊接材料：焊丝 ER50-6，直径为 1.2 mm。

（2）确定焊接参数（见表 5-19）

表 5-19　CO_2 气体保护焊平敷焊焊接参数

板厚 /mm	焊丝直径 /mm	焊接电流 /A	焊接电压 /V	焊接速度 /（$cm \cdot min^{-1}$）	气体流量 /（$L \cdot min^{-1}$）
3 ~ 4	1.2	95 ~ 115	18 ~ 21	30 ~ 35	8 ~ 10
5 ~ 6	1.2	100 ~ 120	18 ~ 23	30 ~ 35	8 ~ 10

（3）焊接操作要点

1）引弧。采用短路引弧法。引弧前先按焊枪上的控制开关，点动送出一段焊丝，焊丝伸出长度小于喷嘴与焊件间应保持的距离，超长部分应剪去。若焊丝端部出现球状时，必须预先剪去，否则引弧困难。

将焊枪按要求（保持合适的倾角和喷嘴高度）放在引弧处。按焊枪上的控制开关，焊机自动提前送气，延时接通电源，自动送丝，当焊丝碰撞焊件短路后，自动引燃电弧。短路时，焊枪会被自动顶起，故引弧时要稍用力压焊枪，防止焊枪抬起太高，电弧太长而熄灭，如图 5-28 所示。

2）直线形运丝焊接法。所谓直线运丝是指沿准线直线运动不做摆动，这样焊出的焊道宽度较窄。起始端在一般情况下焊道要高些而熔深要浅些。为了克服这一缺点，在引弧之后，先将电弧稍微拉长一些，对焊道端部进行适当的预热，然后再压缩电弧进行起端的焊接。这样可以获得有一定熔深和成形比较整齐的焊道。

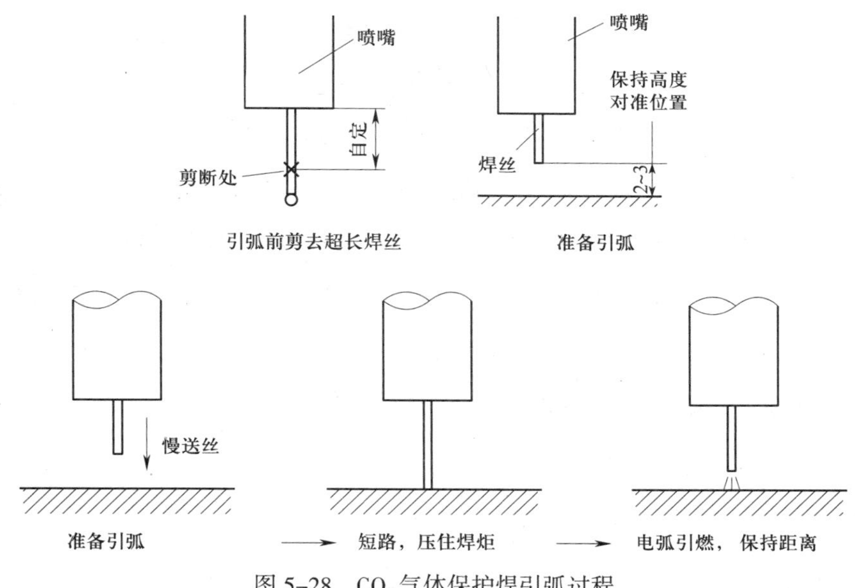

图 5-28 CO_2 气体保护焊引弧过程

引弧并使焊道的起始端充分熔合后，要使焊丝保持一定的高度和角度，并以稳定的速度沿准线向前移动。

根据焊丝的运动方向有右向焊法和左向焊法，如图 5-29 所示。右向焊时，熔池能得到良好的保护，其加热集中，热量可以充分利用；由于电弧吹力的作用，将熔池金属推向后方，可以得到外形比较饱满的焊道。但右焊法不易准确掌握焊接方向，容易焊偏。而左向焊时，电弧对焊件金属有预热作用，能得到较大的熔深，焊缝形状得到改善。左向焊时，虽然观察熔池困难些，但能准确地掌握焊接方向，不易焊偏。

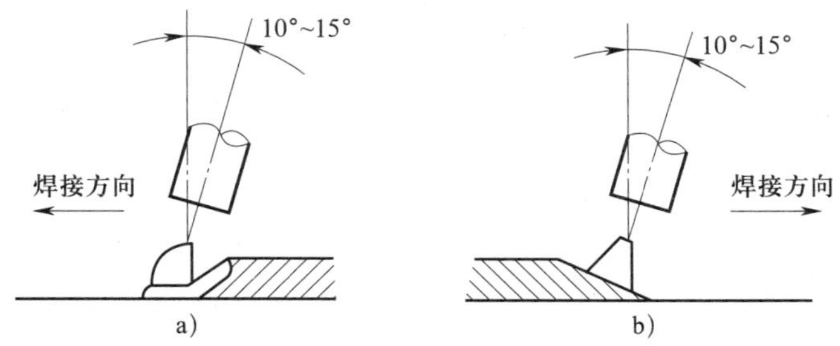

图 5-29 CO_2 气体保护焊焊枪的运动方向

a）左向焊法 b）右向焊法

3）焊缝接头。焊缝接头时，先将待焊接头处用角磨机打磨成斜面，然后在斜面顶部引弧，引燃电弧后，将电弧移至斜面底部，转一圈返回引弧处后再继续向左焊接，如图 5-30 所示。

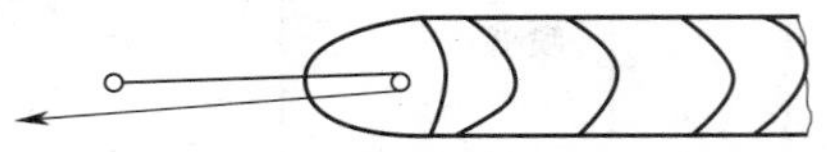

图 5-30　CO_2 气体保护焊焊缝接头方法

4）焊缝收弧。收弧时，应注意将收弧处的弧坑填满。一般来说，采用细丝 CO_2 短路过渡焊接时，其电弧长度短，弧坑较小，不需作专门的处理，只要按焊机的操作程序收弧即可。若采用粗丝大电流焊接并使用长弧时，由于电弧电流及电弧吹力都大，如果收弧过快，会产生弧坑缺陷。所以，在收弧时应在弧坑处稍停留片刻，然后缓慢抬起焊枪，并在熔池凝固前继续送气。

2. 平角焊技能训练

平角焊试件图如图 5-31 所示。

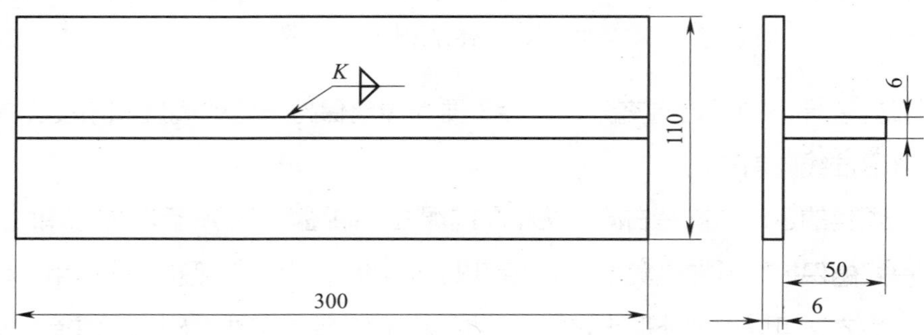

技术要求
1. T形接头焊后保持相互垂直。
2. 焊脚尺寸K可按技能训练需要来选定。

图 5-31　平角焊试件图

（1）焊前准备

1）试件材料：Q235。

2）试件尺寸：300 mm × 110 mm × 6 mm 一块，300 mm × 50 mm × 6 mm 一块。

3）焊接材料：焊丝 G49A3C1S6（原 ER50-6 焊丝），直径为 1.2 mm。

（2）试件清理与装配

1）焊前清理：清理试件表面的油污、锈蚀、水分及其他污物。

2）定位焊：定位焊采用与焊接试件相同牌号的焊丝，定位焊的位置应在试件两端的对称处，将试件组焊成 T 形接头，四条定位焊缝长度均为 10 ～ 15 mm。定位完毕矫正焊件，保证立板与平板间的垂直度。

（3）确定焊接参数（见表 5-20）

表 5-20　焊接参数

焊丝直径 /mm	焊接电流 /A	焊接电压 /V	焊接速度 /（$m \cdot h^{-1}$）	气体流量 /（$L \cdot min^{-1}$）
1.2	95 ～ 115	18 ～ 23	18 ～ 20	8 ～ 10

（4）焊接操作要点

1）引弧。采用左向焊法，操作时，将焊枪置于焊件右端引弧。

2）焊接。采用直线往复运丝法，一般焊丝与水平板的夹角为 40° ～ 50°，焊枪倾角 10° ～ 20°，如图 5-32 所示。焊接过程中，如果焊枪对准的位置不正确，引弧电压过低或焊速过慢都会使熔液下淌，造成焊缝的下垂；如果引弧电压过高、焊速过快或焊炬朝向垂直板，致使母材温度过高，则会引起焊缝的咬边，产生焊瘤，如图 5-33 所示。

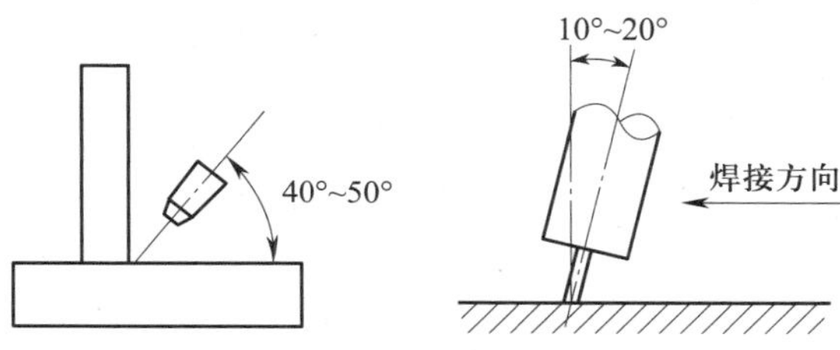

图 5-32　平角焊焊枪角度

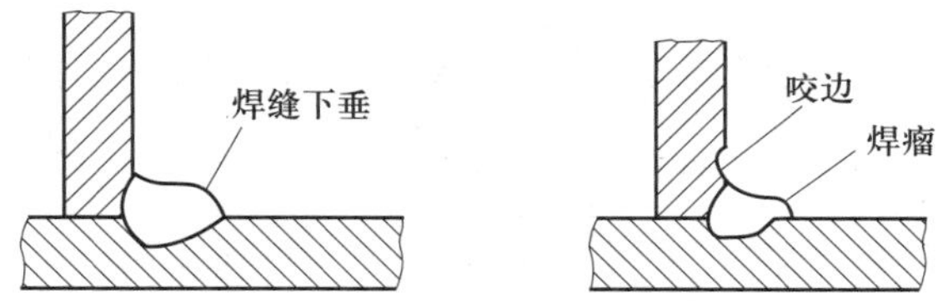

图 5-33　平角焊缝的缺陷

3）收弧。焊至终焊端填满弧坑，稍停片刻缓慢抬起焊枪完成收弧。

3. 转角焊技能训练

转角焊试件如图 5-34 所示。

（1）焊前准备

1）试件材料：Q235。

2）试件尺寸：300 mm × 100 mm × 6 mm 两块。

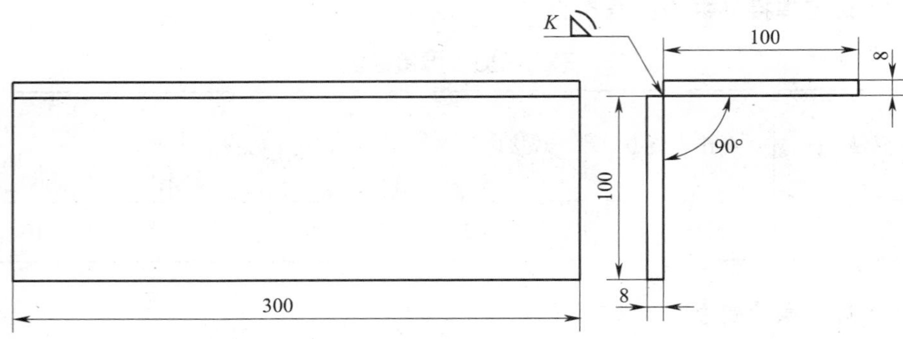

图 5-34　转角焊试件图

3）焊接材料：焊丝 G49A3C1S6（原 ER50-6 焊丝），直径为 1.2 mm。

（2）试件清理与装配

1）焊前清理：清理试件表面的油污、锈蚀、水分及其他污物。

2）定位焊：定位焊采用与焊接试件相同牌号的焊丝，定位焊的位置应在试件焊缝的背面，将试件组焊成端接接头，定位焊缝长度均为 10 ~ 15 mm。定位完毕矫正焊件，保证两板间的垂直度。

（3）确定焊接参数

端接接头转角焊焊接参数见表 5-21。

表 5-21　端接接头转角焊焊接参数

板厚 /mm	焊丝直径 /mm	焊接电流 /A	焊接电压 /V	焊接速度 /（$m \cdot h^{-1}$）	气体流量 /（$L \cdot min^{-1}$）
3 ~ 4	1.2	95 ~ 115	18 ~ 21	18 ~ 20	8 ~ 10
5 ~ 6	1.2	100 ~ 120	18 ~ 23	18 ~ 21	8 ~ 10

（4）焊接操作要点

焊接时，从距起焊点后 10 mm 处引弧，然后拉长电弧移至起焊点。操作时，焊丝的位置应按焊接位置不同来调节。采用锯齿形运条法，保持焊丝角度与水平焊件成 35° ~ 45°、与焊接方向成 60° ~ 80°的夹角，当焊丝运至焊缝上侧时应稍作停顿，防止产生咬边。然后将焊接电弧缓慢运到焊缝方向的斜下方。电弧不作停留，防止熔池下坠。直接顺势将焊接电弧运至焊缝上侧，稍作停留。焊接过程中要注意观察熔池形状，保持焊缝圆滑过渡。如此反复，直至焊接完成。

三、熔化极气体保护焊实例

对图 5-35 所示法兰盘接头进行焊接。法兰盘材料见表 5-22。

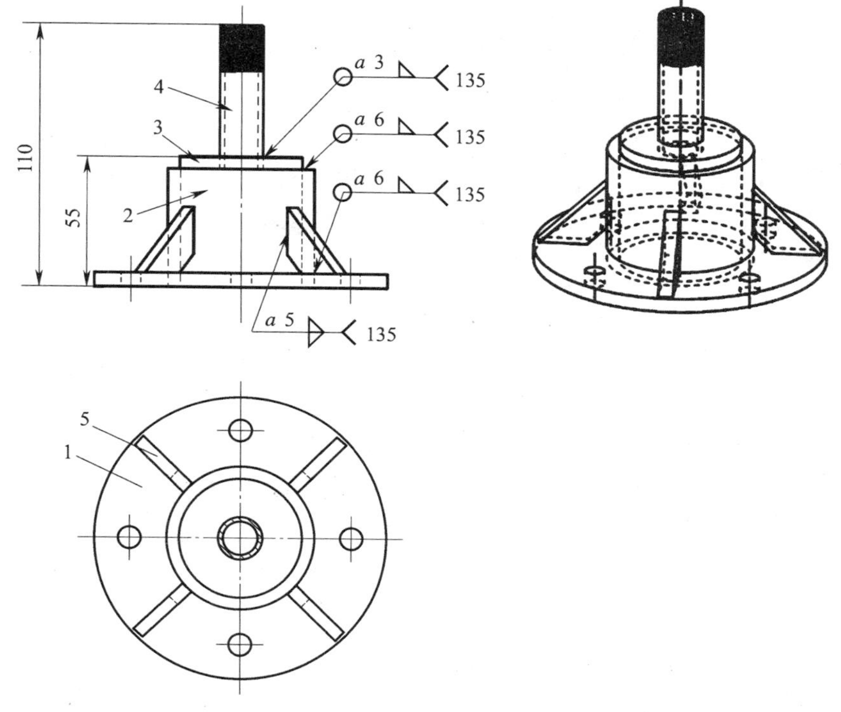

图 5-35　法兰盘接头

表 5-22　法兰盘材料表

序号	名称	尺寸及数量
1	底板	ϕ 120 mm × 6 mm，1 件
2	圆管	ϕ 60 mm × 50 mm，1 件
3	盖板	ϕ 50 mm × 5 mm，1 件
4	圆管	ϕ 18 mm × 60 mm，1 件
5	筋板	30 mm × 30 mm × 6 mm，4 件

1. 图样的识读

读懂图样中材料的组成和焊接符号，明确零件的厚度、外形尺寸及各零件之间的装配关系并制定合理的装配焊接顺序。

2. 焊接设备

（1）CO_2 气体保护焊焊接设备（见图 5-36）

a)

b)

c)

d)

图 5-36　CO_2 气体保护焊焊接设备

a）送丝机　b）焊接电源　c）焊枪　d）地线

（2）CO_2 气体保护焊焊接设备安装及使用（见表 5-23）

表 5-23　CO_2 气体保护焊焊接设备安装及使用

图示	使用说明
	1. 焊接功能选择 焊接与检气：打到“检气”时，调节气体流量，不能焊接。打到“焊接”时，可以焊接 焊丝直径：根据所使用的焊丝直径选择使用 2 步操作法：按下开关，进行焊接；松开开关，停止焊接。常用于较短的焊缝 4 步操作法：按下开关松开，进行正常焊接；按下开关松开，停止焊接。常用于焊缝较长，操作时间较长的焊接
 	2. 焊接参数选择 焊接电流：根据板厚、焊丝直径选择。并在电流表显示大小 电弧电压：根据电流大小与之相匹配 CO_2 气体保护焊在送丝机上调节焊接电流和电弧电压 焊接电流与送丝速度成正比 电弧电压与焊丝熔化速度成正比

续表

图示	使用说明
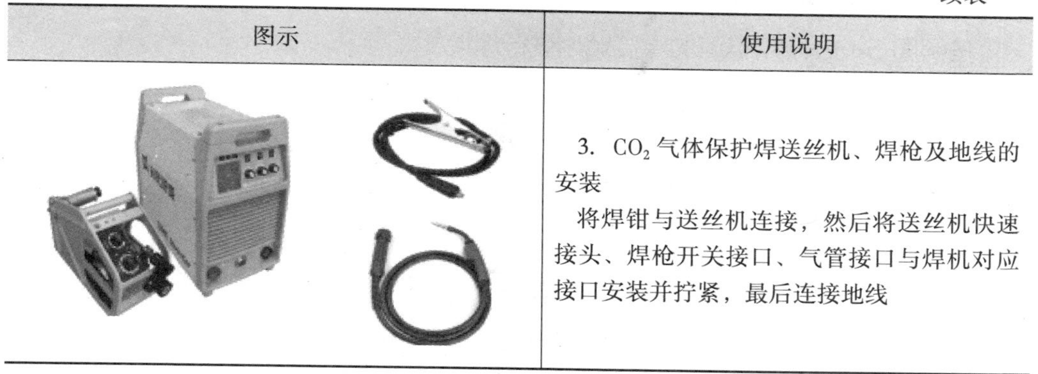	3. CO_2 气体保护焊送丝机、焊枪及地线的安装 将焊钳与送丝机连接，然后将送丝机快速接头、焊枪开关接口、气管接口与焊机对应接口安装并拧紧，最后连接地线

3. 辅助工具

焊接辅助工具参见表 5-15。

4. 法兰盘接头的装配顺序

1. 将圆管 2 插入底板 1 中心孔中，保证底端平齐，然后进行定位焊，如图 5-37a 所示。

2. 将盖板 3 与圆管 2 装配且进行定位焊，如图 5-37b 所示。

3. 将圆管 4 插入盖板 3 中心孔内，在任一位置进行定位焊，如图 5-37c 所示。

4. 将加强筋 5 按图样要求分别进行装配，如图 5-37d 所示。

最后，对照图样检查，确认无误后，对法兰盘接头进行加固焊接。

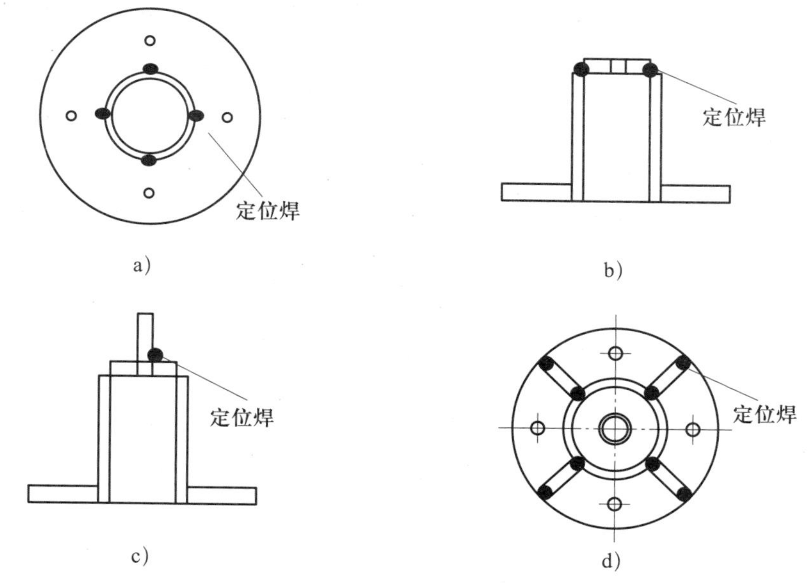

图 5-37　法兰盘接头装配顺序

5. 法兰盘接头的焊接顺序

按照图 5-38 所示标识的焊接顺序进行焊接。

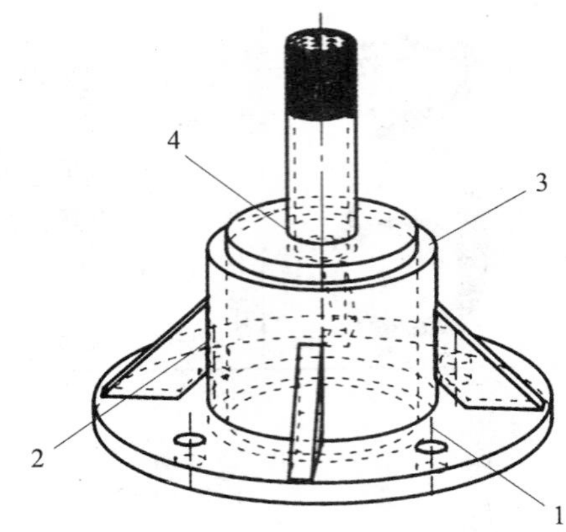

图 5-38　法兰盘的焊接顺序

6. 注意事项

（1）焊接时应注意保持一定的焊丝伸出长度，采用短弧焊接。

（2）焊缝焊完时不应立即拉断电弧，应将弧坑填满并稍作停留。

（3）焊缝焊完之后应进行外观检查，如发现有气孔、夹渣、焊瘤等缺陷时，应及时进行补焊。

（4）焊接完成后，焊件要摆放整齐，并按照 6S 标准清理好工作现场。

课题四
手工钨极氩弧焊

手工钨极氩弧焊简称 TIG 焊，它是利用钨极与焊件间产生的电弧热熔化母材和焊丝，利用从焊枪喷嘴连续喷出的氩气在电弧周围形成气体保护层，以防止空气对钨极熔池和热影响区产生有害影响，如图 5–39 所示。

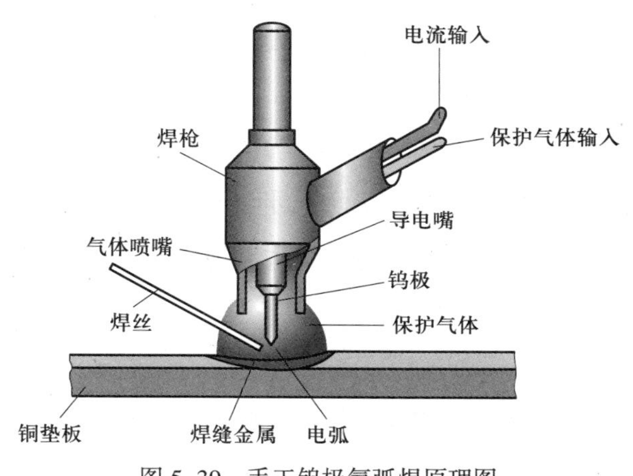

图 5–39　手工钨极氩弧焊原理图

一、手工钨极氩弧焊基础知识

1. 手工钨极氩弧焊的焊接材料

（1）钨极

手工钨极氩弧焊要求钨极具有电流容量大、损耗小、引弧和稳弧性能好等特性。常用的钨极有纯钨极、钍钨极和铈钨极三种。

纯钨极需要较高的电源空载电压，且易烧损；钍钨极有微量放射性，对人体有害；而铈钨极克服了纯钨极和钍钨极的缺点，因而应用最广。

（2）氩气

氩气是无色、无味的惰性气体，不与金属起化学反应，也不溶解于金属。氩气比空气密度大 25%，使用时气流不易漂浮散失，有利于保护焊接区。手工钨极氩弧焊对氩气的纯度要求很高，如果氩气中含有一些氮、氧或少量其他气体，将会降低氩气的保护性能，对焊接质量造成不良影响。按我国现行标准规定，其纯度应达到 99.99%（体积分数）。

（3）焊丝

通常来讲，要求焊丝成分和母材基本相近。

2. 手工钨极氩弧焊安全操作规程

（1）工作前要穿好工作服、绝缘鞋，戴好手套等安全防护用品，操作时做好防护措施，防止弧光照射、灼伤。

（2）使用前应检查焊接电源，确认接有地线，没有接地线不准使用。

（3）根据不同焊接产品采用相应的焊接参数进行焊接，确保钨极直径、电流、气体流量、焊机极性与焊件相匹配。

（4）打磨钨极时，必须戴口罩、手套，并遵守砂轮机安全技术操作规程。

（5）在安装减压阀、流量计时，应避免面向气瓶。

（6）在电弧附近不准赤膊或裸露身体其他部位，不准在电弧附近进食，以免臭氧和烟尘吸入体内。

（7）室内焊接场地，必须配置良好的通风设备。

（8）焊接过程中应避免钨极与焊件短路或钨极和焊丝接触短路。

（9）严禁焊接带有压力及易燃、易爆和装过剧毒物品的焊件。

（10）严禁焊枪或电缆触及气瓶。

（11）焊接作业完成以后先关闭焊机电源、冷却水，然后关闭气瓶阀门，最后关闭总电源。

二、技能训练

1. 平敷焊技能训练

平敷焊试件图如图 5-40 所示。

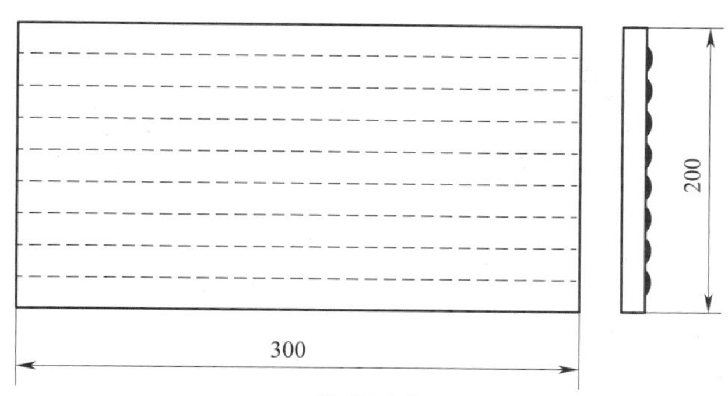

图 5-40　平敷焊试件图

（1）焊前准备

1）试件材料：Q235。

2）试件尺寸：300 mm×200 mm×6 mm。

3）焊接材料：焊丝 G49A3C1S6（原 ER50-6 焊丝），直径为 2.0 mm，氩气纯度应不小于 99.99%。

（2）确定焊接参数（见表 5-24）

表 5-24　焊接参数

钨极伸出长度 /mm	焊接电流 /A	钨极直径 /mm	焊接速度 /（m · h^{-1}）	喷嘴直径 /mm	气体流量 /（L · min）	喷嘴至焊件的距离 /mm
4 ~ 6	70 ~ 90	2.4	18 ~ 20	8 ~ 10	8 ~ 10	≤ 12

（3）焊接操作要点

1）引弧。焊枪钨极端部对准起焊点，采用高频高压引弧或高压脉冲引弧，引弧后高频或高压脉冲自动切断。这种方法操作简单，能保证钨极末端的几何形状，且容易保证焊接质量。

2）焊接。平焊时要求运弧和焊丝送进配合协调、动作均匀，采用直线运动。当焊接过程中焊枪与焊件的夹角过小，即焊枪的倾斜度过大时，会降低氩气对熔池的保护作用；当焊枪与焊件的夹角过大时，会加大填丝及操作的难度。一般平焊位置时，焊枪、焊丝与焊件的夹角如图 5-41

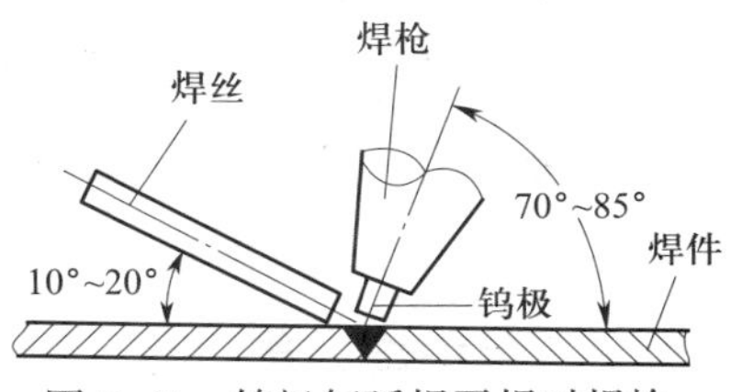

图 5-41　钨极氩弧焊平焊时焊枪、焊丝与焊件的夹角

所示。

手工钨极氩弧焊根据焊枪的移动方向及送丝位置分为左焊法和右焊法。一般常用左焊法，即焊接过程中焊接热源（焊枪）从接头右端向左端移动，并指向待焊部分。采用左焊法时，焊丝位于电弧前面。该方法便于观察熔池。焊丝常以点移法和点滴法加入，焊缝成形好，容易掌握，如图 5-42 所示。

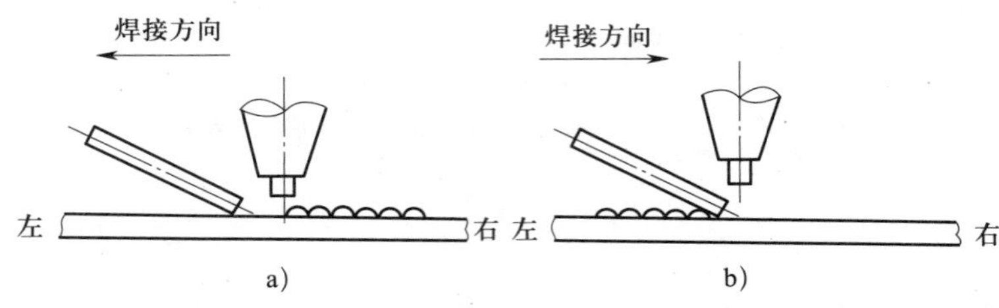

图 5-42　手工钨极氩弧焊左焊法和右焊法

a）左焊法　b）右焊法

送丝方法：以左手的拇指、食指捏住焊丝，并用中指和虎口配合托住焊丝便于操作的部位。需要送丝时将捏住焊丝的拇指和食指伸直（见图 5-43a），即可将焊丝稳稳地送入焊接区。然后借助中指和虎口托住焊丝，迅速弯曲拇指、食指，向上倒换捏住焊丝（见图 5-43b），如此反复地填充焊丝。

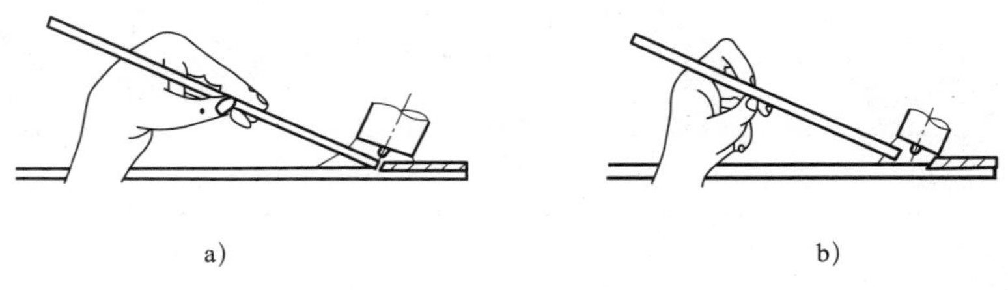

图 5-43　常用的运丝方法

a）送丝　b）弯曲拇指、食指，向上倒换捏住焊丝

3）收弧。氩弧焊机一般配有电流自动衰减装置，收弧时，通过焊枪手柄上的按钮断续送电来填满弧坑。若无电流衰减装置时，可采用手工操作收弧，其要领是逐渐减少焊件热量，如改变焊枪角度、稍拉长电弧、断续送电等。收弧时，填满弧坑后，慢慢提起电弧直至熄弧，不要突然拉断电弧。熄弧后，氩气会自动延时几秒钟停气，以防止金属在高温下产生氧化。

2. 平角焊技能训练

平角焊试件图如图 5-44 所示。

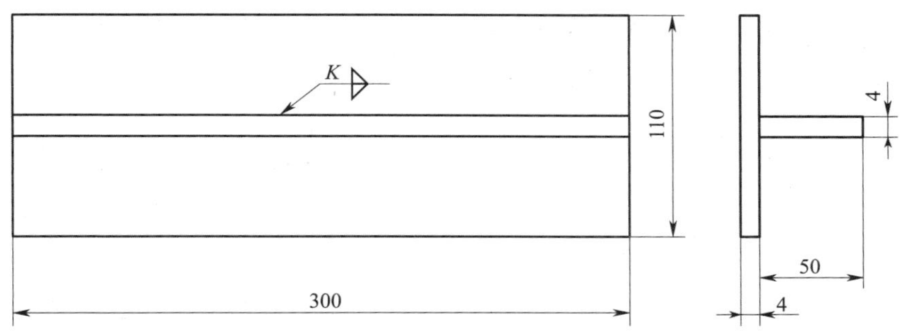

图 5-44　T 形接头平角焊试件图

（1）焊前准备

1）试件材料：Q235。

2）试件尺寸：300 mm×110 mm×4 mm 一块，300 mm×50 mm×4 mm 一块。

3）焊接材料：焊丝 G49A3C1S6（原 ER50-6 焊丝），直径为 2.5 mm。

（2）试件清理与装配

1）焊前清理。清理试件表面的油污、锈蚀、水分及其他污物。

2）定位焊。定位焊采用与焊接试件相同材料的焊丝，定位焊的位置应在试件两端的对称处，将试件组焊成 T 形接头，四条定位焊缝长度均为 10 ～ 15 mm。定位完毕矫正焊件，保证立板与平板间的垂直度。

（3）确定焊接参数

焊接参数参见表 5-24。

（4）焊接操作要点

起焊时，电弧在起焊处稍停片刻，用焊丝迅速触及焊接部位进行试探，感觉到该部位开始熔化时，立即填加焊丝，并与焊枪的运行动作配合协调。焊接操作角度如图 5-45 所示，焊接过程采用摇把手法。

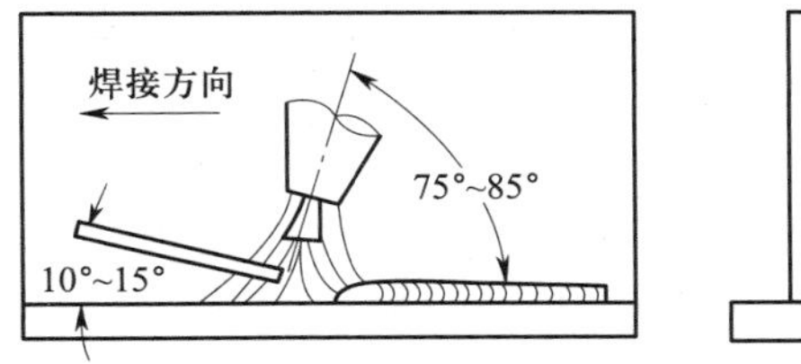

图 5-45　钨极氩弧焊平角焊焊接角度及摇把手法的练习

练习摇把手法时，以拇指、食指、中指轻握焊把，用无名指和小指提起焊把并把瓷嘴靠在焊缝上，拇指、食指、中指握把的手心像是有鸡蛋一样，动作饱满，力度适中。以瓷嘴与焊缝的接触点为中心点，利用手腕的旋转采用左右月牙形或Z字形扭动。瓷嘴与焊缝的角度以钨极不接触母材或熔池且电弧能够稳定燃烧为标准而定。

练习焊接时要注意焊缝宽度并使电弧熔池能够到达焊缝边缘和熔合边缘，向前每次摇摆前进距离可根据自己操作习惯及美观性而定。该方法常用于碳钢、不锈钢、铝及铝合金的焊接。

3. 管板对接固定焊技能训练

管板对接固定焊试件图如图 5-46 所示。

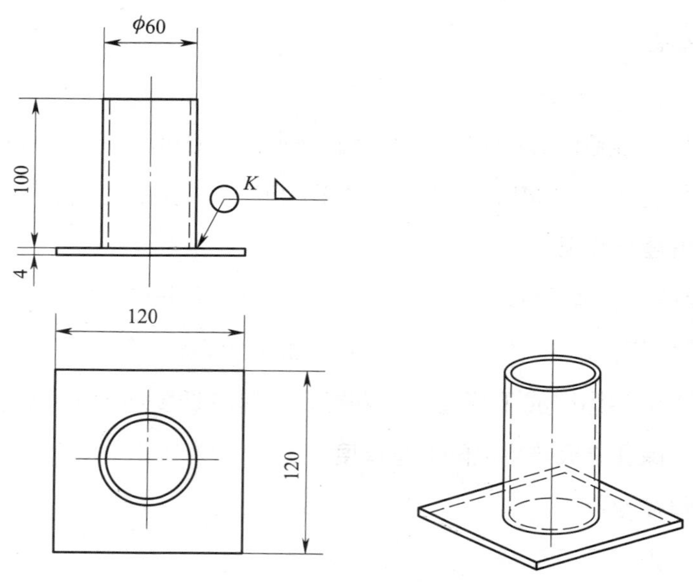

图 5-46　管板对接固定焊试件图

（1）焊前准备

1）试件材料：20 钢管。

2）试件尺寸：120 mm×120 mm×4 mm 一件；φ 60 mm×100 mm×4 mm 一件。

3）焊接材料：焊丝 G49A3C1S6（原 ER50-6 焊丝），直径为 2.5 mm。

（2）试件清理与装配

1）焊前清理。清理试件表面的油污、锈蚀、水分及其他污物。

2）定位焊。定位焊采用与焊接试件相同材料的焊丝。定位焊缝长度均为 10 ~ 15 mm。定位完毕矫正焊件，保证管子与平板间的垂直度。

（3）确定焊接参数

焊接参数参见表 5-24。

（4）焊接操作要点

1）管板平角焊（见图 5-47）。引燃电弧后，先不填加焊丝，焊枪稍加摆动，待定位焊丝开始熔化并形成熔池后，开始送进焊丝，向左焊接。焊接过程中，电弧以管子与底板的相交线为中心作横向摆动，摆动的幅度要适当，以使焊脚均匀。注意观察熔池两侧和前方，当管子和底板熔化的宽度基本相等时，说明焊脚对称。为了防止管子咬边，电弧可稍离开管壁，从熔池前方填加焊丝，使电弧的热量偏向底板。接头时，在原收弧处右侧 15 ~ 20 mm 处的焊缝上引弧。引燃电弧后，将电弧迅速移到原收弧处，先不填加焊丝，待接头处熔化形成熔池后，开始填加焊丝，按正常速度焊接，直至焊接完毕。

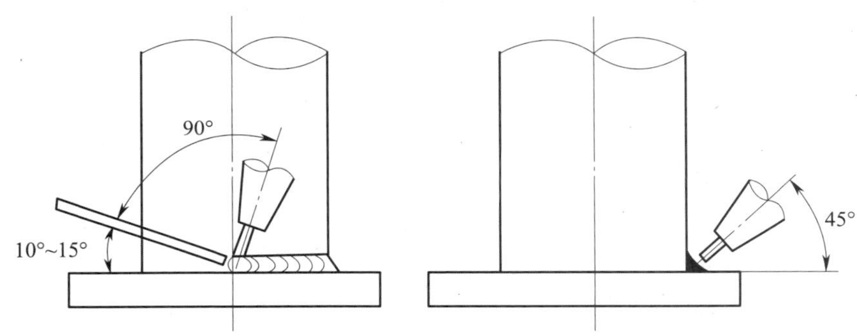

图 5-47　钨极氩弧焊平角焊焊接角度

2）管板全位置焊（见图 5-48）。管板全位置焊在施焊时分前半圈（左）和后半圈（右）两部分，每半圈都存在仰、立、平三种不同位置焊接。

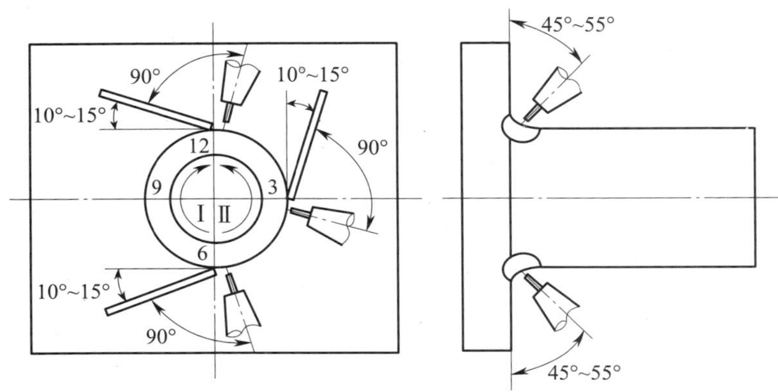

图 5-48　钨极氩弧全位置焊焊接角度

①前半圈（6 ~ 9 ~ 12 点钟位置）。前半圈焊接时，在仰位 6 点钟位置前 5 ~ 10 mm 处的管板夹角内引弧，形成第一个熔池，采用短弧焊接和月牙形或锯齿形运条方法，焊枪在管板之间做微小横向摆动，焊条角度随焊接位置的变化而变化，直至焊道超过 12 点钟位置 5 ~ 10 mm 处熄弧。

②后半圈（6 ~ 3 ~ 12 点钟位置）。后半圈的焊接方法与前半圈基本相同，但需在仰焊接头和平焊接头处多加注意。

直接在收尾处起弧，使原熔池的后边缘和新熔池的边缘相吻合，压低电弧并采用月牙形或锯齿形运条方法正常焊接，焊枪角度随焊接位置的变化而变化，直至焊缝到 12 点钟位置，断弧并填满弧坑。

三、手工钨极氩弧焊实例

对图 5-49 所示不锈钢组合件进行焊接。不锈钢组合件材料见表 5-25。

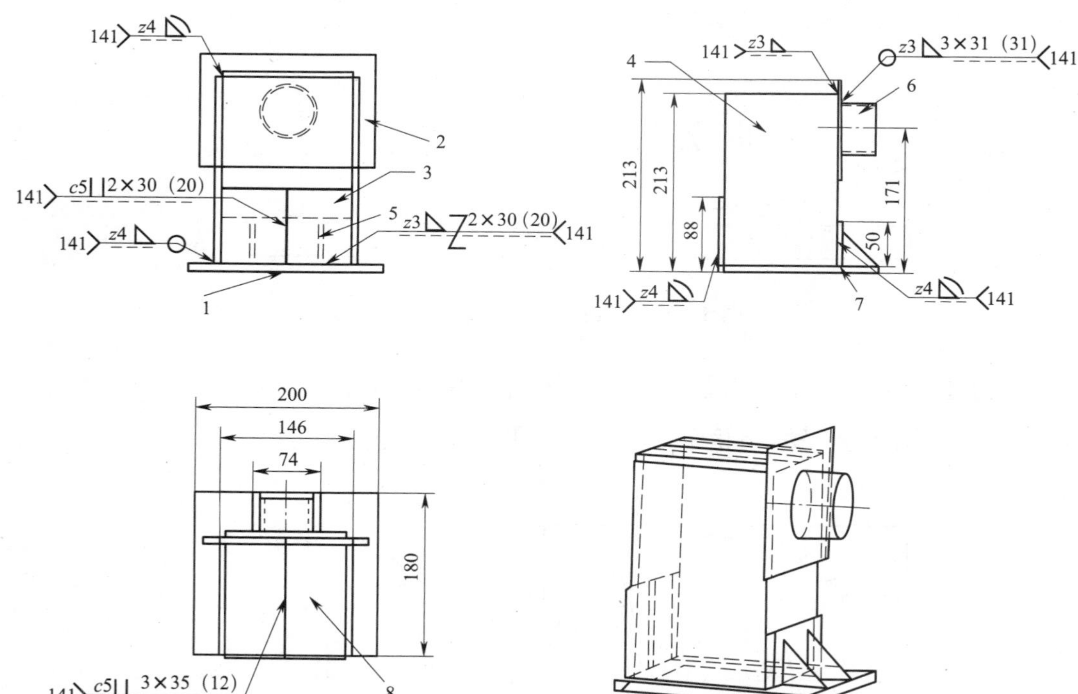

图 5-49　不锈钢组合件

表 5-25　不锈钢组合件材料表

序号	名称	外形尺寸及数量	序号	名称	外形尺寸及数量
1	底板	200 mm × 180 mm × 4 mm，1 件	5	加强筋	50 mm × 50 mm × 4 mm，2 件
2	前挡板Ⅰ	150 mm × 120 mm × 3 mm，1 件	6	管接头	t=3 mm，ϕ 60 mm × 40 mm，1 件
3	后挡板	80 mm × 67 mm × 4 mm，2 件	7	前挡板Ⅱ	134 mm × 50 mm × 4 mm，1 件
4	侧板	200 mm × 130 mm × 4 mm，2 件	8	上盖板	130 mm × 67 mm × 3 mm，2 件

1. 图样的识读

读懂图样中支架的组成及焊接符号，明确零件的厚度、外形尺寸及各零件之间的装配关系，并制定合理的装配焊接顺序。

2. 焊接设备

（1）钨极氩弧焊焊接设备（见图 5-50）

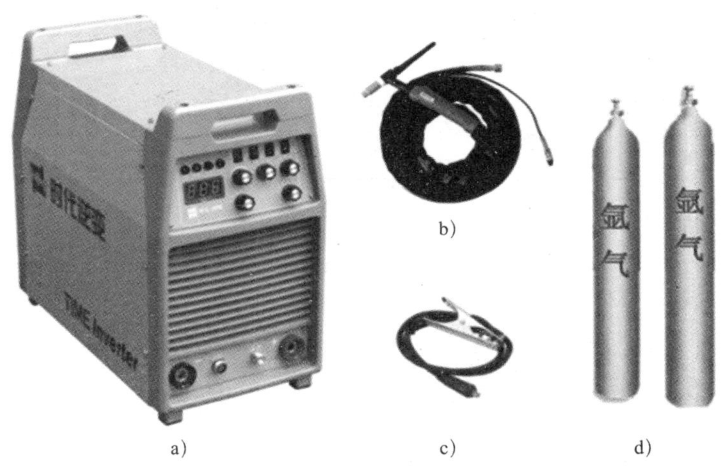

a)　b)　c)　d)

图 5-50　钨极氩弧焊焊接设备

a）焊接电源（两用）　b）钨极氩弧焊焊枪　c）焊接地线　d）氩气

（2）钨极氩弧焊焊接设备安装及使用说明

图示	使用说明
	1）焊接功能选择 将中间两黑色按键依次打到“氩弧”“本机”位置，此时设备处于钨极氩弧焊功能

续表

图示	使用说明
	2）焊接参数选择 焊接电流：根据板厚、焊丝直径选择 引弧电流：根据焊条性质、工艺需求选择 上坡时间：控制开始焊接，焊接电流上升时间 下坡时间：控制停止焊接，焊接电流下降时间 检气与焊接：打到“检气”时，可以调节氩气流量，不可以焊接。打到“焊接”时，可以焊接 2 步操作法：按下开关，进行焊接；松开开关，停止焊接。常用于较短的焊缝 4 步操作法：按下开关松开，进行正常焊接；按下开关松开，停止焊接。常用于焊缝较长、操作时间较长的焊接
	3）氩弧焊焊枪及地线的安装 将控制开关、气管接口、快速接头（负极）与焊机对应接口安装并拧紧，地线接正极，采用直流正接法

3. 辅助工具

名称	图示	名称	图示
焊接面罩		钢丝刷	
锉刀		錾子	
焊接量规	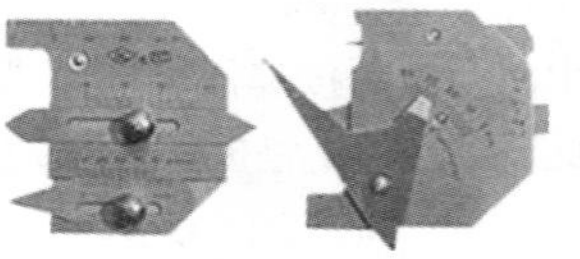	角磨机	

续表

名称	图示	名称	图示
开口钳		直磨机	

4. 组合件的装配定位焊顺序

组合件的装配定位焊顺序如图 5-51 所示。

（1）分别将 2 块后挡板 3 和上盖板 8 按照图样要求进行组装。

（2）以底板 1 为基准，将侧板 4 装配在底板上。

（3）将前挡板 Ⅰ 2 与管接头 6 进行装配。

（4）将后挡板 3、上盖板 8 装配在两侧板上，按照图样要求进行尺寸检验。

（5）将前挡板 Ⅱ 7、加强筋 5 和步骤（3）装配完成的部件，分别在组合件上进行装配。

（6）最后，对照图样检查，确认无误后，对组合件进行加固焊接。

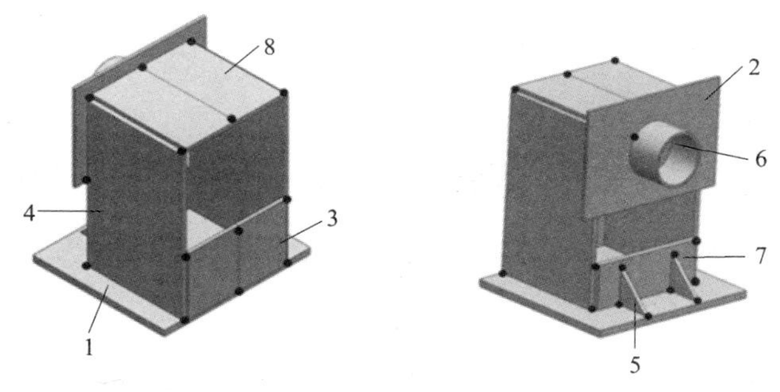

图 5-51　装配定位焊顺序

1—底板　2—前挡板 Ⅰ　3—后挡板　4—侧板　5—加强筋　6—管接头　7—前挡板 Ⅱ　8—上盖板

5. 组合件的加固焊接顺序

按照图 5-52 所示标识焊接顺序进行焊接。

焊接开始时，先焊对接焊缝①和②；再焊接所有的转角焊缝③；接下来焊接底板角焊缝④，焊接时底板角焊缝转角处要圆滑过渡。然后焊接筋板角焊缝⑤，再焊接角焊缝⑥，最后焊接管板角焊缝⑦。

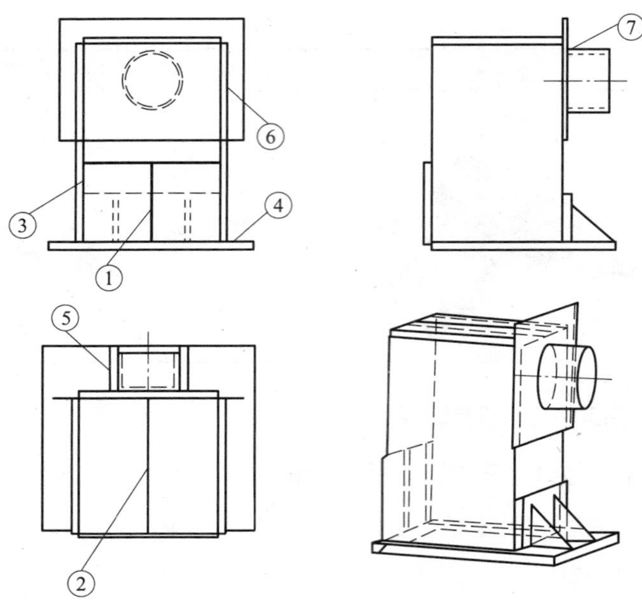

图 5–52　组合件的加固焊接顺序

焊接过程中，应注意焊缝的焊接先后顺序，转角处焊缝的叠加。保证焊缝的连贯性及整体美观。

6. 注意事项

（1）焊接时应注意保持一定的电弧长度，采用短弧焊接。

（2）焊完之后应进行外观检查，如发现焊缝有气孔、夹钨、焊瘤等缺陷时，应及时去除并进行补焊。

（3）焊接完成后，焊件要摆放整齐，并按照 6S 标准清理工作现场。

第六单元

装配——方矩管的制作

一、方矩管装配图

方矩管装配图如图 6-1 所示。

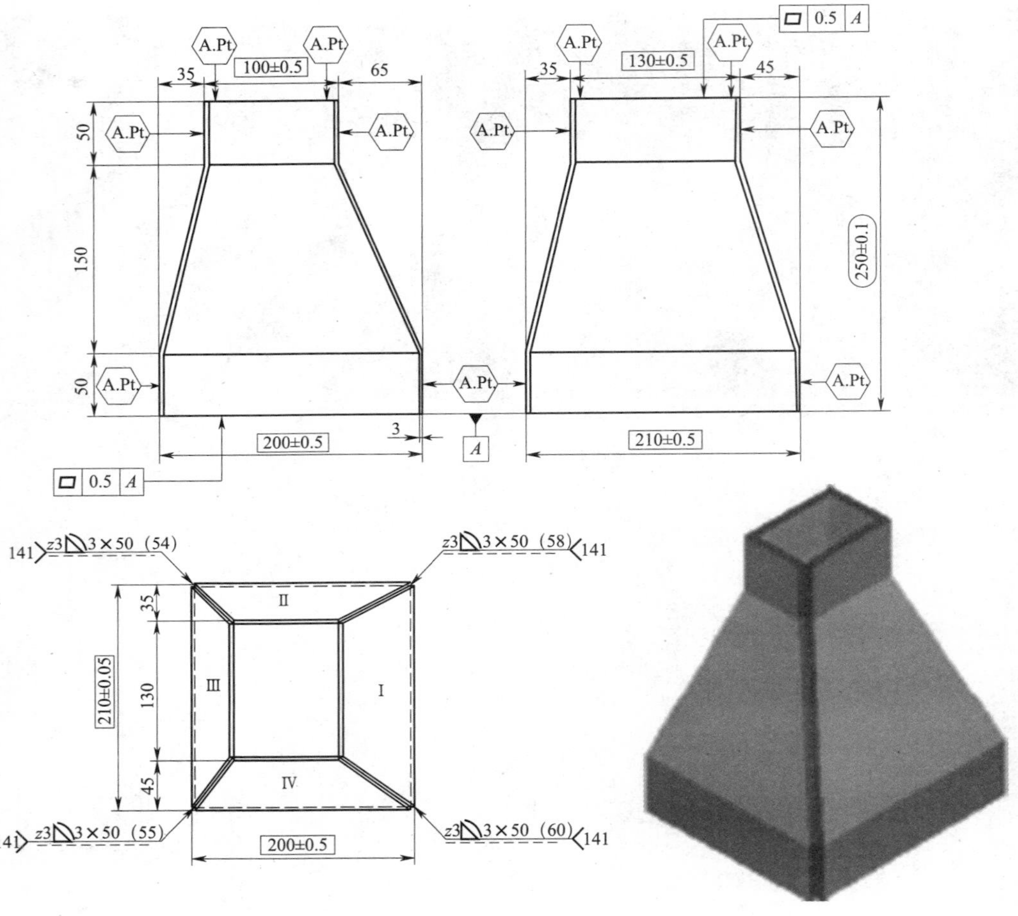

图 6-1　方矩管装配图

二、材料、设备及工量器具准备

材料、设备及工量器具准备：Q235A 钢板，500 mm × 550 mm × 3 mm 一块、划针、游标高度卡尺、游标卡尺、方箱、胶锤、画图工具、放样纸、辅助工具、焊接设备及工具等。

三、操作步骤

1. 求各板展开长度

根据勾股定理求出件Ⅰ、件Ⅱ、件Ⅲ和件Ⅳ的展开实长，如图 6-2 所示。

件Ⅰ展开实长 = 件Ⅰ两直边（AB、CD）长度 + 件Ⅰ斜面（BC）展开实长。

件Ⅰ两直边长度 =50+50=100 mm。

根据勾股定理，件Ⅰ斜面展开实长 $BC=\sqrt{65^2+150^2}\approx 163.5$ mm。

件Ⅰ（$ABCD$）展开实长 =100+163.5=263.5 mm

利用以上方法计算出件Ⅱ、件Ⅲ和件Ⅳ展开实长。

2. 展开图画法

（1）利用平行线展开法，在俯视图中做一条直线与件Ⅰ底口平行，过上、下矩口做该条直线的垂线并延长；

（2）在延长线上依次截取 AB、BC、CD 同长度线段，过点做延长线垂线并与上下矩口对应点相交，连接交点后的图形即为件Ⅰ展开图。

（3）件Ⅱ、件Ⅲ和件Ⅳ的展开方法同理。

展开图如图 6-2 所示。

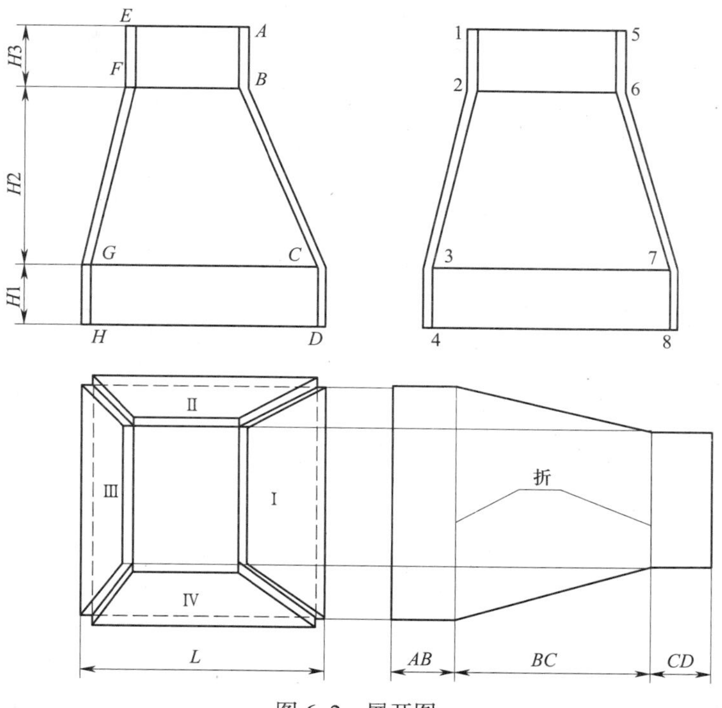

图 6-2 展开图

3. 下料

根据件Ⅰ、件Ⅱ、件Ⅲ和件Ⅳ实体放样，分别采用砂轮切割和剪板机进行下料。砂轮切割时，可用 C 形钳等工具将板料固定在工作台上进行切割。切割时，应佩戴安全防护镜、口罩等劳动保护用品。

4. 折弯

按照图样要求画出折弯线，折弯时折弯线应与刃口对齐，保证折弯精度及折弯角度。

5. 装配定位

首先，以工作台面为基准把件Ⅰ、件Ⅱ装配在一起，保证两件之间转角为 90°，上下两端面平齐。根据如图 6-3 所示在相应的位置进行定位。利用同样的方法依次将件Ⅲ、件Ⅳ装配到一起，最后形成完整的工件，并用游标高度卡尺、游标卡尺检验工件尺寸是否符合图样要求，如尺寸偏差较大，可用胶锤等辅助工具进行调整。直至达到尺寸要求，然后进行正式焊缝焊接。

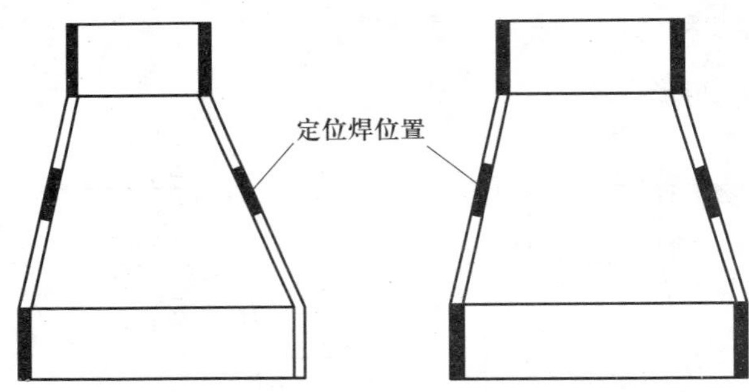

图 6-3　定位焊位置

第七单元

世界技能大赛真题点评

课题一
图样设计要求

世界技能大赛金属构造项目是指按照图样要求的结构形式、材料类型、尺寸精度和相应的标准，进行金属构件加工制作的竞赛项目。

世界技能大赛金属构造项目涉及钳、铆、焊等工种的技能，比赛要求选手根据图样使用正确的设备、工具和方法，采用提供的材料（碳钢板、不锈钢板、铝合金板、钢管、钢棒等）制成一个具有一定功能（如旋转、延伸）的金属结构件，赛程为 4 天，累计比赛时间为 22 h。

本项目由第三方出题，包括图样和制造说明两部分。其中制造说明在比赛前 1 天发给专家进行翻译，比赛当天交给选手；图样在比赛当天发给选手，不对专家、翻译公布。选手拿到图样和制造说明后在 4 h 内独自完成对图样和制造说明的理解，其后在 18 h 内完成制作。赛题分成 4 个模块，每个模块没有规定时间，选手按照自身情况安排，但必须在每一比赛日结束后提交相应部分的作品。

一、选手操作内容

1. 依据材料清单和图样核对材料尺寸。
2. 依据图样进行放样。
3. 进行锯削、剪切或火焰切割操作。
4. 进行钻孔、攻螺纹、磨削、锪孔操作。
5. 倒角、去毛刺。
6. 用滚弯、折弯或冲压设备进行弯曲成形以及热直、冷直。
7. 熟练掌握 111、135 和 141 等焊接工艺。
8. 对依据图样制作的零件进行调整和装配，实现预期的结构、功能和技术指标。

9. 用锉刀、凿子和钢丝刷等手动工具或通过电动工具进行表面处理。

二、赛题开发设计要求

1. 需按照如下所列材料进行赛题设计：

（1）厚度为 4 ~ 12 mm 的低碳钢板（Q235）、型钢（圆管、方钢管、角钢、C 形钢），螺栓、螺母。

（2）厚度为 2 ~ 3 mm 的 304 不锈钢板、钢管和型钢。

（3）厚度为 2 ~ 4 mm 的铝板（5000 系列或 6000 系列）。

（4）直径为 0.8 ~ 1.2 mm 的 135 气体保护焊焊丝，直径为 1.6 ~ 3.0 mm 的钨极氩弧焊焊丝以及直径为 2.5 ~ 4.0 mm 的焊条电弧焊焊条。

2. 使用提供的工具和设备应能够完成项目的所有加工和装配。提供的设备有剪板机、折弯机、卷板机、钻床、砂轮机、焊机、角磨机、火焰切割、装配平台、铁砧，提供的测量工具有游标高度卡尺、游标卡尺、塞尺、钢直尺、90° 角尺等。

3. 赛题作品的单件质量不大于 30 kg。

4. 设计赛题前必须对赛题所使用的特殊工具进行标识。

5. 以现代钢结构和金属构造为基础，包括建筑、桥梁、工程机械、车辆等。

6. 以 CAD 图样形式呈现，并提供 ISO 标准硬盘和纸质文件，包含详细的材料清单。

7. 根据 ISO-2553 设计焊接符号，焊缝规格为 111=z3 ~ z5，135=z3 ~ z5，141=z2 ~ z4，火焰切割部分最大比重为 15%。

8. 赛题的图样必须以第一角或第三角投影方式绘制。

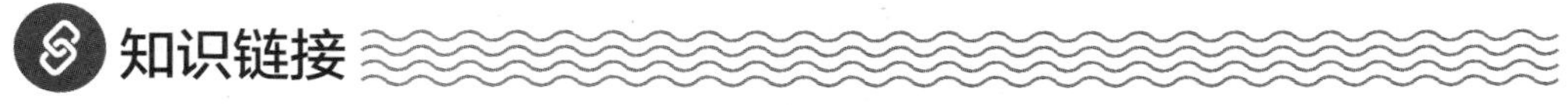

第一角和第三角正投影画法

所谓投影，就是投射线通过物体向选定的面投射，并在该面上得到该物体的图形。正投影就是投射线与投影面相垂直所得到的投影，而视图就是采用正投影法绘制的图形。根据制图视角的不同，视图的画法可分为第一角正投影画法和第三角正投影画法，中国、俄罗斯、乌克兰、德国、罗马尼亚、捷克、斯洛伐克等国主要采用第一角正投影画法，美国、日本、法国、英国、加拿大、瑞士、澳大利亚、荷兰和墨西哥等国主要采用第三角正投影画法。根据国际标准 ISO 5456-2 的规定，第一角正投影画法和第三角正投影画法绘制的图样同等有效，由于国际交流的日益密切，这两种图样在日常工作中都能遇到，有时甚至是两者并存，因此必须对其有明确的认识和理解。

1. 第一角正投影画法

用水平和铅垂的两投影面将空间分成四个分角，如图 7-1 所示。

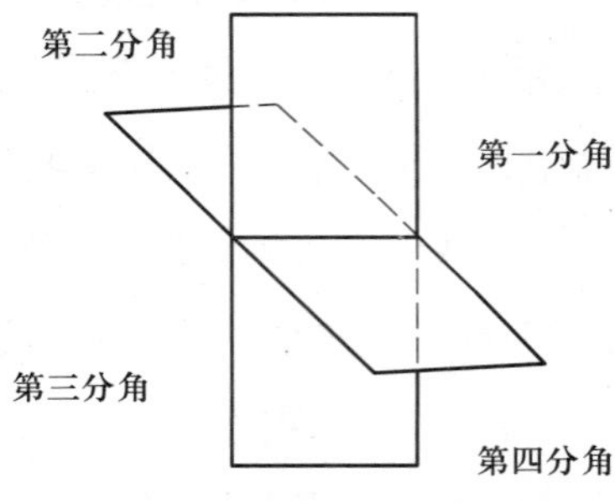

图 7-1　分角示意图

将物体置于第一分角内，并使其处于观察者与投影面之间而得到正投影视图的方法就叫第一角正投影画法，各视图的配置如图 7-2 所示，第一角正投影画法标记如图 7-3 所示。

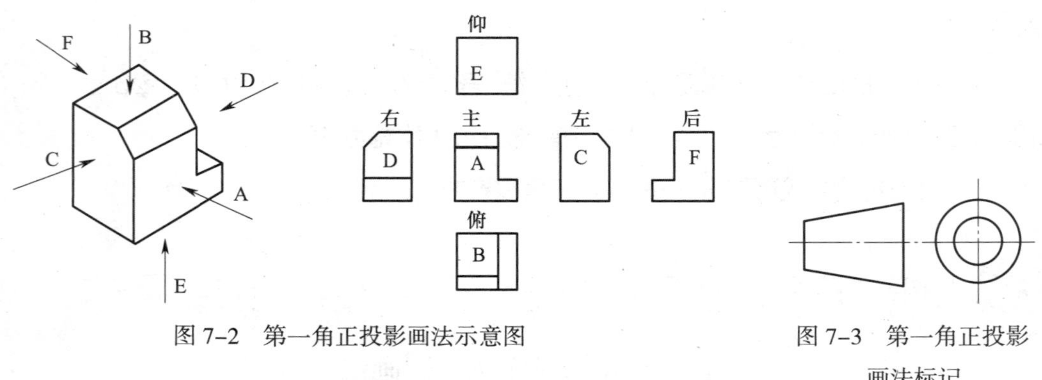

图 7-2　第一角正投影画法示意图

图 7-3　第一角正投影画法标记

2. 第三角正投影画法

将物体置于第三分角内，并使投影面处于观察者与物体之间而得到正投影视图的方法叫第三角正投影画法，各视图的配置如图 7-4 所示，第三角正投影画法标记如图 7-5 所示。

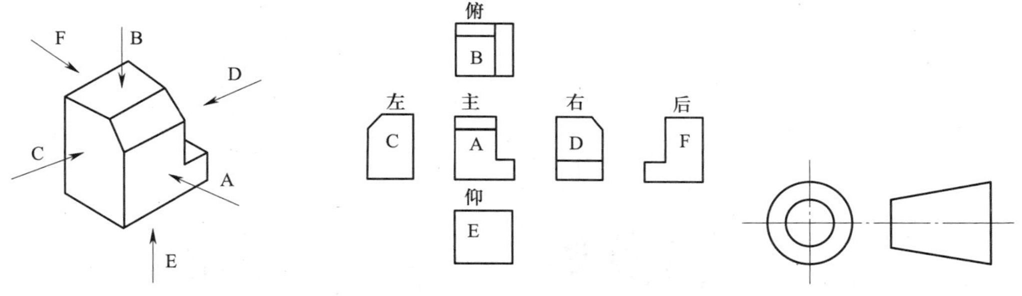

图 7–4　第三角正投影画法示意图

图 7–5　第三角正投影画法标记

课题二

第 42 届世界技能大赛金属构造试题（铲车的制作）

一、模块一构造图样及技术分析

1. 模块一构造图样（见图 7–6）

2. 技术分析

难点：模块一中各零件的展开实形求作及剪切加工精度控制。

解决思路：零件的展开实形求作及剪切加工精度直接影响到拼装后的间隙、高度、顶部及底部的平整度。在划线前借助操作平台或放样纸板，通过作图、计算求作实形，再利用加工余量修正参数，确定下料尺寸；在下料时先通过试剪摸索剪切参数后再剪切加工所需零件。

二、模块二构造图样及技术分析

1. 模块二构造图样（见图 7–7）

2. 技术分析

（1）难点之一：件 2.3、2.5、2.6 折弯件的展开料长控制。

解决思路：折弯件的展开料长控制，直接决定了零件折弯后的尺寸及拼装后的一系列组合尺寸精度。在划线前，先划出件 2.1、2.2 的实形以及与件 2.3、2.4、2.5、2.6 的结合线条，量取对应段的内表面尺寸，再加上金属折弯成形的加工余量，确定零件的下料尺寸。

（2）难点之二：拼装及焊接后的变形控制。

解决思路：模块二的焊接变形控制，将直接影响到模块的宽度、高度、垂直度、

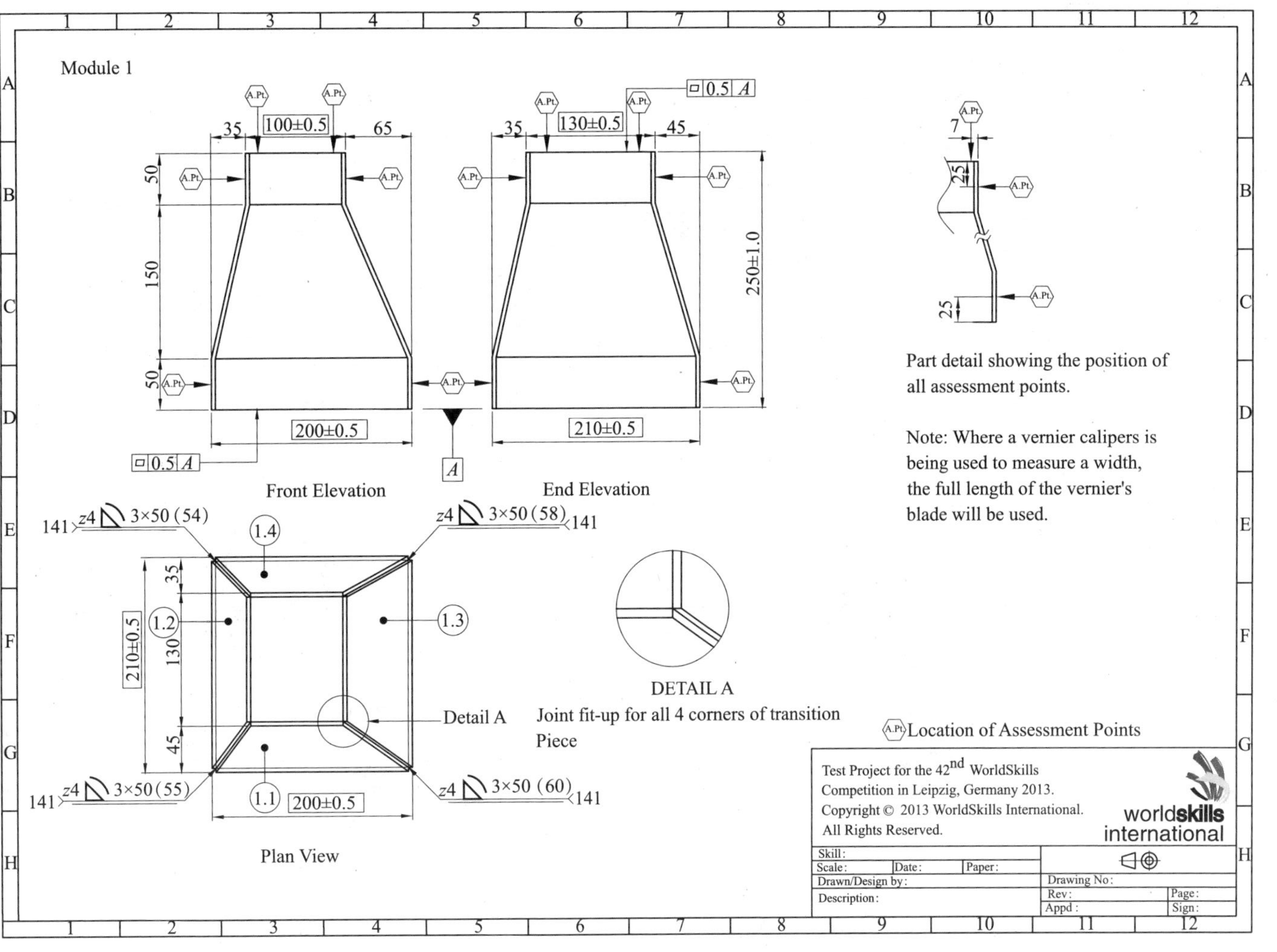
Module 1
35
100±0.5
65
35
130±0.5
45
0.5 A
50
150
50
250±1.0
200±0.5
210±0.5
0.5 A
A
Front Elevation
End Elevation
141 z4 3×50 (54)
z4 3×50 (58) 141
1.4
1.2
1.3
1.1
35
130
45
210±0.5
200±0.5
Detail A
141 z4 3×50 (55)
z4 3×50 (60) 141
Plan View
DETAIL A
Joint fit-up for all 4 corners of transition Piece
7
25
25
Part detail showing the position of all assessment points.
Note: Where a vernier calipers is being used to measure a width, the full length of the vernier's blade will be used.
A.Pt Location of Assessment Points
Test Project for the 42nd WorldSkills Competition in Leipzig, Germany 2013.
Copyright © 2013 WorldSkills International.
All Rights Reserved.
worldskills international
Skill:
Scale:
Date:
Paper:
Drawn/Design by:
Description:
Drawing No:
Rev:
Appd:
Page:
Sign:

图 7-6 模块一构造图样

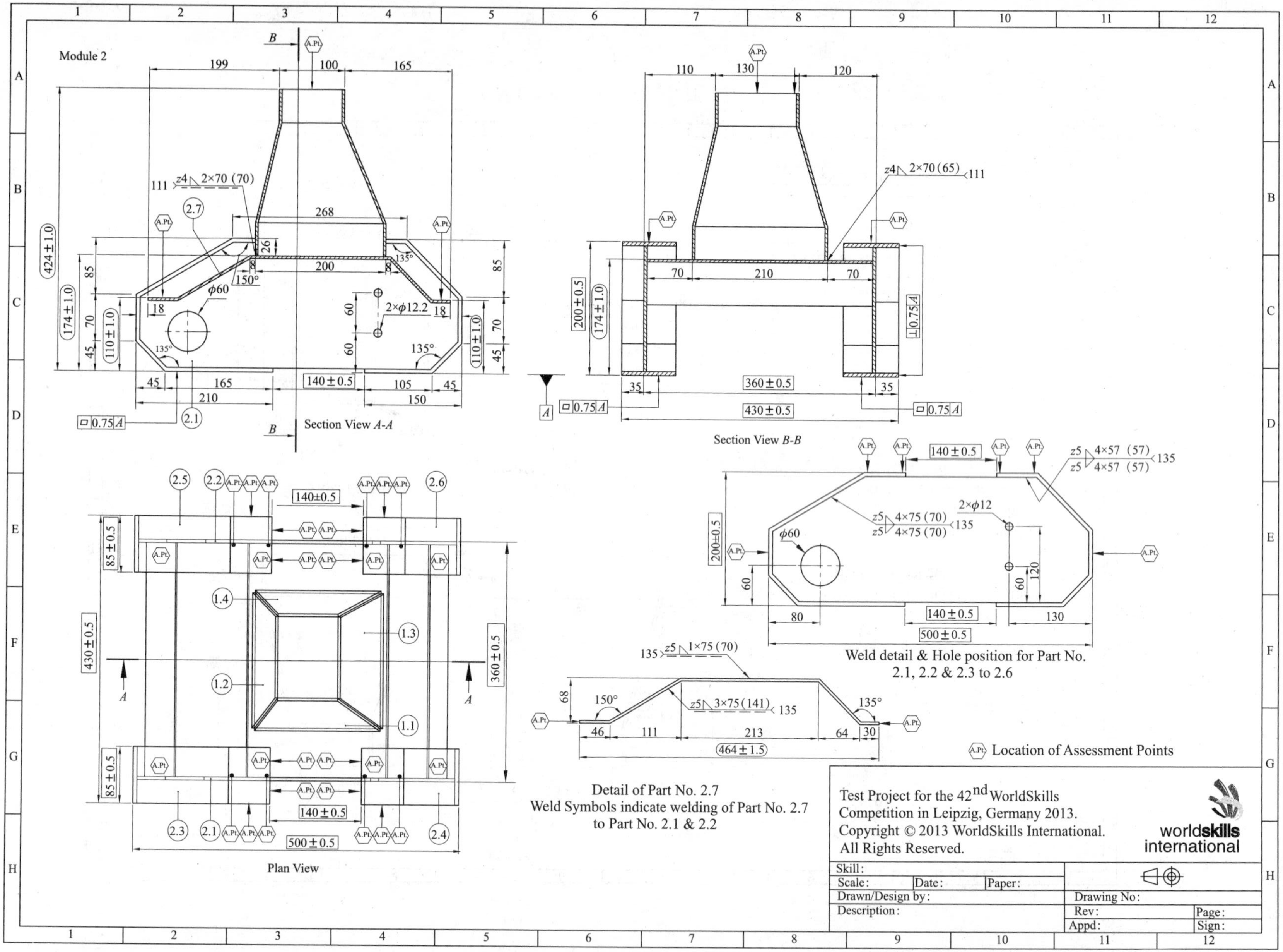
Module 2
Section View A-A
Section View B-B
Plan View
Weld detail & Hole position for Part No. 2.1, 2.2 & 2.3 to 2.6
Detail of Part No. 2.7
Weld Symbols indicate welding of Part No. 2.7 to Part No. 2.1 & 2.2
Location of Assessment Points
Test Project for the 42nd WorldSkills Competition in Leipzig, Germany 2013.
Copyright © 2013 WorldSkills International.
All Rights Reserved.
worldskills international
Skill:
Scale:
Date:
Paper:
Drawn/Design by:
Description:
Drawing No:
Rev:
Appd:
Page:
Sign:

图 7-7　模块二构造图样

平整度等。拼装时要分部拼装焊接及调校。如：先将件 2.1、2.3、2.4 拼装成部件，制作调整标准好后再与其他部件拼装。

三、模块三构造图样及技术分析

1. 模块三构造图样（图 7–8）

2. 技术分析

难点：件 2.7、3.1 及件 4.1 拼装后的高度、垂直度控制。

解决思路：

（1）先将件 4.1、4.2、4.3、4.4、4.5、4.6 拼装成一部件，调校相关尺寸，矫正变形。

（2）将件 3.1、3.5 精准固定于件 2.7，保证单件 3.1 的垂直度。

（3）将已拼装调校好的部件（由件 4.1、4.2、4.3、4.4、4.5、4.6 组成），准确定位于件 3.5 上，确保件 4.1 的垂直度。在焊接过程中，采取有效措施防止件 3.5 与 4.5 的焊接变形，避免影响已拼装好的尺寸及垂直度。

四、模块四构造图样及技术分析

1. 模块四构造图样（见图 7–9）

2. 技术分析

难点：整体拼装及活动状态下尺寸和平行度控制。

解决思路：

（1）确保件 5.1、5.2、5.5、5.6 单件制孔精度。

（2）把件 5.9、5.10、5.11 先拼装成一独立部件，焊接、表面清理后调校部件几何尺寸至标准。

（3）将件 5.1、5.2、5.3、5.4 与模块二连接，调整好件 5.1、5.2 相关尺寸后再进行件 5.3、5.4、6.2 的定位焊接。

（4）用装配轴 6.3、6.4 串联件 5.1、5.2、5.5、5.6 后，与已经装配调校好的部件（件 5.7、5.8、5.9、5.10、5.11）进行组装定位。在组装调整过程中要特别留意件 5.9、5.10、5.11 与件 2.3、2.4、2.5、2.6 的底部保持在同一平面。

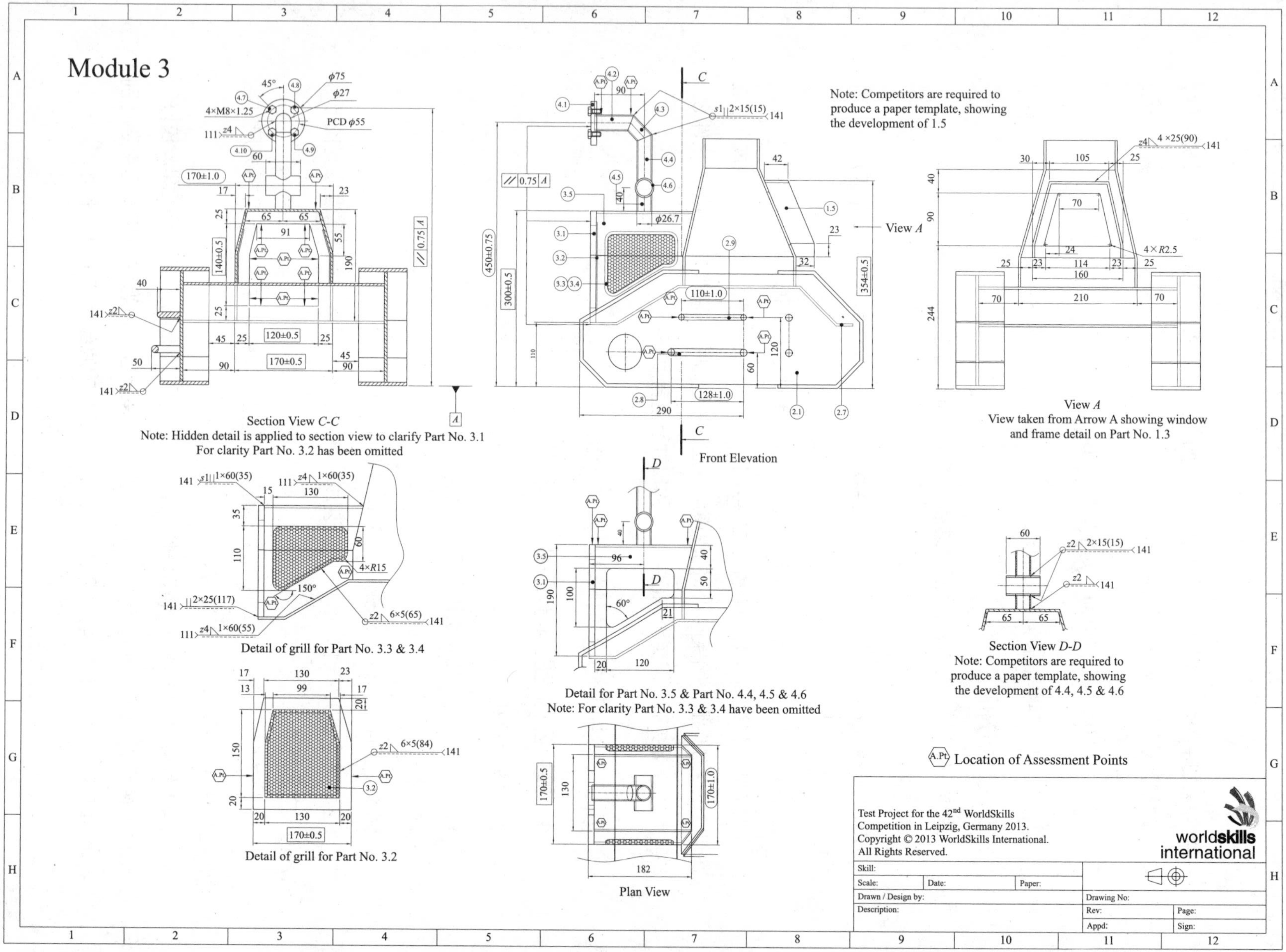
Module 3
Section View C-C
Note: Hidden detail is applied to section view to clarify Part No. 3.1
For clarity Part No. 3.2 has been omitted
Front Elevation
View A
Note: Competitors are required to produce a paper template, showing the development of 1.5
View A
View taken from Arrow A showing window and frame detail on Part No. 1.3
Detail of grill for Part No. 3.3 & 3.4
Detail of grill for Part No. 3.2
Detail for Part No. 3.5 & Part No. 4.4, 4.5 & 4.6
Note: For clarity Part No. 3.3 & 3.4 have been omitted
Plan View
Section View D-D
Note: Competitors are required to produce a paper template, showing the development of 4.4, 4.5 & 4.6
A.Pt Location of Assessment Points
Test Project for the 42nd WorldSkills Competition in Leipzig, Germany 2013.
Copyright © 2013 WorldSkills International.
All Rights Reserved.
worldskills international
Skill:
Scale:
Date:
Paper:
Drawn / Design by:
Description:
Drawing No:
Rev:
Page:
Appd:
Sign:

图 7-8　模块二构造图样

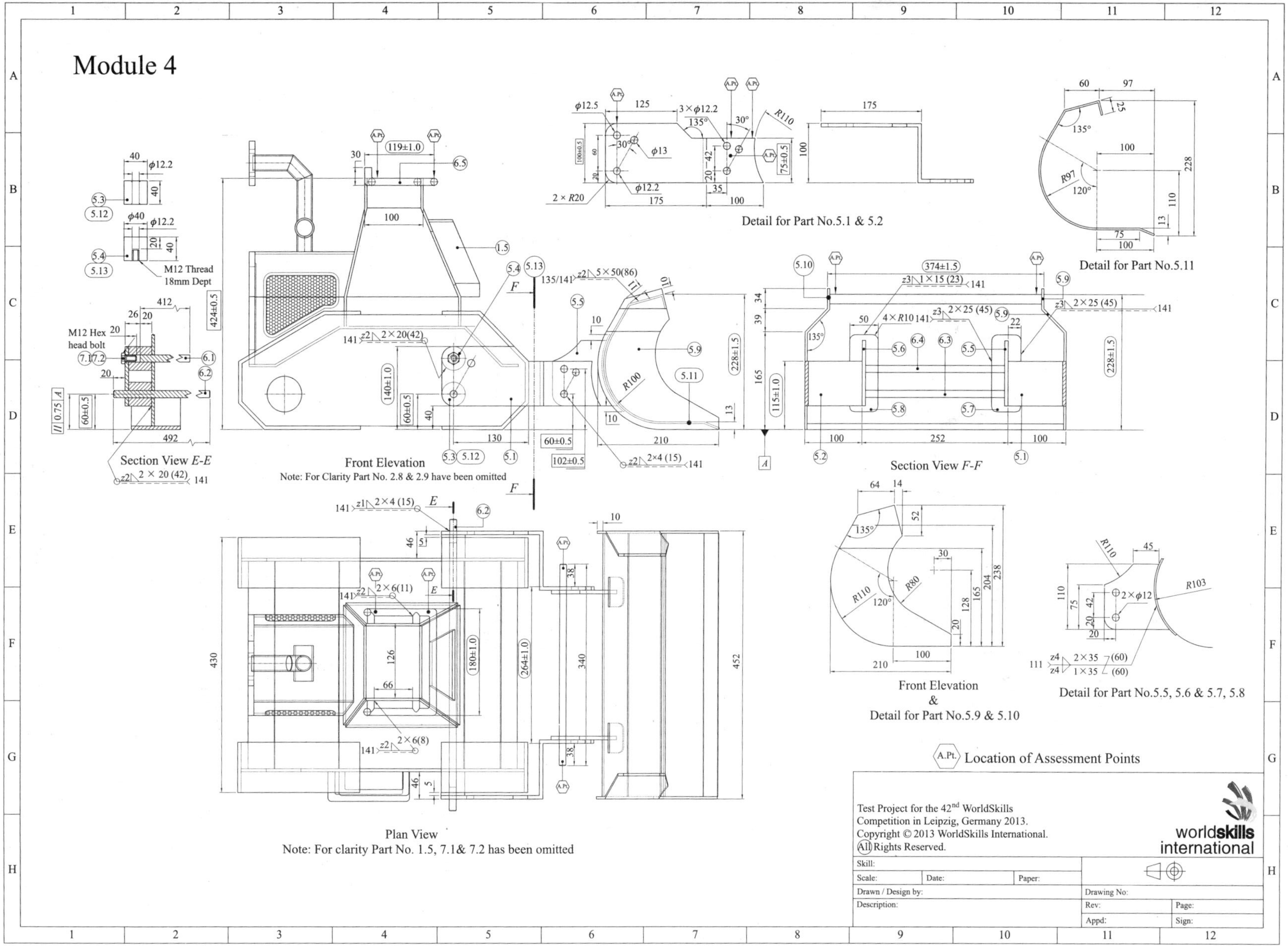

Module 4

M12 Thread 18mm Dept

M12 Hex head bolt

Section View *E-E*

Front Elevation

Note: For Clarity Part No. 2.8 & 2.9 have been omitted

Detail for Part No.5.1 & 5.2

Detail for Part No.5.11

Section View *F-F*

Plan View

Note: For clarity Part No. 1.5, 7.1& 7.2 has been omitted

Front Elevation
&
Detail for Part No.5.9 & 5.10

Detail for Part No.5.5, 5.6 & 5.7, 5.8

(A.Pt.) Location of Assessment Points

Test Project for the 42nd WorldSkills Competition in Leipzig, Germany 2013.

worldskills international

Skill:			Drawing No:	
Scale:	Date:	Paper:	Rev:	Page:
Drawn / Design by:			Appd:	Sign:
Description:				

图 7–9　模块四构造图样

课题三
第 43 届世界技能大赛金属构造试题（小火车的制作）

一、模块一构造图样及技术分析

1. 模块一构造图样（见图 7-10）

2. 技术分析

难点：拼装焊接后变形控制。

解决思路：

（1）确保件 1.1、1.2、1.3 的下料尺寸，清理干净后，进行单件调校；

（2）先将件 1.1、1.3 拼装焊接并调校（成两独立部件），然后再与件 1.2 拼装焊接并调校，再与件 1.4 组装成完整的模块。在拼装过程中，要严格控制底部的平整度，协调好圆弧区自然光滑与高度尺寸之间的关系。

（3）整体装配焊接完后，进行表面处理及尺寸调整。合理安排调整顺序，如先调垂直度，再调几何尺寸。

二、模块二构造图样及技术分析

1. 模块二构造图样（见图 7-11）

2. 技术分析

难点：模块制孔的精度控制。

解决思路：

（1）模块中涉及制孔的零部件有车架、车轮、装配连接杆件等，制孔的精度控

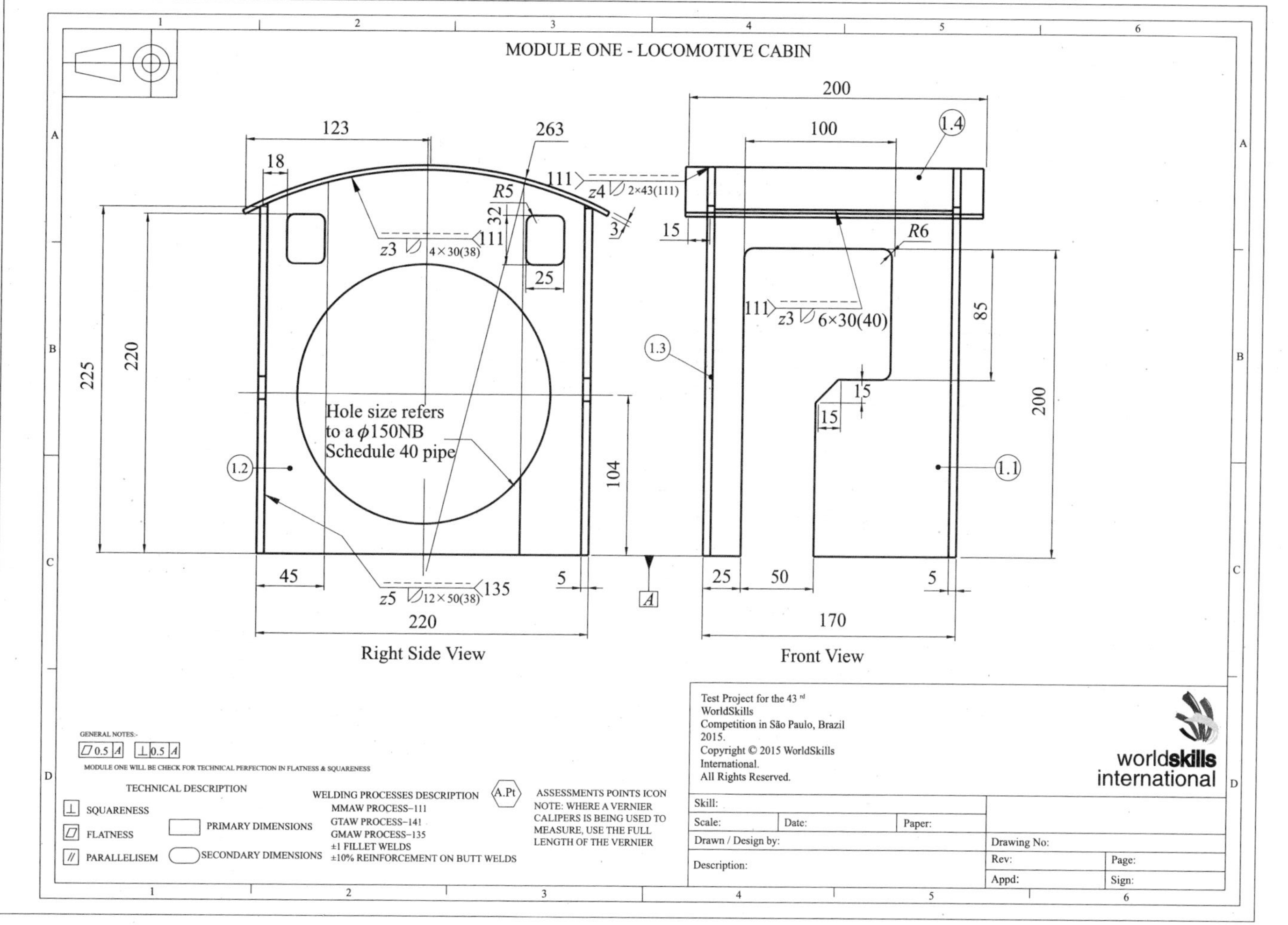

图 7-10 模块一构造图样

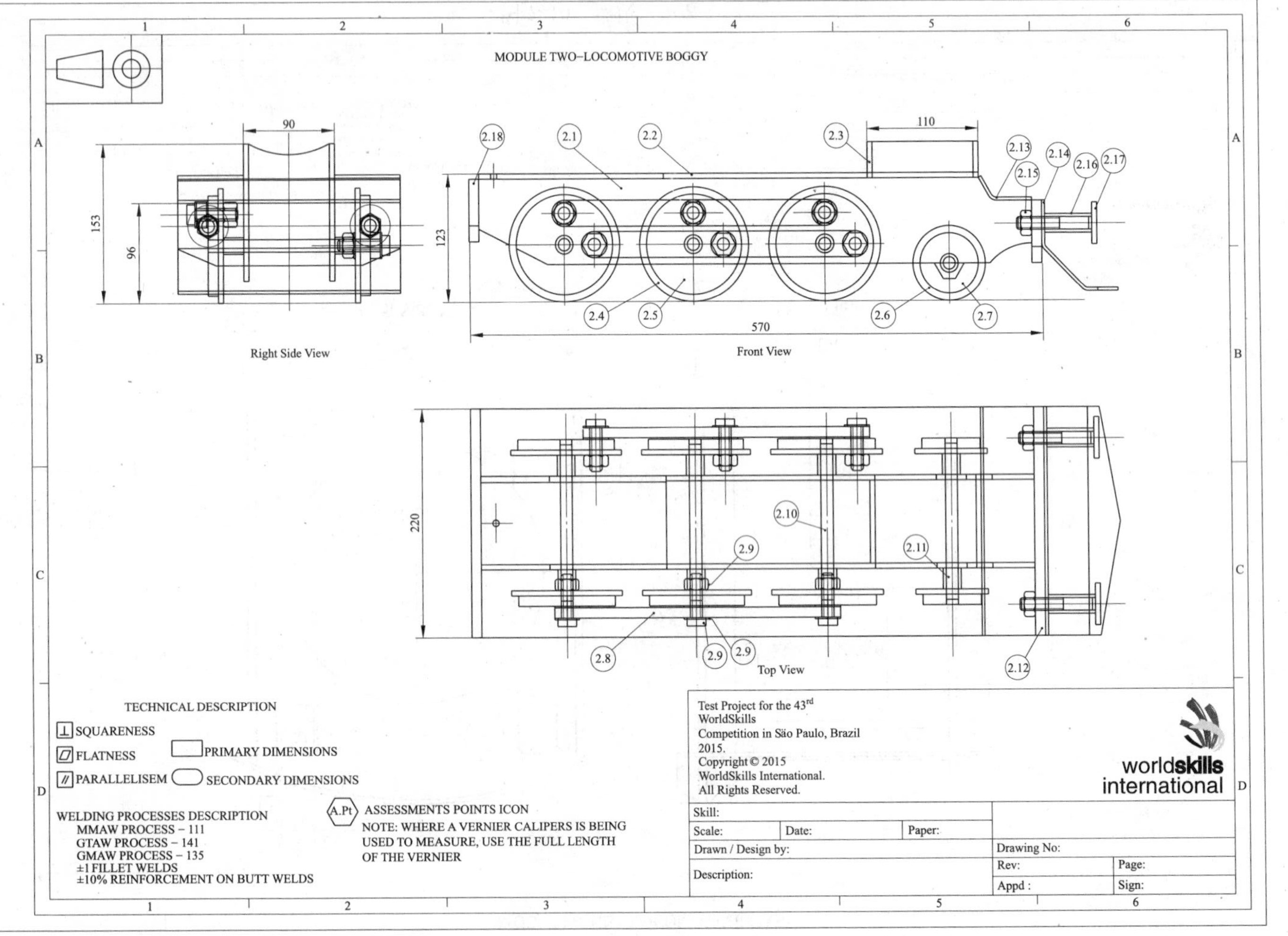

图 7-11 模块二构造图样

制效果直接影响到组装后的系列尺寸。制作过程中，首先要保证划线精度，为确保制孔精度奠定基础。

（2）车架制孔时，单件 2.1 上孔位在横、纵两个方向不得超过公差范围，而且要特别控制好两件 2.1 孔的同心度。

（3）车轮制孔时，件 2.4 与件 2.5、件 2.6 与件 2.7 尽可能采用套钻制孔，不仅要控制好单块零件的制孔质量，还要控制好相邻孔位的公差。

（4）装配连接杆件的制孔，严格控制孔位在横、纵两个方向上的公差。

（5）整体装配时，要按照图示尺寸和方向调整，复核无误后再固定。

三、模块三构造图样及技术分析

1. 模块三构造图样（见图 7-12）

2. 技术分析

难点：装配时，件 1.2 与件 3.1 装配尺寸控制。

解决思路：利用装配工具临时定位，反复检测无误后进行定位焊，复查后再进行焊接。

四、模块四构造图样及技术分析

1. 模块四构造图样（见图 7-13）及整体装配图样（见图 7-14）

2. 技术分析

（1）难点：车架连接耳板的装配控制。

解决思路：由于车架连接耳板几何尺寸较小，不容易定位，且焊接变形对其影响较明显。装配时，借助小型磁铁临时固定并完成定位焊，经复核后再焊接，焊缝清理后还需要进行调整修复。

（2）难点：整体装配时，车厢活动状态的尺寸控制。

解决思路：将制作并调校好的车厢放置在车架上，调整好相应尺寸，把件 4.12 装配焊牢；接着用轴 4.17 将件 4.18 与车架装配，分别测量在不同状态下的尺寸，复核后再进行定位。

（3）难点：件 4.14、件 4.15 与件 4.16 焊接变形控制。

解决思路：选择合理的焊接顺序，如先焊外侧，再焊内侧。焊缝清理后还需调整校核对应几何尺寸。

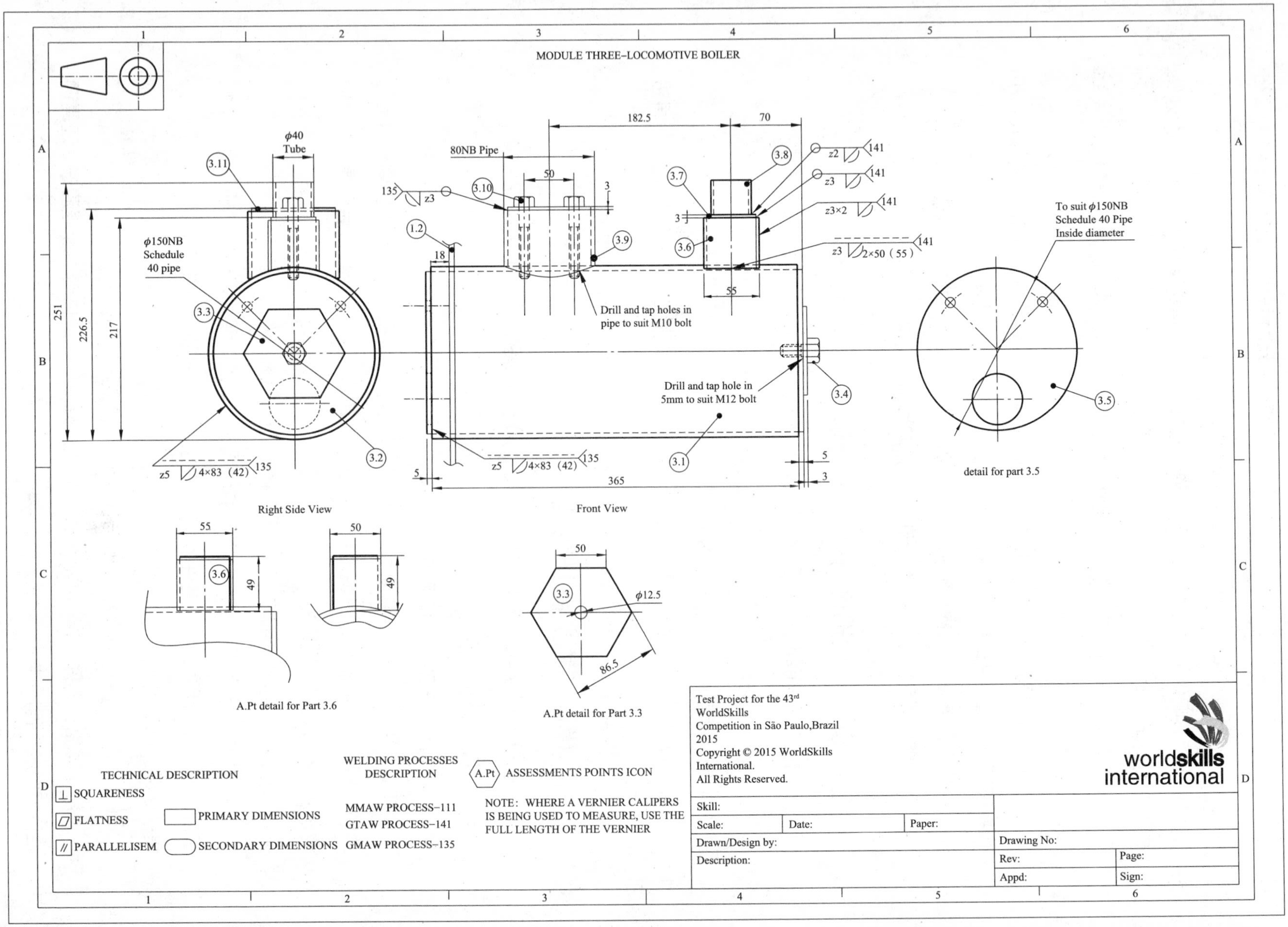

MODULE THREE–LOCOMOTIVE BOILER

φ40 Tube

φ150NB Schedule 40 pipe

80NB Pipe

Drill and tap holes in pipe to suit M10 bolt

Drill and tap hole in 5mm to suit M12 bolt

To suit φ150NB Schedule 40 Pipe Inside diameter

Right Side View

Front View

detail for part 3.5

A.Pt detail for Part 3.6

A.Pt detail for Part 3.3

TECHNICAL DESCRIPTION

⊥ SQUARENESS

▱ FLATNESS

// PARALLELISEM

PRIMARY DIMENSIONS

SECONDARY DIMENSIONS

WELDING PROCESSES DESCRIPTION

MMAW PROCESS–111

GTAW PROCESS–141

GMAW PROCESS–135

A.Pt ASSESSMENTS POINTS ICON

NOTE: WHERE A VERNIER CALIPERS IS BEING USED TO MEASURE, USE THE FULL LENGTH OF THE VERNIER

Test Project for the 43rd WorldSkills Competition in São Paulo,Brazil 2015

worldskills international

Skill:			
Scale:	Date:	Paper:	
Drawn/Design by:		Drawing No:	
Description:		Rev:	Page:
		Appd:	Sign:

图 7-12 模块三构造图样

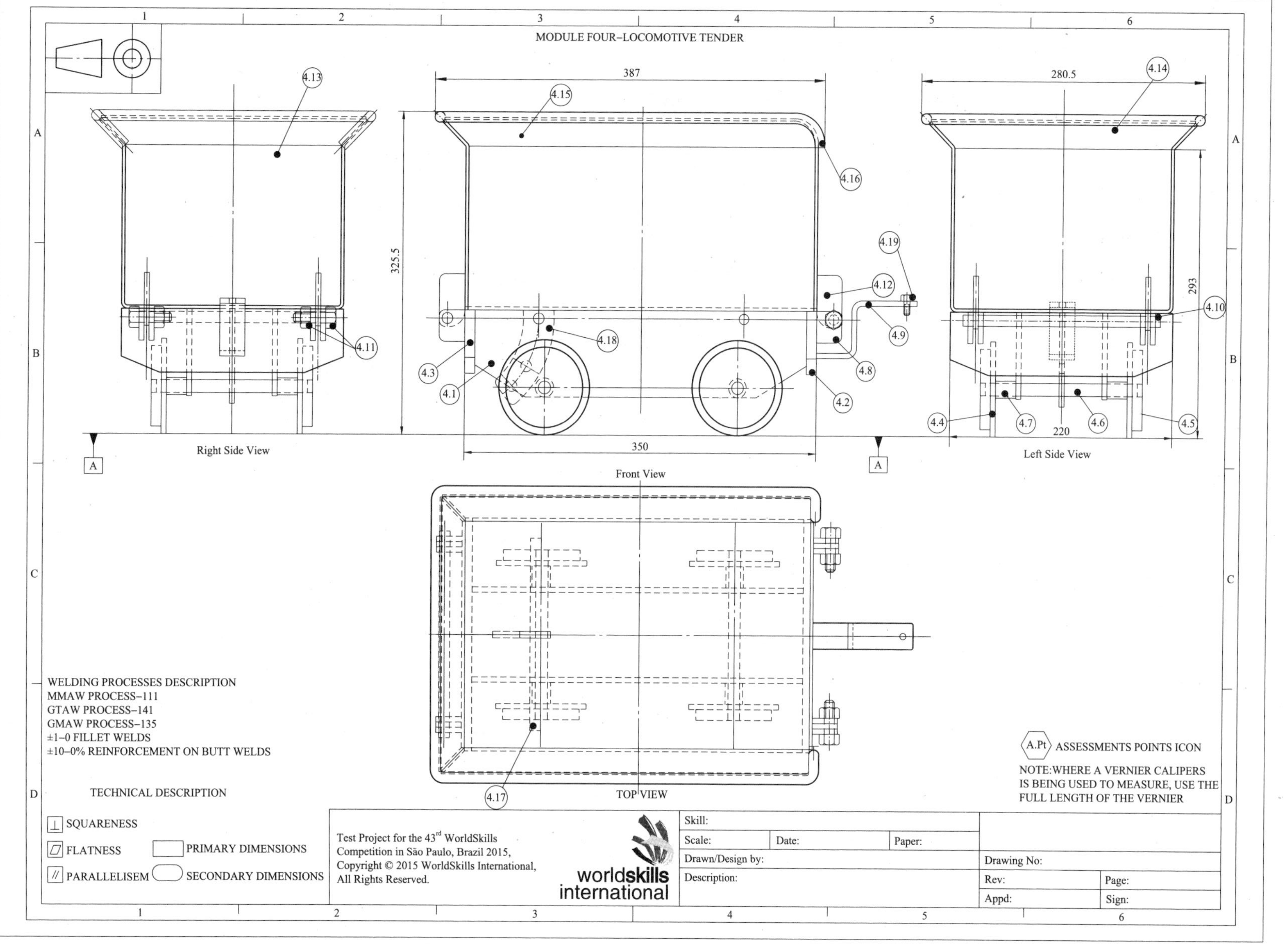

图 7-13　模块四构造图样

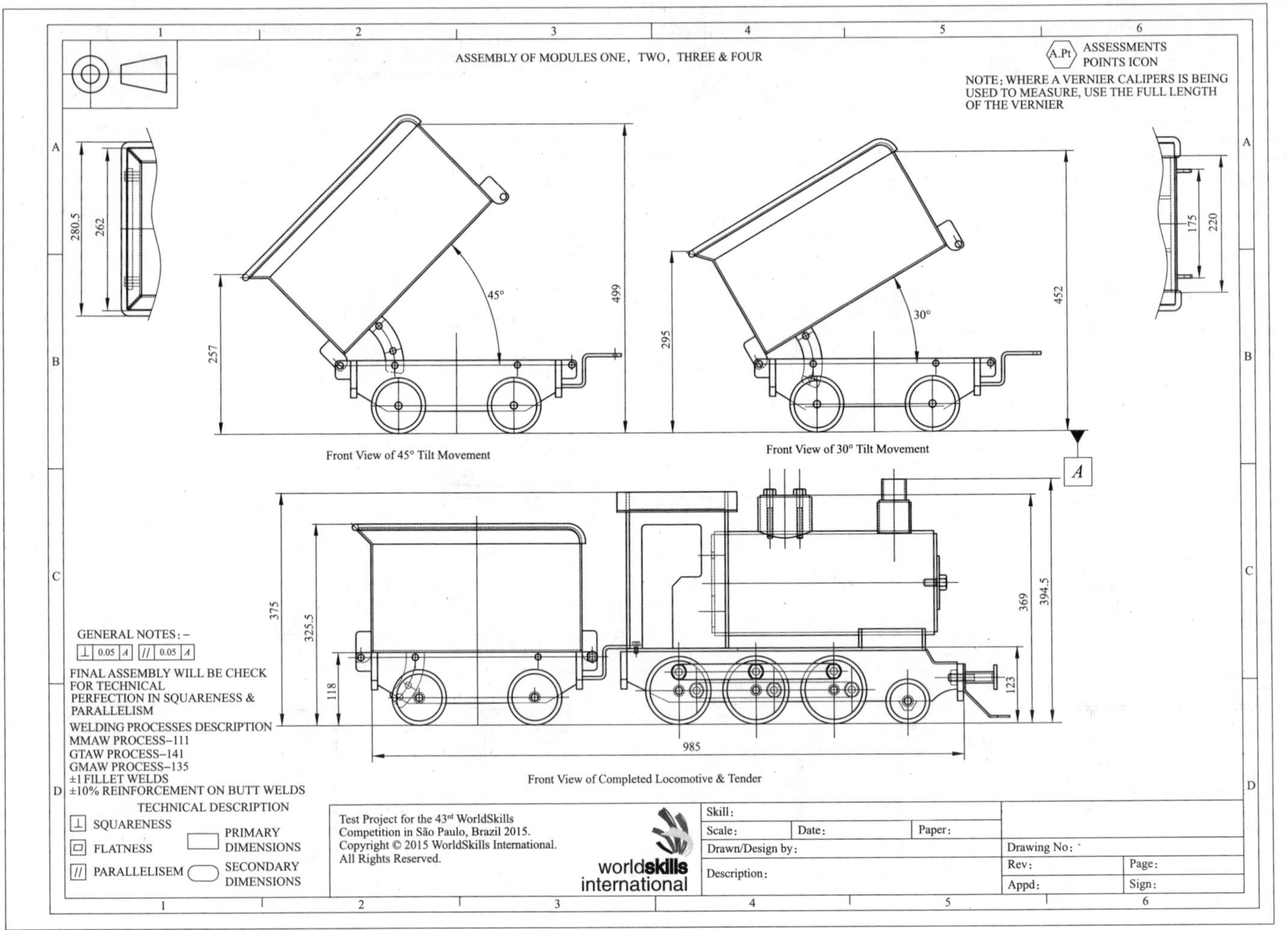
ASSEMBLY OF MODULES ONE, TWO, THREE & FOUR
A.Pt ASSESSMENTS POINTS ICON
NOTE: WHERE A VERNIER CALIPERS IS BEING USED TO MEASURE, USE THE FULL LENGTH OF THE VERNIER
280.5
262
45°
499
257
295
30°
452
175
220
Front View of 45° Tilt Movement
Front View of 30° Tilt Movement
A
375
325.5
118
369
394.5
123
985
Front View of Completed Locomotive & Tender
GENERAL NOTES: -
FINAL ASSEMBLY WILL BE CHECK FOR TECHNICAL PERFECTION IN SQUARENESS & PARALLELISM
WELDING PROCESSES DESCRIPTION
MMAW PROCESS-111
GTAW PROCESS-141
GMAW PROCESS-135
±1 FILLET WELDS
±10% REINFORCEMENT ON BUTT WELDS
TECHNICAL DESCRIPTION
SQUARENESS
FLATNESS
PARALLELISEM
PRIMARY DIMENSIONS
SECONDARY DIMENSIONS
Test Project for the 43rd WorldSkills Competition in São Paulo, Brazil 2015.
Copyright © 2015 WorldSkills International.
All Rights Reserved.
worldskills international
Skill:
Scale:
Date:
Paper:
Drawn/Design by:
Description:
Drawing No:
Rev:
Page:
Appd:
Sign:

图 7-14 整体装配图样

课题四
第 44 届世界技能大赛金属构造试题（收割机的制作）

一、模块一构造图样及技术分析

1. 模块一金属构造图样（见图 7–15）

2. 技术分析

难点：件 1.1、1.2 制孔精度控制。

解决思路：

（1）件 1.1、1.2 的制孔精度直接影响模块一的组装尺寸以及后续整体装配时活动状态下的尺寸精度。制作中，首先确保件 1.1、1.2 的制孔精度。

（2）组装时，要注意控制件 1.1、1.5 底部平整度及孔位的移动。

二、模块二构造图样及技术分析

1. 模块二构造图样（见图 7–16）

2. 技术分析

（1）难点：拼装焊接后变形的控制。

（2）解决思路：

1）分别将件 2.1、2.2、2.3 及件 2.4、2.5、2.6 组成 4 个轨道部件，焊接后及时调校，控制好几何尺寸及平整度、垂直度等。

2）模块整体组装，先在轨道上把件 2.7、2.8 装配线划好，然后把先前已制作好的部件（由件 2.7、2.8、2.9、2.10、2.11 组成）与轨道装配焊接，调校时控制好相应的尺寸、平整度、垂直度等。

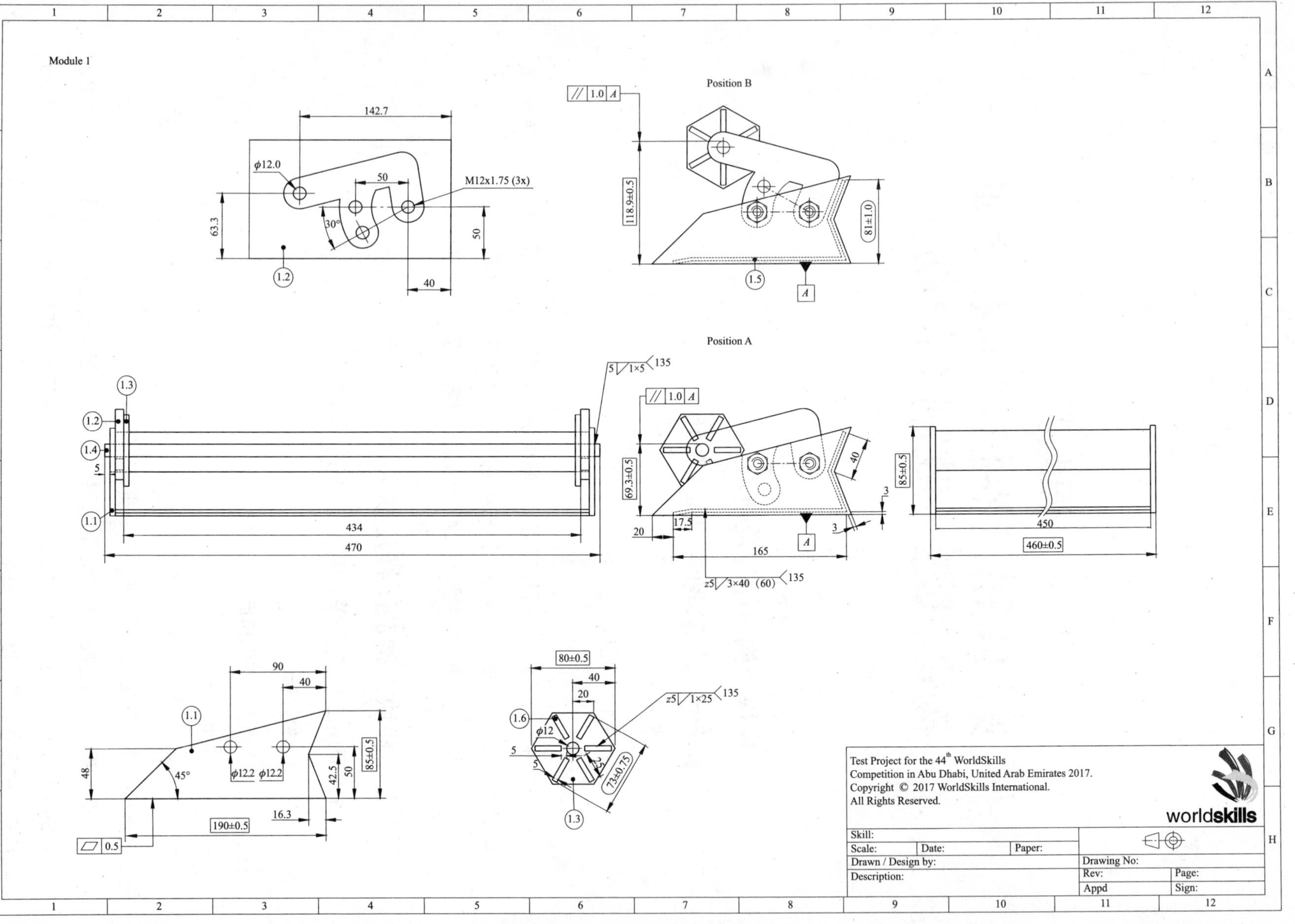

图 7-15　模块一金属构造图样

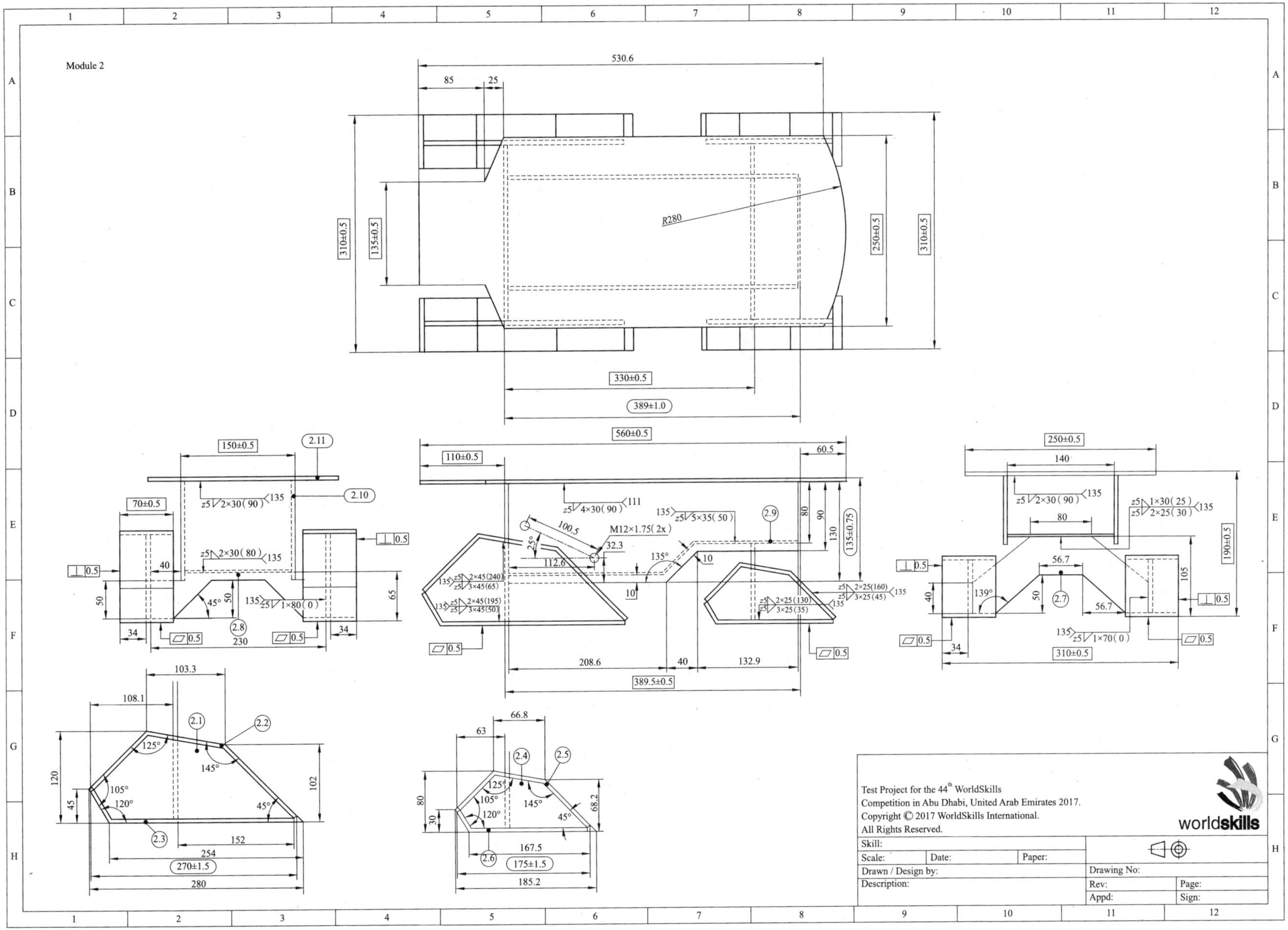
Module 2
Test Project for the 44th WorldSkills
Competition in Abu Dhabi, United Arab Emirates 2017.
Copyright © 2017 WorldSkills International.
All Rights Reserved.
Skill:
Scale:
Date:
Paper:
Drawn / Design by:
Description:
Drawing No:
Rev:
Page:
Appd:
Sign:
worldskills

图 7-16　模块二构造图样

三、模块三构造图样及技术分析

1. 模块三构造图样（见图 7–17）

2. 技术分析

（1）难点：件 3.2 展开放样及折弯控制。

（2）解决思路：

1）划线前借助操作平台或放样纸板，通过作图、计算求作实形，再用延伸系数修正，确定下料尺寸。

2）折弯成形时，借助柔软材质的薄片铺垫，有效保障零件的外观成形质量。

四、模块四构造图样及技术分析

1. 模块四构造图样（见图 7–18）及整体装配图样（见图 7–19）

2. 技术分析

（1）难点：整体装配时，活动状态下对应尺寸的控制。

（2）解决思路：

1）确保件 2.2 与件 4.4 的孔位同心度，螺栓在自由状态下轻松装配；

2）件 1.5 与件 4.4 装配时，保证件 1.1 与件 4.4 在同一平面，调整位置后点焊，经过各活动状态下的检查复核后再焊接。

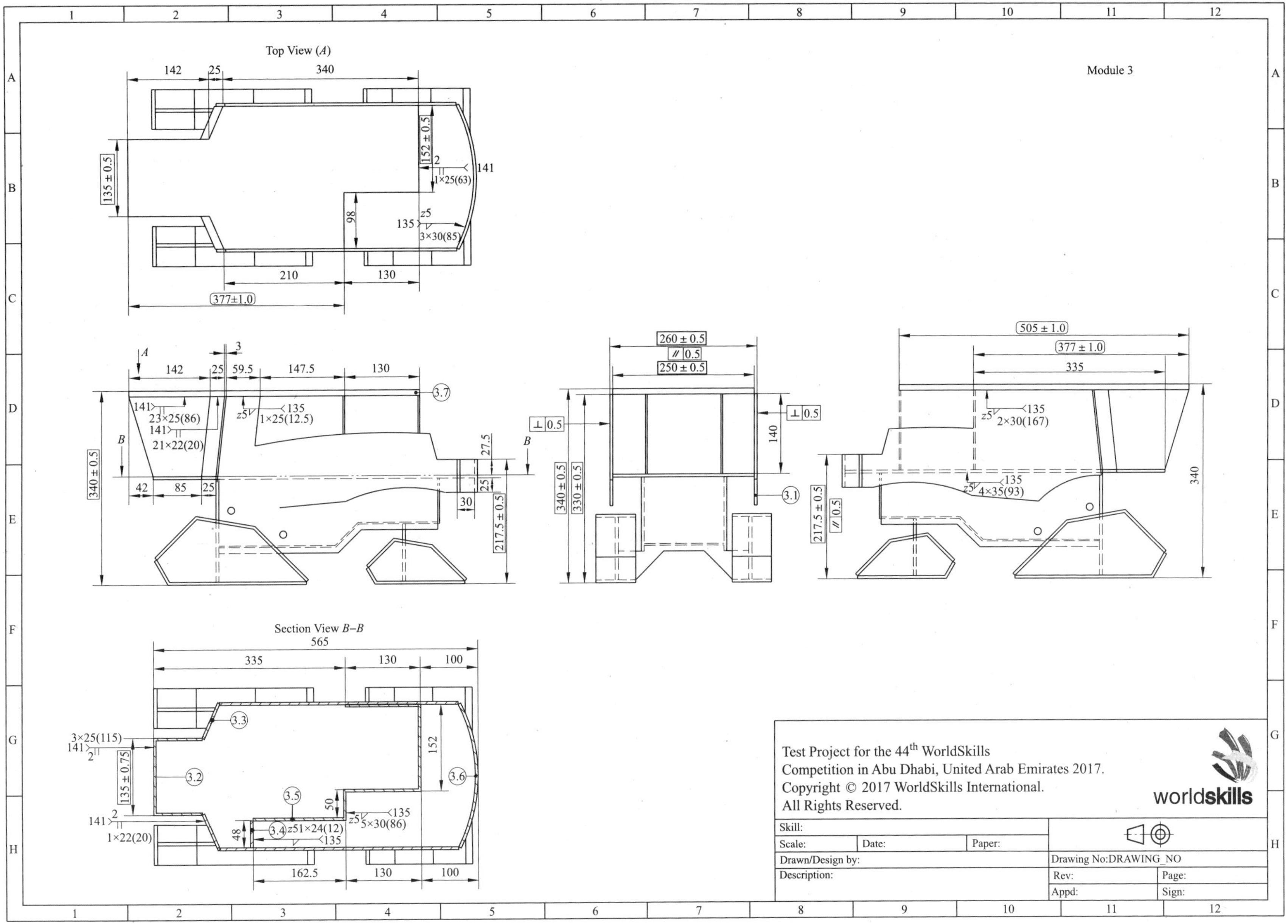
Top View (A)
Module 3
Section View B–B
Test Project for the 44th WorldSkills
Competition in Abu Dhabi, United Arab Emirates 2017.
Copyright © 2017 WorldSkills International.
All Rights Reserved.
worldskills
Skill:
Scale:
Date:
Paper:
Drawn/Design by:
Description:
Drawing No:DRAWING_NO
Rev:
Page:
Appd:
Sign:

图 7-17　模块三构造图样

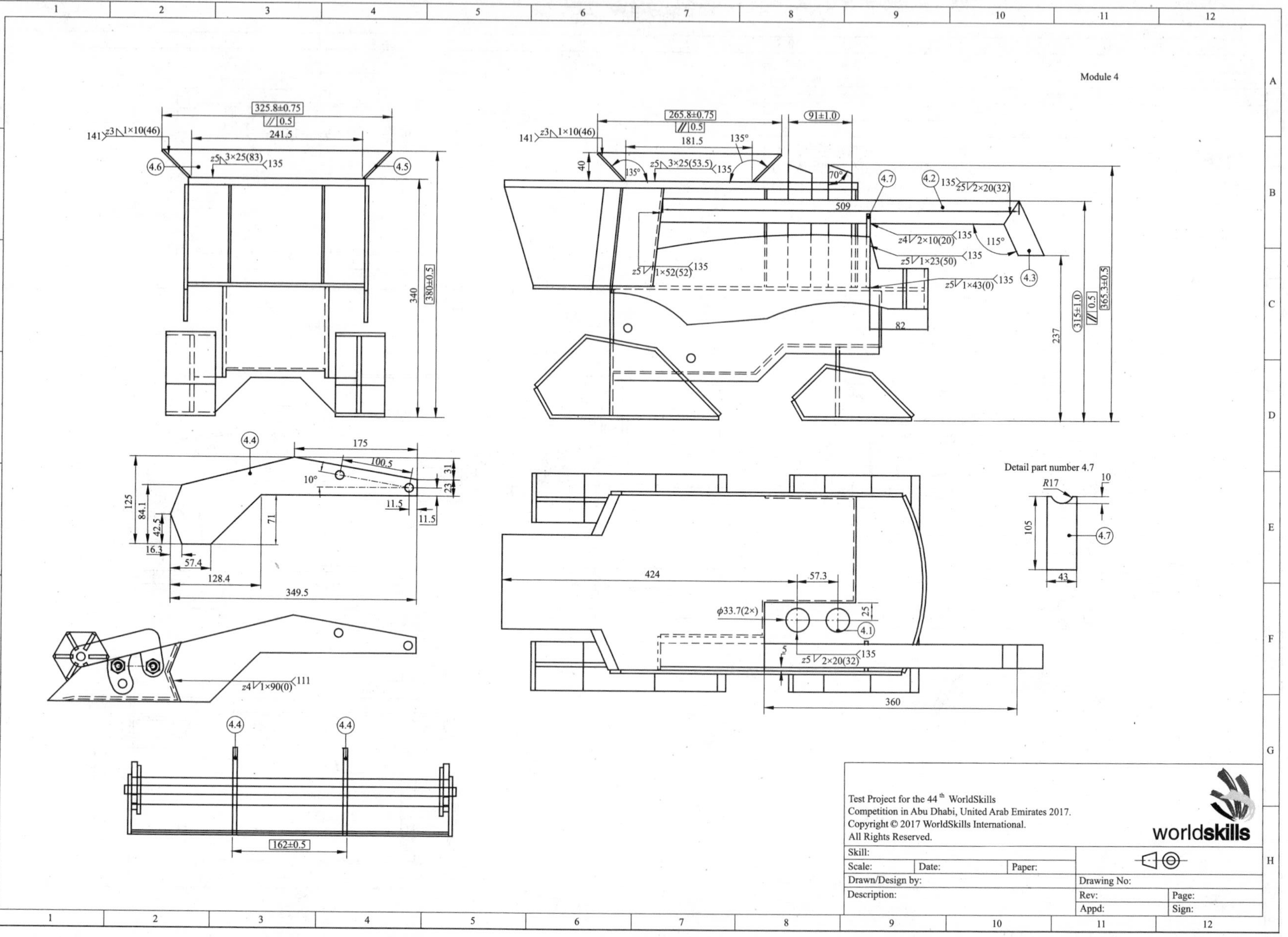

图 7-18　模块四构造图样

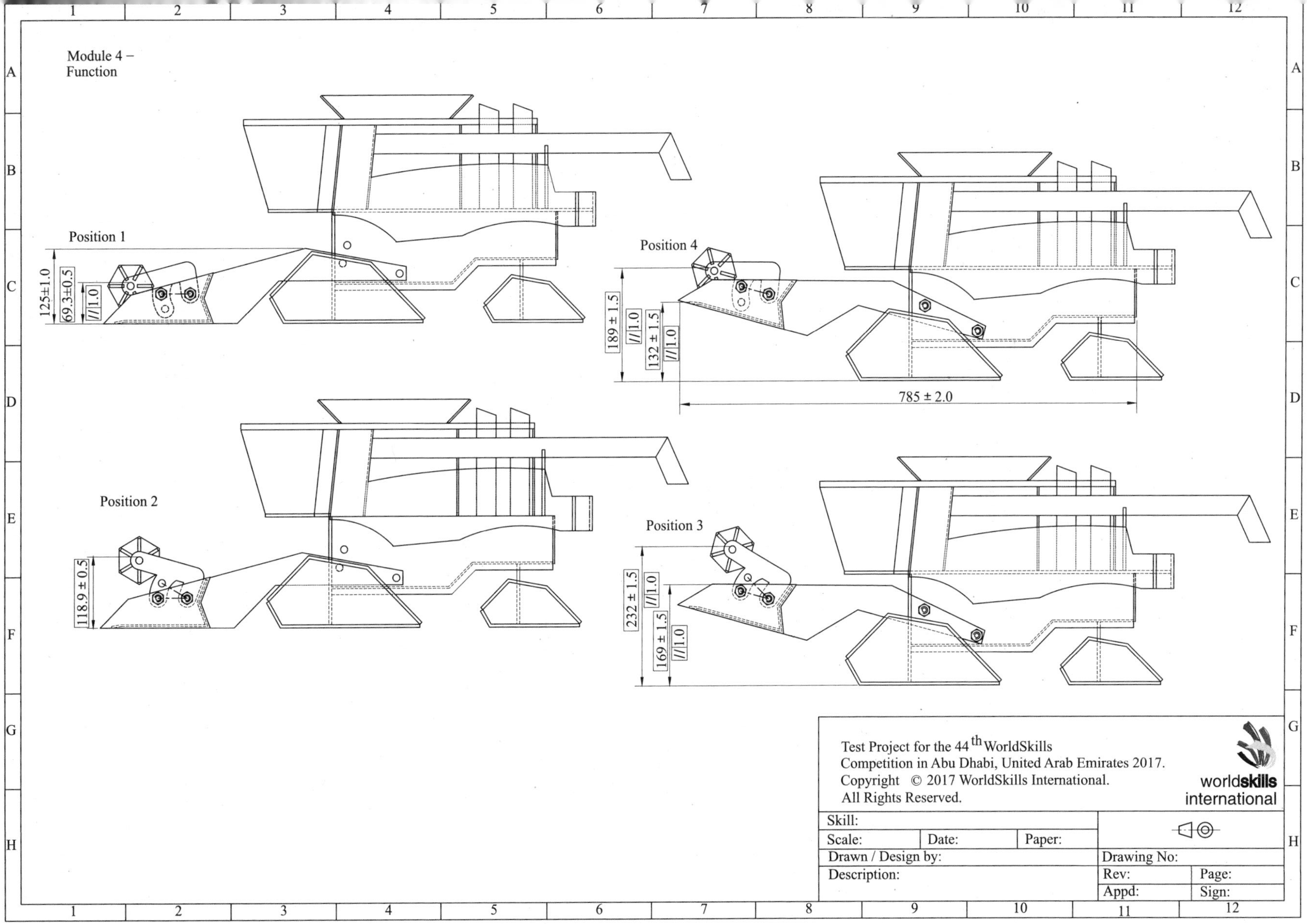
Module 4 –
Function
Position 1
125±1.0
69.3±0.5
//1.0
Position 2
118.9 ± 0.5
Position 4
189 ± 1.5
//1.0
132 ± 1.5
//1.0
785 ± 2.0
Position 3
232 ± 1.5
//1.0
169 ± 1.5
//1.0
Test Project for the 44th WorldSkills
Competition in Abu Dhabi, United Arab Emirates 2017.
Copyright © 2017 WorldSkills International.
All Rights Reserved.
worldskills
international
Skill:
Scale:
Date:
Paper:
Drawn / Design by:
Description:
Drawing No:
Rev:
Page:
Appd:
Sign:

图 7–19　整体装配图样

课题五
第 45 届世界技能大赛金属构造试题（小坦克车的制作）

一、模块一构造图样及技术分析

1. 模块一构造图样（见图 7-20）

2. 技术分析

（1）难点：件 1.1 与件 1.2 焊后的变形控制。

（2）解决思路：

1）严格控制件 1.1 与件 1.2 的拼装间隙。

2）合理安排焊接顺序。

3）焊接完成并清理干净后，通过调校保证几何尺寸、平整度及垂直度等。

二、模块二构造图样及技术分析

1. 模块二构造图样（见图 7-21）

2. 技术分析

（1）难点：零件的折弯成形控制。

（2）解决思路：

1）划线前借助操作平台或放样纸板，通过作图、计算求作实形，再用延伸系数修正，确定下料尺寸。

2）折弯成形时，借助柔软材质的薄片铺垫，有效保障零件的外观成形质量。

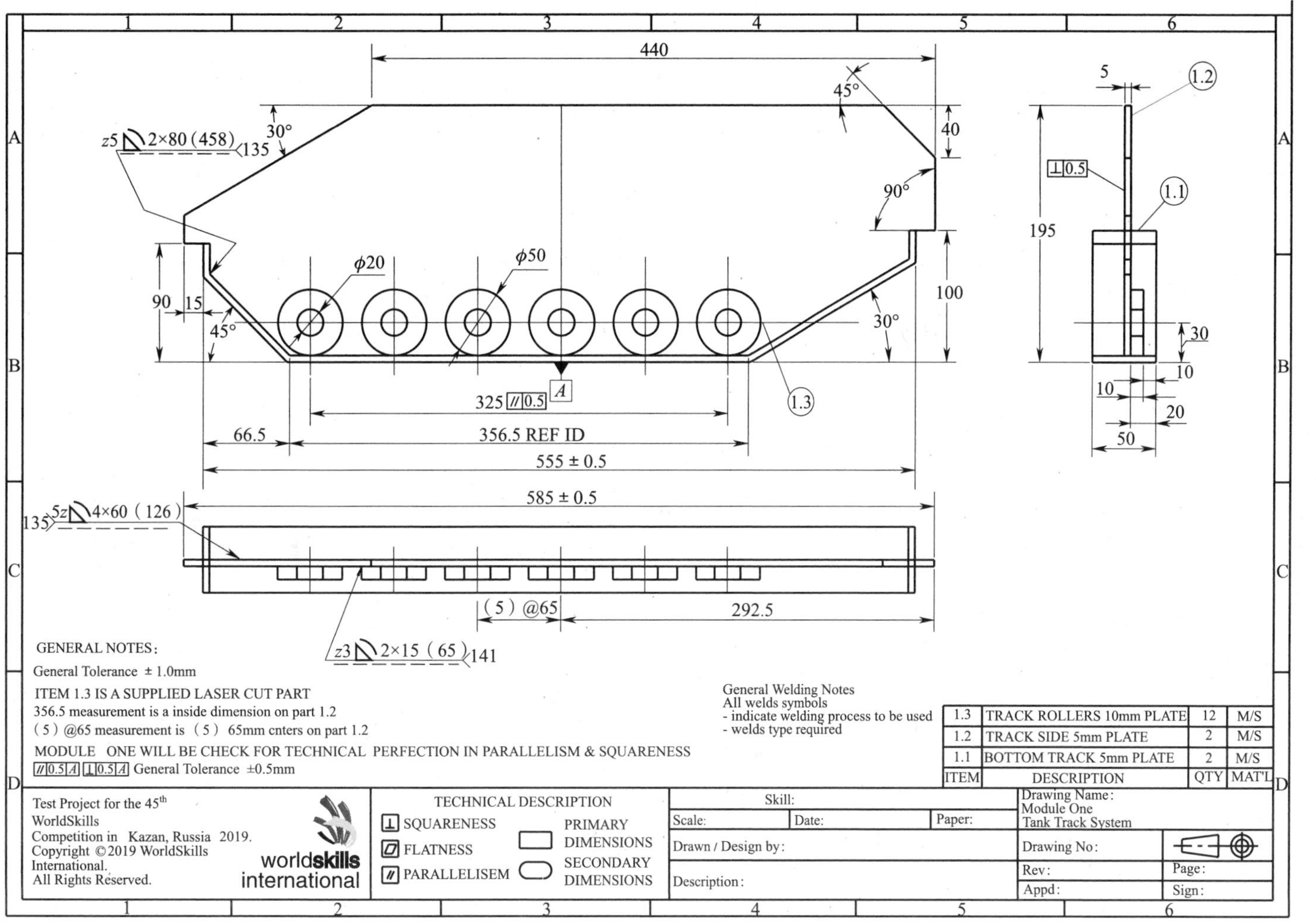

图 7-20 模块一构造图样

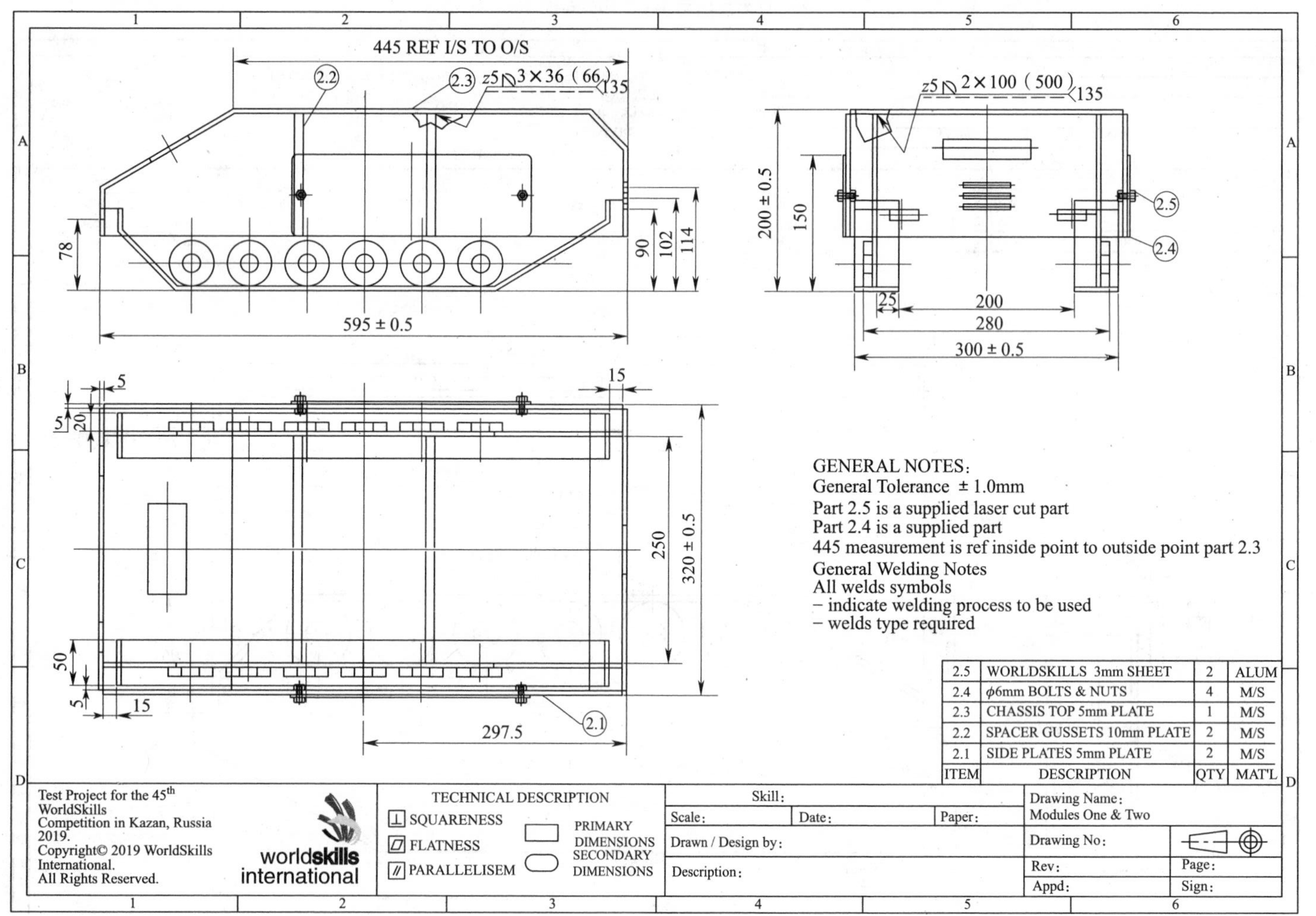

图 7-21　模块二构造图样

三、模块三构造图样及技术分析

1. 模块三构造图样（见图 7-22）及整体装配图样（见图 7-23）

2. 技术分析

（1）难点：整体装配时活动状态下对应尺寸的控制。

（2）解决思路：

1）确保件 3.9 的制孔精度。

2）装配时，调整件 3.12 不同活动状态下的尺寸，确保对应状态下的尺寸精度。

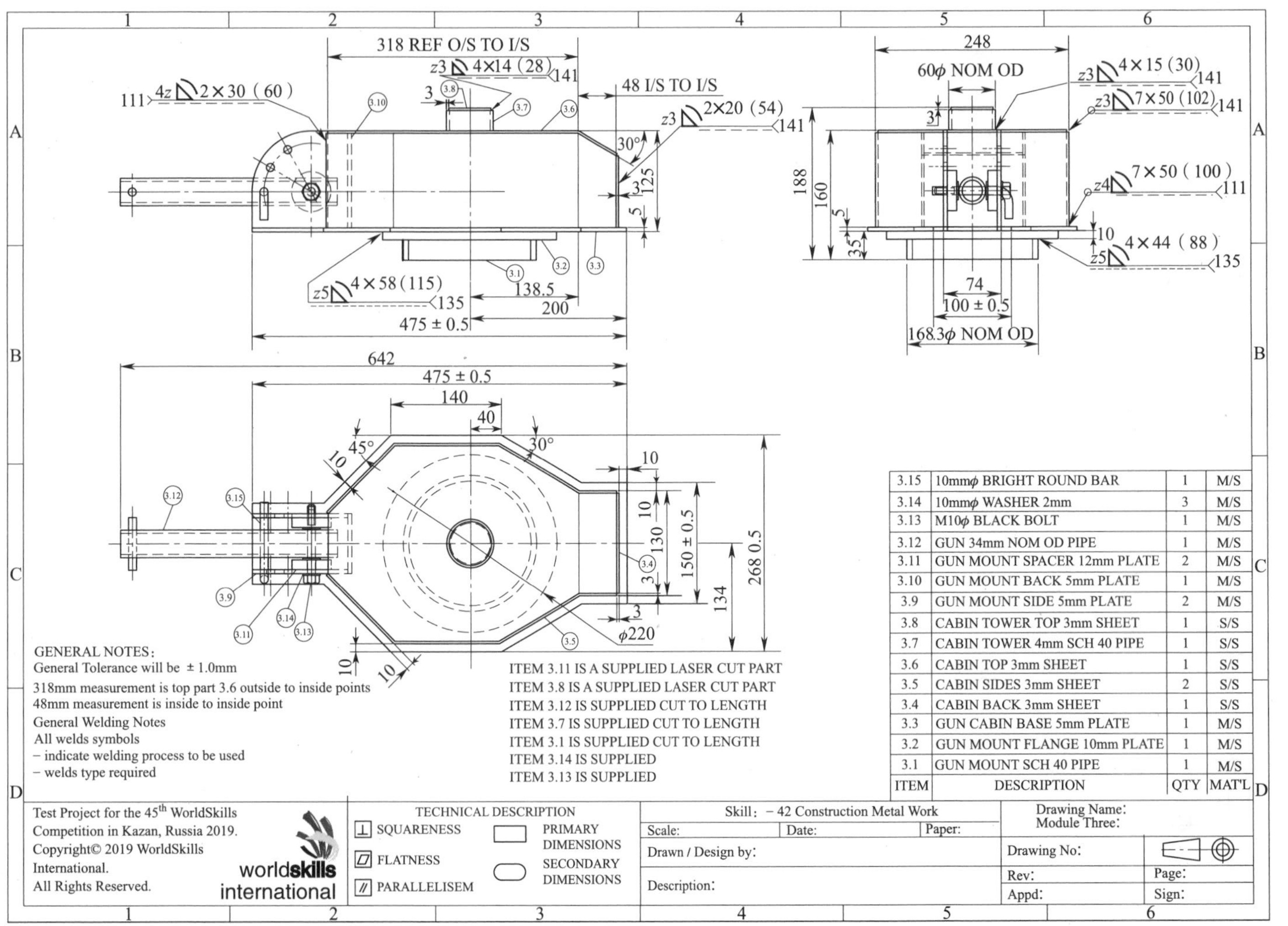

图 7-22 模块三构造图样

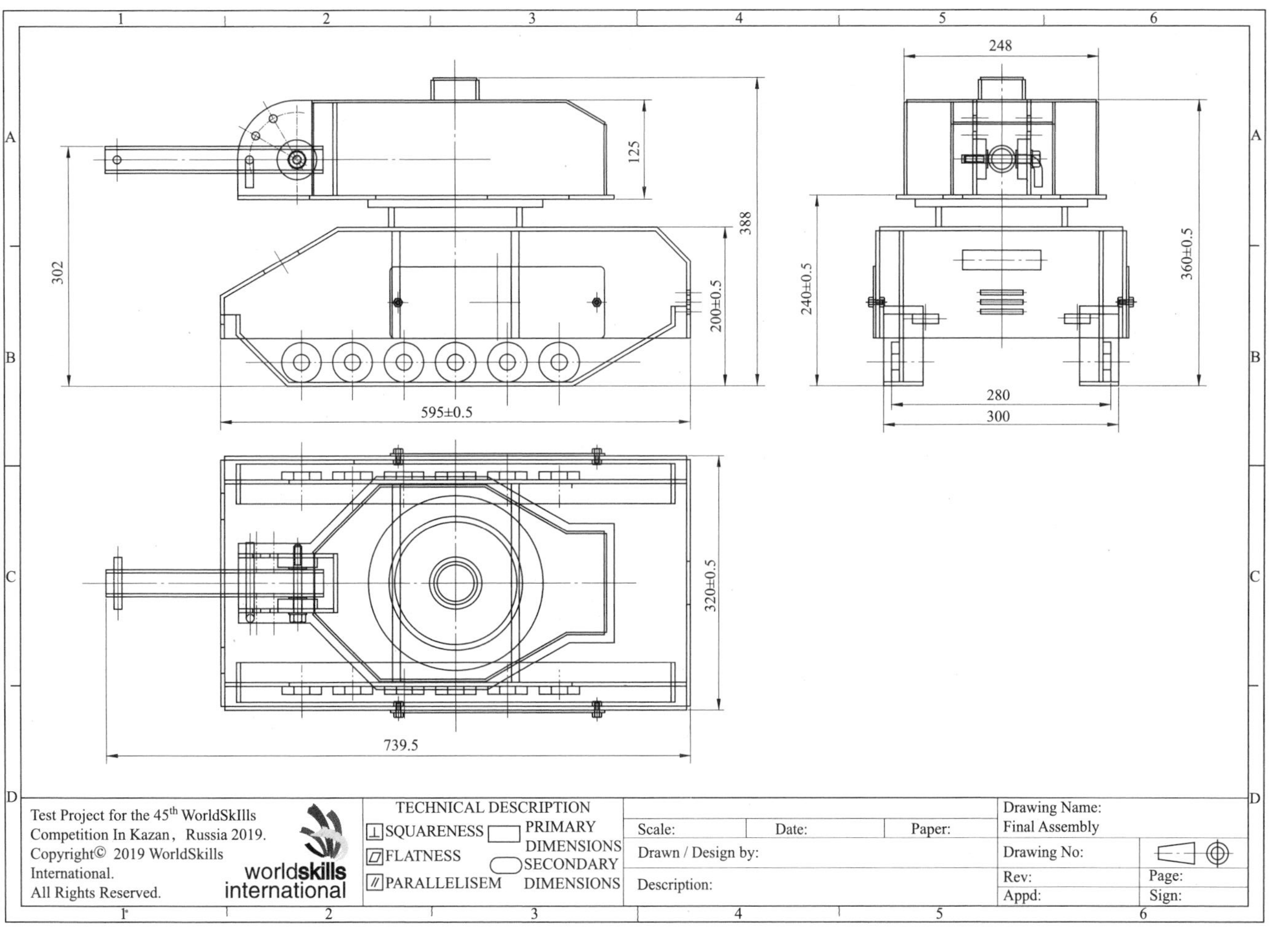
248
125
388
302
200±0.5
240±0.5
360±0.5
280
300
595±0.5
320±0.5
739.5
Test Project for the 45th WorldSkIlls Competition In Kazan，Russia 2019.
Copyright© 2019 WorldSkills International.
All Rights Reserved.
worldskills international
TECHNICAL DESCRIPTION
SQUARENESS
PRIMARY DIMENSIONS
FLATNESS
SECONDARY DIMENSIONS
PARALLELISEM
DIMENSIONS
Scale:
Date:
Paper:
Drawn / Design by:
Description:
Drawing Name:
Final Assembly
Drawing No:
Rev:
Appd:
Page:
Sign:

图 7-23 整体装配图样

附录 A　世界技能大赛金属构造项目技术要求

一、概述

金属构造（Construction Metal Work）主要应用于建筑、桥梁、车辆、造船、机械、冶金、化工、制药、食品及乳制品等行业，涉及制造与工程技术中的金属制品、金属结构、容器以及机械装备的制作、组装、维护和修理、通用五金以及焊接制造等工作。金属构造时要求按照图样表示的结构、材料类型、尺寸精度和相应的标准，使用正确的设备、工具和方法，采用提供的材料（碳钢、不锈钢和铝合金板、管、棒）制成一个具有一定功能（如旋转、延伸）的金属结构件，需要的技能包括：识图、放样、切割下料、成形、装配、焊接、调整、检查、标注等。具体包括：

1. 深入了解安全操作规程、安全防护以及与金属加工行业相关的安全、健康、环保知识。

2. 能对工程图样进行解读。

3. 具有数学计算、几何构造技术和计算机辅助设计以及绘图软件应用的知识。

4. 全面了解各种工业切割和成形工艺以及相应的标准，以适应各种金属，包括低碳钢、不锈钢、合金钢、铝合金等的加工制作。

5. 通过热加工或机械设备对金属部件进行弯折与成形。

6. 了解各种先进切割技术，如等离子、激光和水射流切割技术。

7. 能应用一系列焊接工艺，包括焊条电弧焊、钨极氩弧焊、二氧化碳气体保护焊等，对工件进行焊接。

金属构造工人应具备工作组织与自我管理的能力，掌握沟通与人际交往技巧，具有精确、专注、注重细节的特质，以及解决问题、创新和创造的能力。

金属构造工人是高技能人才，应能够自主工作，为技术团队作出贡献，并能承担个人责任，及时完成项目，达到要求的质量标准，能在工作环境中与同事和客户进行有效沟通。以上每一方面都很重要，因为一旦在工作中出现失误，往往是不可逆转的，可能会因此付出昂贵的代价。

随着人才的国际化迁移，金属构造工人面临着不断增加的工作机会和挑战。对于优秀的金属构造工人来说，有许多商业和国际机会，因此，他们需要理解多样的文化和趋势，并学会与不同国家的伙伴共事。

二、金属构造世界技能标准规范

世界技能标准规范，英文为 THE WORLDSKILLS STANDARDS SPECIFICATION，缩写为 WSSS。

1. 基本说明

世界技能标准规范阐释了在全球技术和职业领域最佳实践所需具备的知识、理解能力和具体技能。它反映全球对该行业和商业领域相关工作或行业的共同认知。

技能竞赛的目的在于体现世界技能标准所描述的世界级作业典范，并展示出其能够达到的程度。因此，标准规范是技能竞赛所需培训和准备工作的指南。

在技能竞赛中，专业知识和理解能力的考察是通过对实操过程及作品来进行评估的。只有在个别项目，才会进行单独考察。

标准规范分为若干个部分，每个部分都进行了内涵说明，并分配了权重，以表明其在标准规则中的相对重要性。

2. 世界技能标准规范

金属构造世界技能标准详见表 A-1。

表 A-1　世界技能标准规范

序号	内容	权重 /%
1	工作组织与管理	5
	个人需要了解和理解： 金属构造行业中有关健康、安全、卫生的标准、法规 常用手工工具的使用注意事项和操作方法 安全地使用、维护和调节机械和热切割设备的注意事项 安全地使用、维护和调节手动和机械弯曲成形设备 行业内环境管理和可持续发展的要求和可能性 金属构造行业使用的个人防护用品的选择、使用和维护	

续表

序号	内容	权重 /%
	个人应具备的能力： 确保自己和他人能够安全工作 确保工作环境的安全和整洁 安全地使用手动和电动工具 安全地使用和调节热切割、机械切割和剪切设备 使用和调节手动和机械弯曲成形设备 开展工作时充分考虑与本行业相关的环境和可持续性问题 选择和使用适合本工作任务的相关个人防护设备	
2	沟通技巧与人际关系	5
	个人需要了解和理解： 客户、建筑师、设计工程师以及相关行业的角色和要求以及最有效的沟通方式 客户、建筑师、设计工程师和工程主管的指示 非语言交流，如图样、技术说明、标准等 在团队中良好合作的重要性	
	个人应具备的能力： 解读和实施客户指示 通过询问有关问题澄清图中可能存在的误解 阅读并使用所有必要的手册、图样、指南等，以获得良好的工作效果 作为团队成员有效工作	
3	标记技术	10
	个人需要了解和理解： 第一角正投影画法和第三角正投影画法 图样上的焊接符号 数学计算和单位换算 几何放样方法与实践 测量和检测设备的选择、使用和维护 下料单和材料清单的区别 平面展开图制作工艺 结构连接类型 对信息和说明进行解读 公差及其与准确度的关联性	

续表

序号	内容	权重 /%
	个人应具备的能力： 解读工程图样和符号 进行标准的数学计算，包括面积、体积和单位的转换 选择和使用测量工具 准备一个完整的材料清单 通过使用平行线、射线和三角形划分的方法展开放样 标记、切割成形和组装连接 按照制作说明进行切割和组装，并满足规定的误差要求	
4	切割技术	10
	个人需要了解和理解： 机械设备的选择、使用和维护，例如剪板机、角磨机、锯床和砂轮机 材料的切割和打磨工艺 热切割设备的选择和使用，其中包括氧 – 乙炔割炬、等离子切割机、割规等 各种金属和其他有色金属材料的冲压、钻孔、锪孔、铰孔和攻螺纹的加工工艺	
	个人应具备的能力： 使用电动工具和机械方式对材料进行切割或剪切，并且满足允许的公差 使用热切割设备并利用靠尺、割规和导轨来切割低碳钢 使用手动或电动工具对不同金属进行切割、冲压、钻孔、锪孔、铰孔和螺纹加工	
5	成形技术	15
	个人需要了解和理解： 手动或机械成形加工机器的调试和操作 折弯机的调试和操作 夹送辊和锥辊的调试和操作 氧 – 乙炔气体加热设备的选用、调试和维护 扁钢弯曲机器的调试和加工 手动和机械折叠机的调试和操作	
	个人应具备的能力： 使用手动和机械成形机器进行金属冷弯加工 调整并使用氧 – 乙炔设备对钢板和型钢进行热成形加工 使用折弯机对低碳钢进行弯曲加工 使用手动或机械冲床或折叠机对低碳钢、不锈钢和铝合金进行成形加工 使用夹送辊和锥辊制作需要的形状 使用机械冲床或折叠机进行任意角度的弯曲	

续表

序号	内容	权重 /%
6	装配和精加工技术	35
	个人需要了解和理解： 工程图样和项目说明中的组装工艺和符号 组装时的手动或电动工艺 常用轴销和锁定装置的类型、选择和操作 金属构造行业使用的机械紧固件包括： • 铆钉 • 螺母和螺栓 • 锁紧垫圈和平垫圈 • 螺钉 • 非标机械紧固件 边缘、表面和焊缝表面处理的范围 用于表面处理的工具 使用标准工艺检查尺寸	
	个人应具备的能力： 根据需要使用正确的装配技能 选择并使用手动和电动工具进行装配 按照要求制造活动轴销和锁定装置 按照要求选择、定位并固定机械零配件 根据需要使用手动和电动工具完成工件边缘、工件表面和接缝表面的处理，包括： • 锉刀 • 钢丝刷 • 研磨料 • 去毛刺工具 使用非化学焊缝清洁技术 检查结构的尺寸准确性、方正度和平整度	
7	焊接和连接技术	20
	个人需要了解和理解： 焊接工艺的选择和使用，包括： • 焊条电弧焊（111） • 二氧化碳气体保护电弧焊（135） • 钨极氩弧焊（141） 可用焊接材料的范围、选择和存储 焊接工艺采用的电流类型和极性 焊前准备 焊接缺陷和返修	

续表

序号	内容	权重 /%
	个人应具备的能力： 选择、调整和使用焊条电弧焊设备焊接低碳钢和不锈钢 选择、调整和使用气体保护电弧焊设备焊接低碳钢和不锈钢 选择、调整和使用钨极氩弧焊设备焊接不锈钢、铝和铝合金 选择合适的焊接位置、电流极性和焊接耗材： • 焊条电弧焊（111）：碳钢 -E6013、不锈钢 -E304L、E309L • 二氧化碳气体保护电弧焊（135）：碳钢 -E70S6 • 钨极氩弧焊（141）：碳钢 -ER70S2、不锈钢 -E304L、E308L 和铝焊丝 去除表面污物并注焊接接头的类型和材质厚度 在平焊和平角焊位置焊接，ISO 标准（Sys A）位置代号如下： PA/1G（平焊） PB/2F（平角焊） 检查焊接缺陷并返修	
	总计	100

三、测评标准

实操满分为 100 分，评分标准分为测量和评价两类。凡可采用客观数据表述的评判称为测量；凡需要采用主观描述进行的评判称为评价。

1. 测量分（客观）

测量分（Measurement）打分方式：按模块设置若干个评分组，每组由 3 名及以上裁判构成。每个组所有裁判一起使用游标高度卡尺、游标卡尺、塞尺等测量工具，对该选手作品的某一测量点进行评测，测量值在规定范围内则得分，否则该测量点为 0 分。

2. 评价分（主观）

评价分（Judgement）打分方式：3 名裁判为一组，各自单独评分，计算出平均权重分，除以 3 后再乘以该子项的分值计算出实际得分。裁判相互间分差必须小于等于 1 分，否则需要给出确切理由并在小组长或裁判长的监督下进行调分，见表 A-2。

3. 测评具体说明

（1）总说明

1）所有参赛选手必须了解技术说明的相关内容和知识。

表 A-2 评价分评分标准

分值	要求描述
0 分	各方面均低于行业标准，包括“未做”
1 分	达到行业标准
2 分	达到行业标准，且某些方面超过标准
3 分	达到行业期待的优秀水平

2）参赛选手可以根据比赛要求和自身情况进行时间安排，自主确定加工顺序，但必须保证按照相应时间节点提交相应的作品。

3）剪板机、卷板机、钻床等为车间共用设备，参赛选手应根据现场情况排队使用，由裁判组织，每人单次设备使用时间不得超过 15 min，如果在当次使用时间段内没有完成，可重新排队，不得以任何理由（设备故障等非选手自身原因除外）长时间占用，导致影响其他选手使用；选手通过登记进行排队，其间可以返回工位加工其他模块或零部件；裁判应该提前 5 min 通知下一个排队的选手做好准备，保证共用设备使用顺畅。

4）比赛分为 4 个模块。一旦提交某个模块，参赛选手不得再通过锉削、打磨或者切割来改变零部件的方向和位置。

5）由参赛选手对比赛材料进行复核并签字确认。

6）由参赛选手自行确认比赛项目所需全部材料的分配。按照合理的方式来下料，否则，若因提供的材料不够而另行加料，裁判组则会根据技术文件对该选手进行扣分。

7）必须按照技术说明完成所有比赛项目。一旦违反技术说明，无论是参赛项目的主观因素分还是客观因素分，将一律不得分。

8）切割面或切割边缘必须按照技术说明进行处理，外露切割面不得用其他任何方法进行修整、打磨（倒角、去毛刺除外）。

（2）比赛作品的测评

使用直角器、游标卡尺、游标高度卡尺、塞尺对参赛选手的作品（模块）进行测量评分，具体参照技术说明。具体检测项目参见相应评分表，说明如下：

1）根据评分标准，如发生以下情况，将给项目的主观或客观分数打最低分。

①对于任何错误切割并重新焊接拼装的部件，其相关的所有主观分和客观分一律得最低分。如果发生这种情况，参赛者必须申请备用材料。

②允许部分使用液压机或电子折弯机成形和折弯时方向错误后重新折弯。这个行为会让参赛者失去一定主观分数。如果材料破裂，参赛者不可重新焊接破裂部分，参赛者应重新下料加工（必要时考虑申请备用材料）。

③通过以下方式使材料发生变形或表面形状发生变化：测量点有锤印；测量点过度加热造成的明显变形；用火焰切割或剪床切割部件的测量点经过打磨或损伤；对测量点打磨或焊接。

④两部件装配间隙≥ 5 mm 且长度大于或等于两部件相交线尺寸的 1/3（最大 20 mm）。

2）焊接说明

①除非另有规定，所有焊缝都应对称分布。

②如果不能完成图样上每个模块要求的 75% 的焊接工作量，参赛者该部分相关的所有主观评价分都将得最低分。（注意：75% 的值将通过计算需要焊接的相关部分的焊缝数量来确定。定位焊也被认为是一个完整的焊缝。）

③如果某部件的焊缝没有达到图样要求的 75%，那么所有测量点在这个部件上的客观评分为 0 分。

④组装过程中，参赛选手可使用焊条电弧焊进行定位焊接。

⑤完成件上不得使用油脂、防溅剂或其他任何提升表面观感的物质。

⑥允许对焊缝进行清洁，如采用轻柔机械钢丝刷清理和轻柔抛光，但不应影响焊缝外观，如果外露的焊缝通过打磨、锉削或敲击进行改变，将被扣分。

⑦焊接之前可以清除锈皮和残渣，但是不能看到焊接部件上的打磨痕迹或划痕。如果看到过多的打磨痕迹，整体外观部分将被扣分。

3）切割说明

①测试项目中火焰切割的所有外露边缘或者外露面需保留火焰切割状态，并且不能进行打磨，也不能进行锤锻或者锉削。火焰切割边缘可以使用手锉去毛刺和尖锐边缘。去毛刺的公差最大为 0.5 mm。

②使用电动工具，如砂轮机、锯、剪床进行的机械切割中，剪床不能使用限位挡板。使用剪切和锯切的外露边缘或者外露面需保留原始切割状态，不能进行打磨，也不能进行锤锻或者锉削。

4）钻孔说明

①所有钻孔必须两侧去毛刺，深度为 $0.25_{-0.1}^{\ 0}$ mm。

②由于无法从钻孔中心测量，所以将用穿过孔的圆棒的半径作为测量数据。

③如果由于锉削或者打磨造成钻孔形状不规则，那么这个钻孔相关的所有得分将为 0 分。具体可参照钻孔评分标准。

④当钻孔不准确时，参赛者可以重新钻孔。不准确的孔可以使用任意焊接方法填充，然后磨平，但这会在外观上有所失分。

⑤不允许在钻出的孔内部故意设置小定位焊或点焊来达到尺寸要求。

5）弯曲和成形

①如果需要将平板弯曲，可以按照技术说明使用压弯机或折弯机来完成。如使用压弯机，参赛选手需自行选择合适的 V 形槽铁，弯曲 90°时，一般板材厚度与 V 槽宽度的比例为 1∶8。

②可以使用氧乙炔焰来进行热弯。参赛者不得使用成形夹具或者专用夹子完成此类弯曲。如果参赛者使用台虎钳进行操作，允许使用角钢或条钢，以保护钳口。

6）备用材料。参赛选手因个人失误造成具有独立编号的材料损坏（材料清单中有详细说明）而需要另外补充材料时，每增加 1 份，将会被扣除 1 分，最多可扣除 4 分。选手请求补发材料时，原损坏材料应贴上选手编号并交给裁判长后，才可配发新的材料。

7）功能定义。模块装配完成后，应能实现图样规定的各项功能。

注意：完成上述功能时，可以使用锤子轻轻敲击，帮助取下或安装零部件，但不得使用蛮力安装和过度操作完成相应功能，不允许通过弯曲或扭曲任何部件来实现配合以及完成功能。

8）评分标准

①按照图样上标注的数量和位置，检查是否符合规定的公差。如果违反技术说明（如出现锤痕、打磨、焊疤）而达到尺寸的准确度，将不得分。

②检查平整度、方正度和平行度是否符合规定公差。通过使用赛场提供的官方量具（设备）来测量这些要素。

③钻孔：正确的孔尺寸与去毛刺；直径为 R 的孔使用（R+0.2）mm 直径的通规；不得对钻孔内壁进行锉削或打磨；应对所有孔进行去毛刺处理；孔的定位、直

径、孔间距需符合图样上规定的公差。

④焊接符号：应按照图样的焊接符号完成所有焊接。焊接方法和焊缝数量均正确的将得满分，否则为 0 分。

⑤焊接质量：焊接方法正确且完成图样标注焊缝数量的 90%（含）以上方可进行焊接质量评判，否则焊接质量判最低分；焊接面应均匀，焊缝尺寸应规则，焊趾过渡光滑，尺寸符合要求。焊缝没有夹渣、气孔、未焊透、起弧和收弧缺陷、咬边和裂纹等问题；焊接飞溅应清理干净（>90%）。

⑥装配：按照图样所示检查各零部件的位置并校准。

⑦火焰切割：所有切割面应与钢板表面成直角（85° ~ 95°），上部边缘不能塌落，底部边缘需要干净、平整。边缘应倒角（1 mm），切割起始部分（前 3 mm）可以使用手锉去除尖锐毛刺。不得对切割面进行锉削或者打磨。

⑧成形、轧制和弯曲加工：通过触摸或者观察来检查成形、轧制和弯曲的材料表面是否光滑，成形后表面不得出现锤痕、变形和过弯痕迹。

⑨整体外观：整体外观和完成面，包括加工的对称性（位置和方向部分）和平整度。

四、个人安全防护相关规定

技能项目的实施需要遵守健康、安全和环境（HSE）的相关规定，这一点至关重要，必须遵守：项目实施期间的健康与安全；个人防护用品（PPE）安全规定；有害物质安全规定；用电安全规定；机械设备操作安全规定；热加工（焊接、火焰切割）安全规定；技能特定安全规定。

由于 HSE 涉及内容较多，具体规定读者可以查阅相关资料，本书不再赘述，仅罗列我国部分常用的法规、标准，以及简要介绍操作人员个人防护用品的穿戴要求。

1. 国内相关法规、标准

我国环境、健康与安全的相关法规、标准简要罗列如下：

《中华人民共和国劳动法》《中华人民共和国劳动合同法》《中华人民共和国特种设备安全法》和《中华人民共和国安全生产法》（这些法律法规对建立安全生产规范具有指导意义）。

GB 9448—1999《焊接与切割安全》（规定了焊接、切割过程中避免人身伤害及财产损失所必须遵循的基本原则）。

GB 10235—2012《弧焊电源　防触电装置》（规定了弧焊变压器防触电装置要求）。

GB 8965.2—2009《防护服装　阻燃防护　第 2 部分：焊接服》（规定了焊接及相关场所用防护服装的要求）。

GB 2626—2019《呼吸防护　自吸过滤式防颗粒物呼吸器》（规定了呼吸器过滤效率应≥ 95%，即 KN95 或以上规格）。

2010 年版《特种作业人员安全技术培训考核管理规定》（明确规定焊接与热切割作业属于特种作业）。

GB/T 45001—2020《职业健康安全管理体系　要求及使用指南》（规定了对职业健康安全管理体系的要求）。

GB/T 24001—2016《环境管理体系　要求及使用指南》（对焊接过程中的环境因素、识别范围、评价方法等起指导作用）。

2. 个人安全防护

操作人员应携带并穿戴合适的劳动保护和防护用品，主要包括安全防护镜、防护服、工作鞋、焊接面罩、焊接手套、防护手套、耳塞、口罩等，具体规定见表 A-3。焊接操作时个人防护用品穿戴示例如图 A-1 所示。

表 A-3　操作人员个人防护用品穿戴要求

任务	安全防护镜或面罩	焊接面罩	防尘 / 呼吸面罩	焊接手套	防护手套	安全防护鞋	工作鞋	工作服	阻燃防护服	听力防护（耳塞）
安全工作区域							X			
焊接	X	X		X		X		X	X	X
火焰切割	X	X		X		X		X	X	X
钻孔	X					X		X		X
打磨	X		X			X		X		X
设备操作	X				X	X		X		X
热加工	X			X		X		X		

注：X 为要求穿戴。

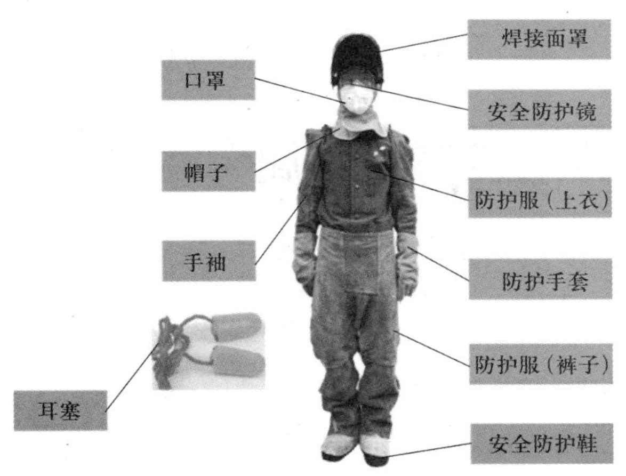

图 A-1　焊接操作个人防护

附录 B　世界技能大赛金属构造项目场地基础设施

一、设备和工具

1. 设备

金属构造项目比赛所需设备清单见表 B-1。

表 B-1　金属构造设备清单

序号	技能	设备名称	用途	型号、规格举例
1	焊接	焊条电弧焊设备	低碳钢、不锈钢焊接	WS—400
2		二氧化碳气体保护焊设备	低碳钢焊接	NBC—400
3		直流钨极氩弧焊设备	低碳钢、不锈钢焊接	MIG 210 MP
4		交流钨极氩弧焊设备	铝合金焊接	TIG 200
5		排烟设备	焊接烟尘排放	LB-JZ1500
6		焊装平台	工件焊接、组装	1 200 mm × 800 mm
7	切割	火焰切割	低碳钢火焰切割	氧 - 乙炔、氧 - 丙烷
8		火焰切割平台	火焰切割	800 mm × 800 mm × 750 mm
9		剪板机	10 mm 以下金属板材剪切	QC12Y 10 × 2500
10		圆盘锯	钢管、型钢切割	CS 315
11	成形	折弯机	金属板任意角度折弯	WC67Y 125t/2500
12		卷板机	6 mm 板弧面成形	WY 6 × 1500
13	其他	立式钻床	钻孔	可钻 ϕ1.0 ~ 13.0 mm（级差 0.5 mm）的孔
14		砂轮机	打磨	—
15		砂带机	倒角、端部处理	KBG75
16		铁砧	成形、矫正	—
17		柔性组装测量平台	工件测量、装配	1 000 mm × 2 000 mm × 200 mm

2. 工具

金属构造工具清单见表 B-2，其他常用辅助工具见表 B-3。

表 B-2　金属构造工具清单

序号	名称	图示	序号	名称	图示
1	游标高度卡尺		7	带孔座尺	
2	游标卡尺	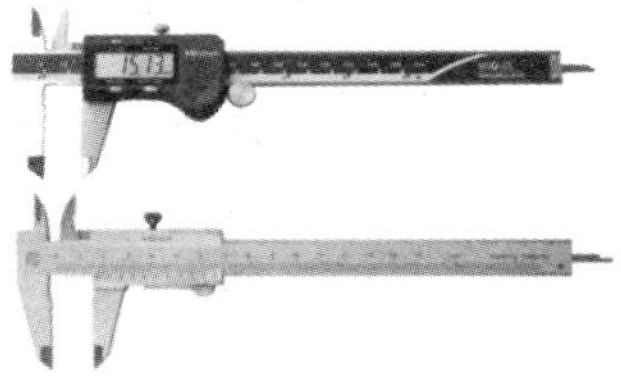	8	磁性座	
3	90° 角尺	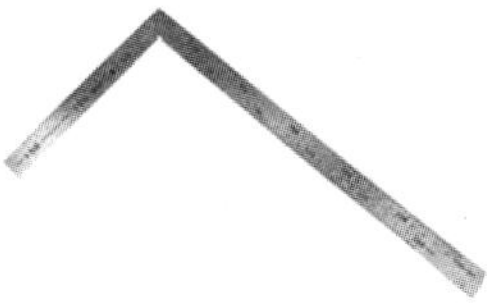	9	大力钳	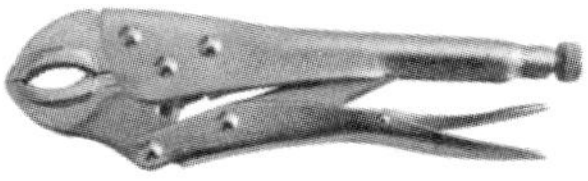
4	钢直尺		10	F 形钳	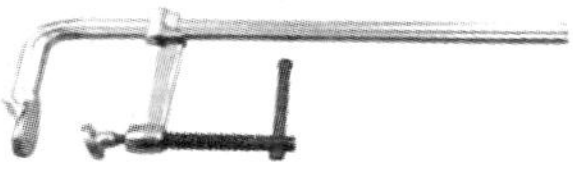
5	宽座直角尺		11	割枪	
6	塞尺		12	切割靠尺	

续表

序号	名称	图示	序号	名称	图示
13	角磨机		16	丝锥	
14	手电钻		17	铁榔头	
15	麻花钻		18	斧头	

表 B-3　其他常用辅助工具

序号	名称	备注
1	划线工具	石笔、钢划规、样冲、划针、小锤、着色剂
2	样板制作工具	圆规、三角尺、铅笔、剪刀（裁纸刀）、计算器
3	制式工具	各种锤（含压弧锤、斧头）、錾、扳手、锉刀、手锯、螺钉旋具、成形胎具、插座板
4	紧固辅助器具	压条、衬板、磁铁
5	焊炬、割炬及割规	—
6	清理器具	钢丝刷等
7	其他	非定尺可调辅助工具（如自制压杆、顶杆等）

二、场地布局

1. 场地布局要求

（1）空间要求

操作工位除具有 3 m×4 m 左右的操作空间外，还应配有 0.6 m×0.8 m×0.8 m、台面厚度为 30 mm 钢板的操作台放置空间，以及台虎钳与钳台、工作照明灯具、氧 - 乙炔切割设备、1 台焊接设备及用于阅读图样、进行相应计算、绘图的桌椅的放置空间；

焊接工位数应不少于学员（选手）总数；

除操作工位外，还应有剪板机、压（折）弯机、卷板机、钻床、砂轮机的放置空间，并留有足够空间便于学员（选手）操作设备；

车间（赛场）应配备焊材贮存室、试件存放区、备用设备安放区、气瓶存放区。

（2）基础设施要求

工位内应配备操作台、台虎钳与钳台、工作照明、多用插座等设施。

公用设施的数量和布局应与工位数量相匹配，能保证各工位到公用设施的综合距离尽量相近并畅通无阻，能够在工位门口方便观察公用设施的使用情况。

整个操作场地的供配电系统在所有工位同时焊接时，保证不跳闸、断电。

现场应配备移动或固定排烟除尘系统，且效果符合国家健康与安全法规。

竞赛场地还应配备发令装置、计时器（时钟）、消防器材、监考用护目平光眼镜、监考用手套、封号用材料、运送试件用平板小车、饮用水等；有条件的还可配备电子监控系统，有场外教室的可配备屏幕用以观摩。

公用设备操作场地及工位内部采光条件应良好。

2. 场地示例

图 B-1 为第 45 届世界技能大赛金属构造项目中国选拔赛场布置图。

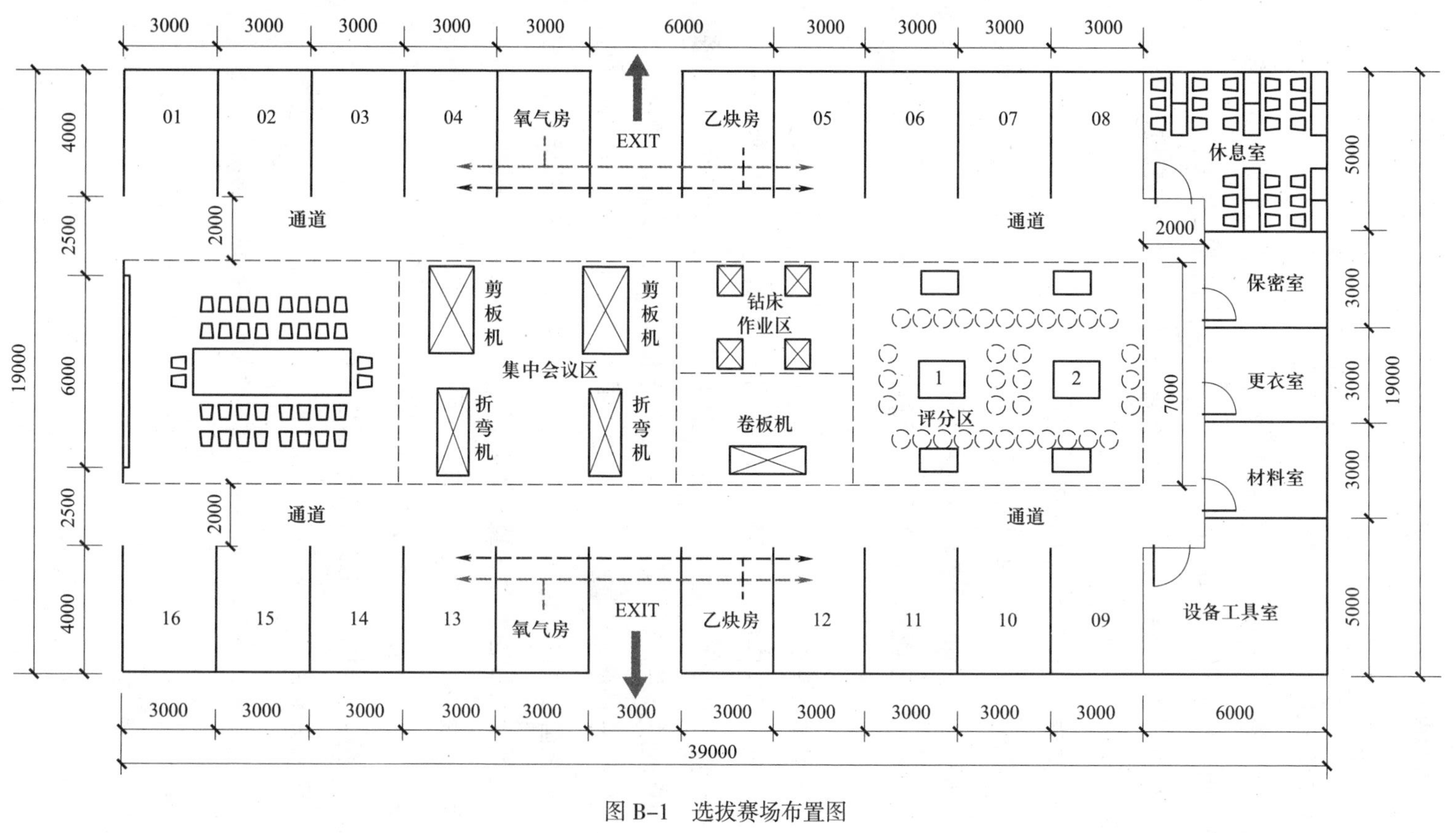
3000
3000
3000
3000
3000
6000
3000
3000
3000
3000
01
02
03
04
氧气房
EXIT
乙炔房
05
06
07
08
休息室
通道
通道
2000
集中会议区
剪板机
剪板机
折弯机
折弯机
钻床作业区
卷板机
1
2
评分区
7000
保密室
更衣室
材料室
通道
通道
16
15
14
13
氧气房
EXIT
乙炔房
12
11
10
09
设备工具室
19000
4000
2500
6000
2500
4000
2000
2000
5000
3000
3000
3000
5000
19000
3000
3000
3000
3000
3000
3000
3000
3000
3000
3000
3000
6000
39000

图 B-1　选拔赛场布置图